技工院校信息类专业工学一体化教材

技工院校计算机程序设计专业教材（中/高级技能层级）

U0914540

Web 前端开发（JavaScript）

主　编　钟鑫轰

副主编　黄桂琼　刘　妮

主　审　李四明　康菁发

中国劳动社会保障出版社

简介

本书是技工院校信息类专业工学一体化教材、技工院校计算机程序设计专业教材（中/高级技能层级），主要内容包括制作“开学迎新”网站、制作“水果促销”页面、制作电影资讯页面、制作政务平台系统首页、制作“2048”小游戏、使用Vue框架开发企业门户网站、使用Vue框架开发电商网站等。全书内容由浅入深、案例丰富，涉及通用信息互动、政务平台系统、网页游戏、企业门户网站、电商网站等多种场景。

本书由钟鑫轰担任主编，黄桂琼、刘妮担任副主编，蔡小花、黄王龙、张思远参加编写，李四明、康菁发主审。

图书在版编目（CIP）数据

Web前端开发：JavaScript / 钟鑫轰主编. -- 北京：中国劳动社会保障出版社，2025. --（技工院校信息类专业工学一体化教材）（技工院校计算机程序设计专业教材）. -- ISBN 978-7-5167-6862-4

Ⅰ. TP312.8

中国国家版本馆CIP数据核字第2025BN5293号

中国劳动社会保障出版社出版发行

（北京市惠新东街1号　邮政编码：100029）

*

三河市华骏印务包装有限公司印刷装订　　新华书店经销

787毫米×1092毫米　16开本　20.75印张　391千字

2025年3月第1版　2025年3月第1次印刷

定价：52.00元

营销中心电话：400-606-6496

出版社网址：https://www.class.com.cn

https://jg.class.com.cn

前言

近年来，在《“十四五”数字经济发展规划》等国家级战略的引领下，我国计算机产业蓬勃发展，不断壮大，为物联网、云计算、大数据、人工智能等前沿科技领域注入了强大的发展动力，实现了技术与产业的深度融合与相互赋能。这一趋势使市场急需大量从事计算机网站前端和后端开发、运维、测试、移动应用开发、售前售后技术支持等工作的人才，其需求量随着产业的快速发展而逐年攀升，为技工院校计算机程序设计专业提供了广阔的发展前景。为了满足市场对计算机程序设计相关人才的需求，各技工院校纷纷加强计算机程序设计专业建设，致力于培养适应市场要求的技能型人才。为了满足技工院校的教学要求，全面提升教学质量，我们组织了一批具有丰富教学经验和行业实践经验的教师与行业企业专家，深入调研市场需求、分析企业用人标准、总结教学改革经验，依据人力资源社会保障部颁布的《全国技工院校专业目录》及相关教学文件，开发了本套计算机程序设计专业教材。

教材体系

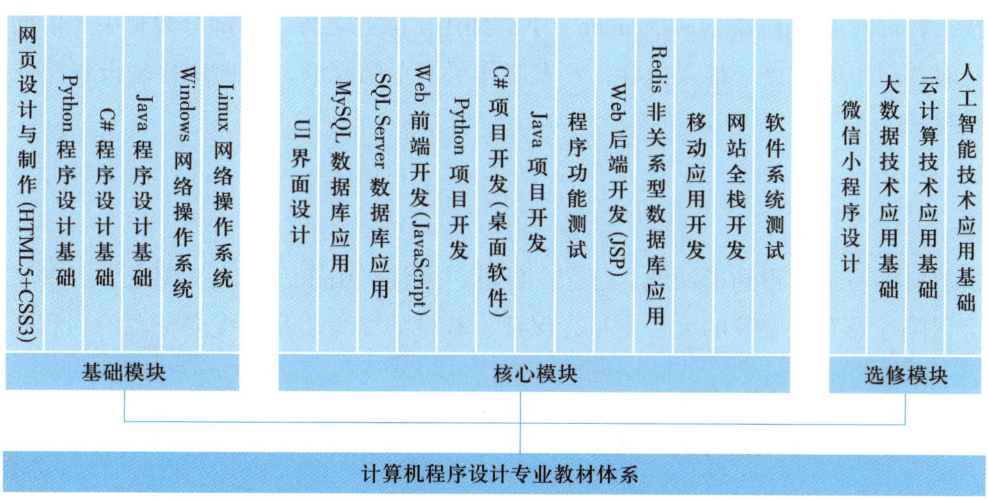

编写特色

1. 结合技工院校实际情况，制定专业教学标准

通过行业企业调研，分析技工院校地区差异情况，进行典型工作任务与工作岗位分析，

制定《技工院校计算机程序设计专业教学标准》，确定了中级、高级、技师（预备技师）技能人才的培养目标。基于工作岗位、职业能力和职业教育规律构建了“基础模块 + 核心模块 + 选修模块”的教材体系，确保学生既能掌握扎实的理论基础，又能具备较强的实践能力。

2. 创新编写形式，降低编写难度

在基础模块教材中，如 Python、C#、Java 等程序设计基础类教材，按照制定的教学标准构建教材内容，采用最新主流版本软件，从搭建基本开发环境入手学习基本语法，穿插若干实例引导学生进行程序设计，实例选取具有趣味性，充分考虑学生定位，避免介绍复杂的算法，编程思路采用流程图呈现，易读易懂，以激发学生学习编程语言的热情。

3. 充分吸收借鉴工学一体化教学改革的理念和成果

在核心模块教材中，如数据库类、项目开发类、测试类、前后端和移动应用开发类等教材，参照《计算机程序设计专业国家技能人才培养工学一体化课程标准》和《计算机程序设计专业国家技能人才培养工学一体化课程设置方案》，有一个或多个项目对接课标中的参考性学习任务，体现完整的企业工作流程，能满足学校开展工学一体化教学的需求。

教学服务

为方便教师教学和学生学习，配套开发了制作素材、电子课件、教案示例等教学资源，可通过技工教育网（https://jg.class.com.cn）下载使用。除此之外，在部分教材中还借助二维码技术，针对教材中的重点、难点内容，开发制作了演示微视频，可使用移动设备扫描书中二维码在线观看。

致谢

本次教材编写工作得到了河北、辽宁、江苏、浙江、山东、湖北、湖南、广东等省人力资源社会保障厅及有关院校的大力支持，保证了教材的编写质量和配套资源的顺利开发，在此我们表示诚挚的谢意。

编者

2025 年 2 月

目录

项目一　制作“开学迎新”网站

假设你是某学校的学生会信息部部长，学校团委委托信息部制作“开学迎新”网站，该网站主要包括“欢迎”“个人信息”“答题小游戏”3 个页面，各页面的静态布局已经完成，效果如图 1–0–1至图 1–0–3 所示。需要你在各静态页面的基础上实现用户交互功能，并在测试完成后按照要求提交代码。

本项目将通过制作“欢迎”页面、“个人信息”页面和“答题小游戏”页面等任务，完成用户交互功能开发、页面测试和提交工作。其中，需要实现的用户交互功能包括以下内容。

（1）在任务 1 中，运用外链式引入 JavaScript 代码，实现弹出对话框和在浏览器控制台中输出内容的效果。

（2）在任务 2 中，运用 prompt( ) 方法弹出输入框，提示用户输入内容，并将输入的内容保存到变量中，运用 document.write( ) 方法将数据输出到页面中。

（3）在任务 3 中，运用 while 循环，使网页一直循环弹出随机答题窗口，直到用户结束答题并退出为止，实现随机答题功能。

图 1–0–1　“欢迎”页面效果

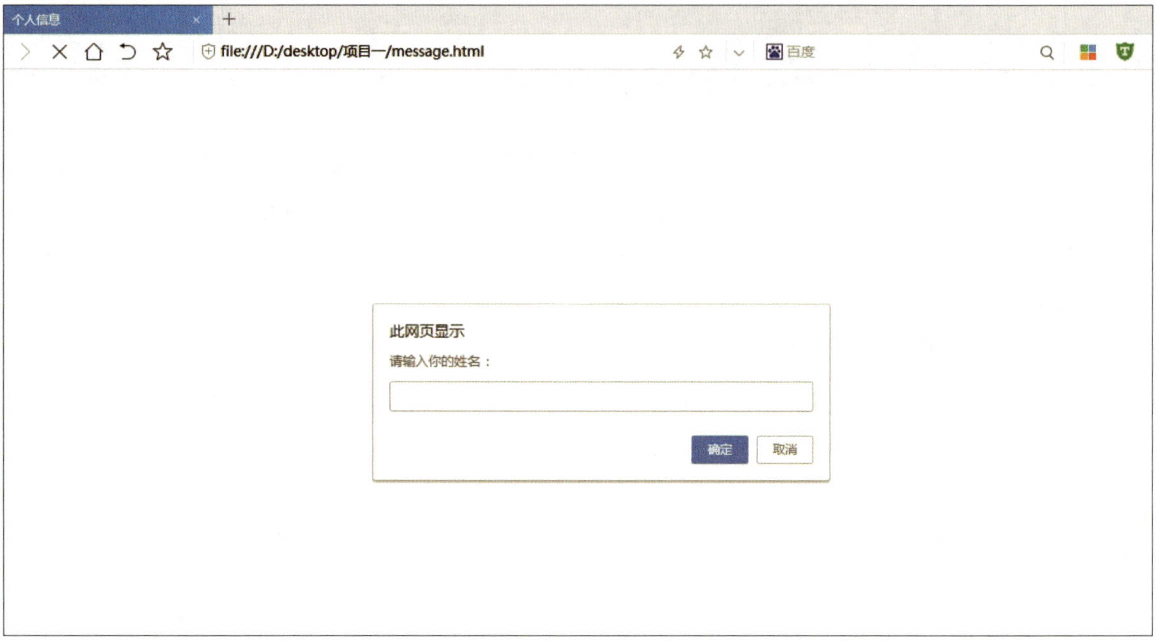

图 1-0-2 “个人信息”页面效果

图 1-0-3 “答题小游戏”页面效果

任务 1　制作“欢迎”页面

学习目标

1. 认识 JavaScript 的组成及特性。
2. 掌握 JavaScript 的基本应用。
3. 能熟练使用输出语句。

任务描述

本任务的主要内容是学会 JavaScript 应用入门知识，使用外链式引入 JavaScript 代码，实现弹出对话框和在浏览器控制台中输出内容的效果。

相关知识

一、JavaScript 概述

1. 认识 JavaScript

JavaScript（简称 JS）是一种运行在浏览器上的编程语言，它嵌套在 HTML（Hyper Text Markup Language，超文本标记语言）文件中，由浏览器解释执行，主要用于实现网页的动态效果、用户交互，以及前端和后端的数据传输等。

对于网页而言，HTML 构成网页的结构，CSS（Cascading Style Sheets，串联样式表）形成网页的外观，JavaScript 设定网页的行为。若将制作网页比作修建一座漂亮的房子，那么，HTML 是房子的框架，CSS 是房子精致的装修，JavaScript 则是房子内可以提供互动服务的各种智能电器，如图 1-1-1 所示。

图 1-1-1　图解 HTML、CSS、JavaScript 的作用

小提示：

Java 是一门面向对象的高级语言，它的第一个正式版本于 1996 年由 Sun 公司发布。JavaScript 和 Java 的名称比较相似，但在本质上是两种完全不同的语言。

2. JavaScript 的组成

JavaScript 由以下三个部分组成。

（1）ECMAScript（European Computer Manufacturers Association Script，简称 ES）：核心语法的组成部分，规定了 JavaScript 编程、发放和基础核心内容，是所有浏览器厂商共同遵守的一套 JavaScript 语法工业标准。

（2）文档对象模型（Document Object Model，DOM）：万维网联盟（World Wide Web Consortium，W3C）推荐的处理可扩展标记语言（Extensible Markup Language，XML）的标准编程接口。通过 DOM 提供的接口，开发人员可以操作页面上的各种元素（如内容、大小、位置和颜色等）。

（3）浏览器对象模型（Browser Object Model，BOM）：提供了独立于内容的、可以与浏览器窗口进行互动的对象结构。通过 BOM，开发人员可以操作浏览器窗口，如弹出框、控制窗口跳转、获取分辨率等。

3. JavaScript 的特性

JavaScript 作为一门流行的编程语言，具有以下优秀特性。

（1）基于对象

JavaScript 是一种基于对象的脚本语言，开发人员可以使用其中的对象和类来实现万维网（World Wide Web，Web）系统中的各种功能，如数据封装、属性和方法的定义、继承和多态等，从而更加快速地开发 Web 应用。同时，使用对象和类也可以减少代码的冗余程度，让其更加模块化、灵活和易于修改。

（2）数据安全性

JavaScript 作为一种安全性语言，不能访问本地的硬盘，不能将数据存入服务器，也不能修改和删除网络文档，只能通过浏览器实现信息浏览和动态交互，从而有效地防止数据丢失和对系统的非法访问。

（3）动态交互性

JavaScript 可以帮助开发人员实现各种动态效果，如网页的交互、动态更新，并使网页的响应时间更短。它能够通过处理用户输入或网页事件来实现动态交互性，例如，用户不必刷新整个网页就能实现网页中某些内容的更新。除此之外，它还可以通过异步 JavaScript 和 XML（Asynchronous Javascript And XML，AJAX）技术处理与服务器之间的异步通信，使网页的响应更加快速。

（4）跨平台性

JavaScript 不依赖操作系统，仅需要浏览器的支持。这种跨平台性使它成为 Web 开发中不可或缺的一部分，它可以在不同的浏览器和操作系统上运行，并能连接各种数据库和应用程序编程接口（Application Programming Interface，API）。这种跨平台性还可以使 JavaScript 开发人员的工作更加简单，他们可以使用相同的代码在不同的平台上实现相同的功能。

二、JavaScript 的基本应用

1. 开发工具

工欲善其事，必先利其器。在开发 JavaScript 应用程序时，使用适当的开发工具可以提高开发效率、改善代码质量和加快调试速度。以下是一些常用的 JavaScript 开发工具。

（1）浏览器

浏览器对 JavaScript 的支持是 JavaScript 代码能够正常解析和运行的基础。现在市场上的主流浏览器有 Chrome、Firefox、Edge 等，如图 1-1-2 所示，它们都支持 JavaScript。浏览器自带的调试工具可以帮助开发人员在代码运行过程中定位和修复错误。

图 1-1-2　市场上的主流浏览器

（2）代码编辑器

代码编辑器是开发人员编写代码最常用的工具之一。一款优秀的代码编辑器往往可以帮助开发人员极大地提高程序的开发效率。常用的 JavaScript 集成开发环境（Integrated Development Environment，IDE）工具如图 1-1-3 所示。

图 1-1-3　常用的 JavaScript 集成开发环境工具

每个 IDE 工具都有自己独特的特点，JavaScript 开发人员可根据自己的开发习惯与喜好选择一款适合自己的 IDE 工具，以提升开发效率和质量。本书选用的 Visual Studio Code（简称 VS Code）是一款免费且功能强大的代码编辑器，它提供了丰富的插件生态系统，可以满足各种 JavaScript 的开发需求。

2. 引入方式

在 HTML 中，可以使用行内式、内联式和外链式三种方式引入 JavaScript。

（1）行内式

行内式是指将 JavaScript 代码作为 HTML 标签的属性值来使用，通过行为触发执行。这种方式在实际开发中应用很少。

（2）内联式

内联式是指将 JavaScript 代码包裹在 <script> 标签中（通常将其放到 <head> 标签或 <body> 标签中），直接编写在 HTML 文件内。这种方式使用方便，适用于小篇幅代码的开发。

（3）外链式

外链式是指将 JavaScript 代码保存到一个单独的扩展名为“.js”的文件中，然后使用 <script> 标签的 src 属性引入这个 JS 文件。在实际开发中推荐使用这种方式，以便代码的后期维护和优化，其语法格式如下。

```
<script src = 'js 文件路径以及名称 '> </script>
```

3. 常用的输出语句

输入和输出是人和计算机的交互。用户通过键盘、鼠标等向计算机输入信息，计算机处理这些信息后再将结果输出并展示给用户，这就是一次输入和输出过程。

为了方便信息的输入和输出，JavaScript 提供了如下输出语句。

（1）页面输出语句

alert( ) 方法：创建一个警告对话框，一般用于调试程序。其参数可以是变量、字符串或表达式。

document.write( ) 方法：将内容输出到页面中，若内容中包含 HTML 标签，则会被浏览器解析。其参数可以是变量、字符串或表达式。

confirm( ) 方法：显示一个带有提示文本和两个按钮的对话框，即确认对话框，为用户提供选择“确定”按钮或“取消”按钮的功能。

（2）控制台输出语句

console.log( ) 方法：在浏览器控制台中输出内容。若要查看输出结果，在浏览器中按下键盘上的 F12 键（或在网页空白区域单击鼠标右键，在弹出的菜单中选择“审查元素”）启动开发人员工具，在开发人员工具的“控制台”标签中即可查看，示例代码如下。

```
console.log('hello world');
```

输出结果如图 1-1-4 所示。

图 1-1-4　console.log( ) 方法的输出结果

小提示：

开发人员工具是一套直接内置于浏览器的 Web 开发者工具。借助开发人员工具，开发人员可以即时修改页面和快速诊断问题。

在不同浏览器中启动开发人员工具的方法可能不同（一般为按 F12 键），具体方法请查看各浏览器的“帮助”文档。

4. 注释

为了提高代码的可读性，往往需要在代码中添加一些额外的信息来对其进行描述说明，即注释。注释嵌套在代码中，不会影响代码的执行，也不会在页面中输出。

JavaScript 中的注释主要有两种，分别是单行注释和多行注释。

（1）单行注释

单行注释以双斜杠“//”开头，“//”之后的所有内容都会被看作注释的内容。注意，单行注释只对所在行有效，如果使用单行注释，则必须在每行注释的开头都使用“//”。

（2）多行注释

多行注释以“/*”开头，以“*/”结尾，出现在“/*”和“*/”之间的所有内容都会被看作注释。

任务实施

一、导入项目

在开发工具（如 VS Code 等）中导入本书配套资源中的“WELCOME”文件夹。该文件夹中包含文件“index.html”（“欢迎”页面）、文件“message.html”（“个人信息”页面）、文件“random.html”（“答题小游戏”页面），以及图片资源文件夹“image”。

二、实现单击弹窗功能

（1）打开“index.html”文件，找到“欢迎你”按钮标签的代码“<button>欢迎你</button>”。

（2）为 <button> 标签添加 onclick 属性，实现单击按钮弹出对话框的效果，具体代码如下。

```
<button onclick="alert('按下F12在控制台查看暗号，领取萌新小礼包')">欢迎你
</button>
```

（3）保存代码，在浏览器中进行测试，用鼠标左键单击“欢迎你”按钮后，运行结果如图 1-1-5 所示。

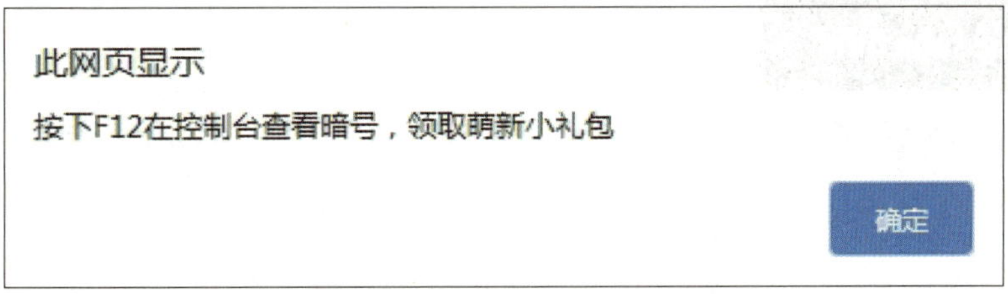

图 1-1-5　单击“欢迎你”按钮后的运行结果

三、实现查看暗号功能

1. 创建 JavaScript 文件

在“WELCOME”文件夹中新建“hello.js”文件，在开发工具中查看项目目录内容，如图 1-1-6 所示。

2. 引入 JavaScript 文件

打开“index.html”文件，在 <body> 标签内的最后一行增加 <script> 标签，引入创建的“hello.js”文件，具体代码如下。

```
<script src = "hello.js"></script>
```

3. 编写 JavaScript 代码

打开“hello.js”文件编写代码，实现在控制台查看暗号的功能，具体代码如下。

```
console.log(" 我是萌新，萌萌哒 ");
```

保存代码，在浏览器中进行测试，按下 F12 键查看运行结果，如图 1-1-7 所示。

图 1-1-6　项目目录内容

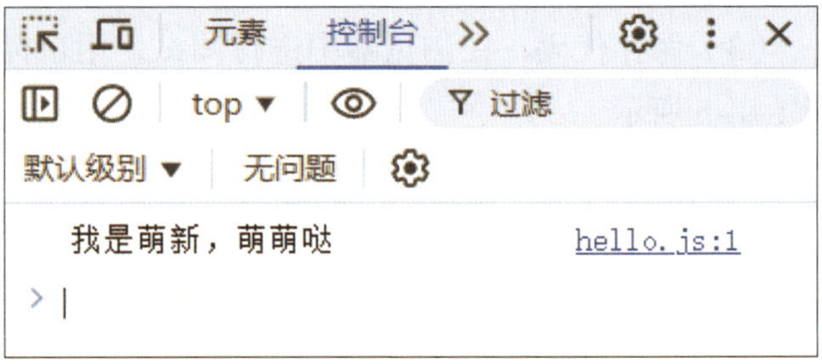

图 1-1-7　运行结果

任务 2　制作“个人信息”页面

学习目标

1. 能根据实际需求声明并使用变量。
2. 能熟练使用输入语句。
3. 能熟练输出数据到页面中。

任务描述

本任务的主要内容是在“个人信息”页面中运用输入和输出语句，实现弹出输入框，提示用户输入内容，将输入内容保存到变量中，再将数据输出到页面中的效果。

相关知识

一、变量

变量是存储信息的容器，由变量名和变量值组成。变量的使用分为变量的声明和赋值两步，这两步可以分开进行，也可以同时进行。

1. 变量的声明

在 JavaScript 中，变量通常使用 var 关键字声明，示例代码如下。

```
var num;                 // 声明一个名称为 num 的变量
```

使用 var 关键字声明变量后，计算机会自动为变量分配内存空间。num 是开发人员自定义的变量名，通过变量名可以访问变量在内存中被分配的空间。

2. 变量的赋值

声明后的变量默认是没有值的，因此，需要对其进行赋值操作，示例代码如下。

```
var num;             // 声明一个名称为 num 的变量
num = 100;           // 为变量 num 赋值
```

上述代码可在声明变量后，将变量的值设置为 100。

3. 变量的初始化

声明一个变量并为其赋值，这个过程就是变量的初始化。

4. 变量的命名规范

在对变量进行命名时，首先需要遵循变量的命名规范，从而避免代码出错，提高代码的可读性，具体的变量命名规范如下。

（1）变量名由字母、数字、下划线和符号“$”组成，如“age01”“_num”等。

（2）变量名应严格区分大小写，如“app”“App”是两个变量。

（3）变量名不能以数字开头，如“18age”是错误的变量名。

（4）变量名不能是关键字、保留字，如“var”“for”“while”等是错误的变量名。

其次，在命名变量时应遵循以下规则。

（1）变量名须语义化，做到见名知义，如“age”代表年龄，“num”代表数字。

（2）采用驼峰命名法，即变量名首字母小写，后面单词的首字母大写，如“myFirstName”。

（3）变量名一般为名词。

小提示：

在 JavaScript 中，关键字分为保留关键字和未来保留关键字，它们分别是指在 JavaScript 中被事先定义好并赋予特殊含义或可能在未来有特殊含义的单词，不能被当作变量名使用。

5. 变量与字符串的拼接

在 JavaScript 中，可以使用加号“+”来拼接变量与字符串。

【例 1-2-1】在页面中输出“小明今年 15 岁。”。

参考代码如下。

```
var name = " 小明 ";     // 定义一个名称为 name 的变量并赋值为“小明”
var age = 15;            // 定义一个名称为 age 的变量并赋值为 15
// 将变量 name、字符串“今年”、变量 age 和字符串“岁。”拼接
var res = name + " 今年 " + age + " 岁。";
console.log(res);        // 输出结果为：“小明今年 15 岁。”
```

二、常用的输入语句

prompt( ) 方法：显示一个对话框，对话框中包含一条信息（用于提示用户输入信息），语法格式如下。

```
prompt( 参数 1, 参数 2);
```

该方法有两个参数，参数 1 为提示信息文本内容（可选填），参数 2 为输入框的默认值（可选填）。

任务实施

一、实现用户输入数据

打开“message.html”文件，在 <div class="content"> 标签内增加 <script> 标签，在 <script> 标签内编写代码实现用户输入数据功能，具体代码如下。

```
<div class="content">
    <!-- 内部引入 js -->
```

```
3        <script>
4            // 弹出一个输入框，并将用户输入的数据保存在变量中
5            var uname = prompt(" 请输入你的姓名：");
6            var usex = prompt(" 请输入你的性别：","女 ");
7            var uage = prompt(" 请输入你的年龄：");
8        </script>
9        <a href="random.html"> 开始答题 </a>
10   </div>
```

上述代码的具体说明如下。

（1）第 5 ~ 7 行代码声明了 3 个变量，分别用于存储用户输入的姓名、性别和年龄。

（2）第 5 ~ 7 行代码使用 prompt( ) 方法创建了 3 个对话框，用于收集用户输入的数据，并将用户输入的数据存储到对应变量中。其中，第 6 行代码对应对话框的输入框中用户的性别默认设置为“女”。

小提示：

当同时声明多个变量时，可以使用逗号将它们分隔，增加代码的可读性。

保存代码，在浏览器中进行测试，其运行结果如图 1–2–1 至图 1–2–3 所示。

图 1–2–1　查看“请输入你的姓名：”对话框运行结果

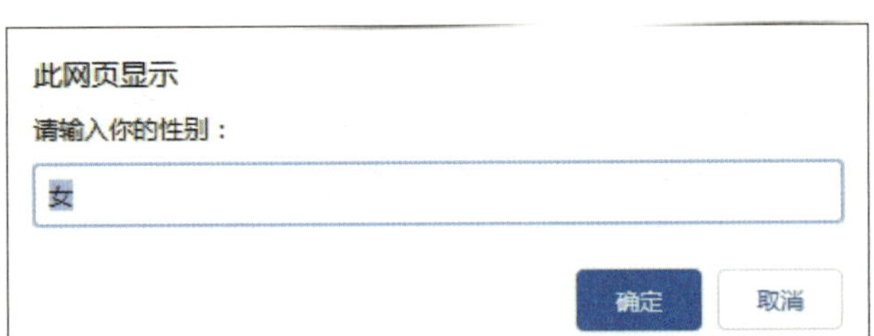

图 1–2–2　查看“请输入你的性别：”对话框运行结果

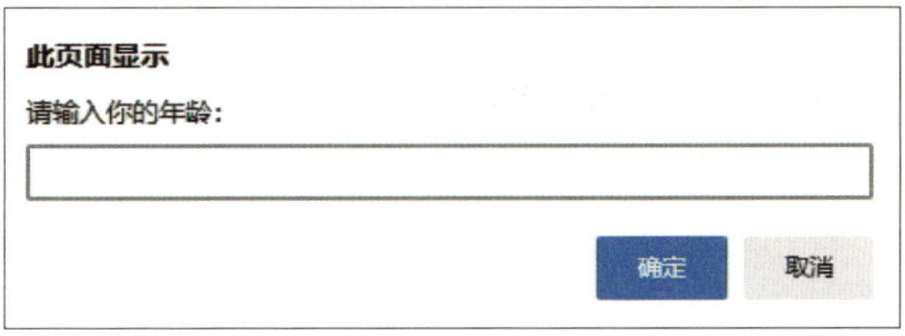

图 1-2-3　查看“请输入你的年龄：”对话框运行结果

二、实现用户数据输出

用户输入数据后，将数据存储到变量中，使用输出语句将变量中的数据取出并在“message.html”页面中显示，具体代码如下。

```
document.write("<h2> 姓名："+uname+"</h2>");
document.write("<h2> 性别："+usex+"</h2>");
document.write("<h2> 年龄："+uage+"</h2>");
```

上述代码使用 document.write( ) 方法将用户输入的内容输出到“个人信息”页面中。document.write( ) 方法的参数中包含了 <h2> 标签，它会被浏览器自动解析。

保存代码，在浏览器中进行测试，按要求在输入框中输入相应的信息，输出用户数据的运行结果如图 1-2-4 所示。

图 1-2-4　输出用户数据的运行结果

任务 3 制作“答题小游戏”页面

学习目标

1. 能根据具体需求使用对应数据类型、运算符和条件表达式完成运算。
2. 能灵活使用随机数。
3. 能根据需求选择并运用合适的分支语句。
4. 能使用循环语句解决重复执行的问题。
5. 能根据需求在循环结构中正确选择并使用 continue 语句和 break 语句。

任务描述

本任务的主要内容是在“答题小游戏”页面中运用 while 循环，使网页一直循环弹出随机答题提示框，直到用户结束答题并退出为止。

相关知识

一、数据类型

在 JavaScript 中，数据类型分为两种，分别为基本数据类型（又称值类型）和复杂数据类型（又称引用类型），如图 1-3-1 所示。

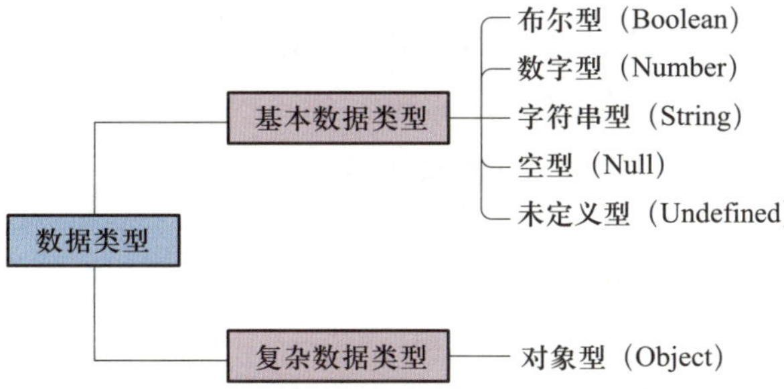

图 1-3-1　JavaScript 的数据类型

1. 基本数据类型

（1）布尔型

布尔型包含两个值，分别为 true 和 false，它常被用作判断和循环的条件。注意，布尔型的值区分大小写，只有全部字母为小写的 true 和 false 才是布尔值，其他如大写或大小写混合的是标识符。

（2）数字型

数字型包含两种数值，分别为整型和浮点型。

1）整型

整型也称整数，它可以由十进制数、八进制数和十六进制数表示，具体数制说明见表 1-3-1。

表 1-3-1　整型的数制说明

数制	说明	举例
十进制	取值数字为 0~9	90、34、-12、-78
八进制	取值数字为 0~7	090、045
十六进制	取值数字和字母为 0~9 和 A~F（或 a~f）	0x389、0XCD、0x5dc

2）浮点型

浮点型可以包含小数点，表示为“整数部分 . 小数部分”。它由标准格式和科学计数法格式两种形式表示，具体表示形式说明见表 1-3-2。

（3）字符串型

字符串型是程序中使用最广泛的一种类型，由单引号或双引号标注，其中，单引号和双引号可以相互嵌套，具体代码如下。

```
document.write(" 每一个开发人员都是从 'hello world' 开始的 !");
// 输出结果为：每一个开发人员都是从 'hello world' 开始的 !
document.write(' 每一个开发人员都是从 "hello world" 开始的 !');
// 输出结果为：每一个开发人员都是从 "hello world" 开始的 !
```

表 1-3-2　浮点型的表示形式说明

形式	说明	举例
标准格式	由整数部分、小数点和小数部分组成	90.09、12.0、-0.9
科学计数法格式	由数字、e 和指数组成	1.23e3（表示 1.23×10^3）

（4）空型

空型只有一个特殊值 null，表示变量未指向任何对象。

（5）未定义型

未定义型只有一个特殊值 undefined，表示声明的变量还未被赋值。

2. 复杂数据类型

在面向对象编程中经常用到复杂数据类型，可通过 new 关键字创建复杂数据。复杂数据有对象（Object）、数组（Array）和日期（Date）等。

二、转义符

在实际开发过程中，有时需要在页面上显示一些特殊字符，如引号或斜线等。但是在声明字符串时，字符串内容前后需用引号括起来，如此，字符串中的引号可能会与标识符中的引号混同，此时就要使用转义符。常用的转义符见表 1-3-3，这些字符都是以一个反斜线“\”开始的。

表 1-3-3　常用的转义符

转义符	含义	转义符	含义
\'	单引号	\r	回车
\"	双引号	\t	制表符
\\	反斜线	\b	退格符
\n	换行	\f	换页符

三、运算符

运算符用于执行程序代码运算，主要针对一个以上操作数项目进行运算。JavaScript 提供了算术运算符、比较运算符、赋值运算符、逻辑运算符等多种运算符。

1. 算术运算符

算术运算符用于执行常见的数学运算，如加法、减法、乘法、除法等。常用的算术运算符见表 1–3–4。

表 1-3-4　常用的算术运算符

运算符	描述
+	加法，作用是数值求和，或者字符串拼接
-	减法，作用是让两个操作数相减，返回值为两个操作数的差值
*	乘法，作用是让两个操作数相乘，返回值为两个操作数的乘积
/	除法，作用是让两个操作数相除，返回值为商
%	取模（取余），作用是让两个操作数相除，返回值为余数
++	自增，作用是为操作数增加 1，返回数值
--	自减，作用是为操作数减去 1，返回数值

2. 比较运算符

比较运算符又称关系运算符，用于比较两个值的大小，其返回结果是一个布尔值。比较运算符不仅可以用于比较数字，还可以用于比较各种类型的值。JavaScript 共提供了 8 种比较运算符，见表 1–3–5。

表 1-3-5　8 种比较运算符

运算符	描述
<	小于
>	大于
<=	小于或等于
>=	大于或等于
==	等于（只进行值判断，不涉及数据类型）

续表

运算符	描述
!=	不等于（只进行值判断，不涉及数据类型）
===	恒等于（对值和数据类型同时进行判断）
!==	不恒等于（对值和数据类型同时进行判断）

3. 赋值运算符

赋值运算符用于给变量赋值。最常见的赋值运算符是等号，它可以将右侧的值赋给左侧的变量。常用的赋值运算符见表 1–3–6。

表 1-3-6　常用的赋值运算符

运算符	描述
=	x=y，将 y 的值赋给 x
+=	x+=y，相当于 x=x+y
−=	x−=y，相当于 x=x−y
*=	x*=y，相当于 x=x*y
/=	x/=y，相当于 x=x/y
%=	x%=y，相当于 x=x%y

4. 逻辑运算符

逻辑运算符可对操作数进行布尔运算，其结果返回的是一个布尔值，经常与比较运算符一起配合使用。常用的逻辑运算符见表 1–3–7。

表 1-3-7　常用的逻辑运算符

运算符	描述
&&	与，若运算符两侧的表达式都为真，则返回 true；只要有一侧的表达式为假，则返回 false
||	或，运算符两侧的表达式中只要有一侧为真，则返回 true
!	非，对表达式的结果做取反操作

四、循环结构

在编写代码的过程中，经常会遇到一些需要反复执行的操作，如遍历一些数据、重复输出某个字符串等，这种重复的操作可以使用循环结构来完成。循环的目的就是反复执行某段代码，减轻编程压力、避免代码冗余、提高开发效率、方便后期维护。

JavaScript 提供了 3 种循环语句，分别是 for 循环语句、while 循环语句和 do-while 循环语句（for 循环语句将在本书项目二任务 2 中讲解）。

1. while 循环语句

while 循环语句是 JavaScript 提供的最简单的循环语句，语法格式如下。

```
while (条件表达式){
    // 要执行的代码
}
```

while 循环在每次循环之前，会先对条件表达式进行判断，如果条件表达式的结果为 true，则执行 { } 中的代码；如果条件表达式的结果为 false，则退出 while 循环，执行 while 循环之后的代码。

while 循环语句的执行流程如图 1-3-2 所示。

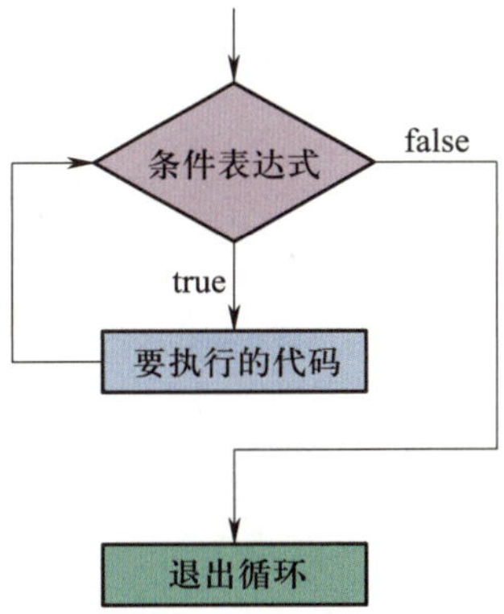

图 1-3-2　while 循环语句的执行流程

小提示：

在编写循环语句时，一定要确保条件表达式的结果能够为假（即布尔值为 false），因为只要条件表达式的结果为真（即布尔值为 true），循环就会一直持续下去，不会自动停止。这种无法自动停止的循环通常被称为无限循环或死循环，如果不小心造成无限循环，则可能会导致浏览器或计算机卡死。

2. do-while 循环语句

对 while 循环而言，如果不满足条件，那么就不能进入循环。但在实际应用中，有时即使不满足条件，也要至少执行一次循环体语句，这时就可以考虑使用 do-while 循环。do-while 循环和 while 循环的功能相似，区别在于 do-while 循环至少会被执行一次。do-while 循环语句的语法格式如下。

```
do {
    // 循环体语句
} while( 条件表达式 );
```

该循环会在检查条件表达式的结果是否为 true 之前执行一次循环体语句，如果条件表达式的结果为 true，那么就会重复这个循环。

do-while 循环语句的执行流程如图 1-3-3 所示。

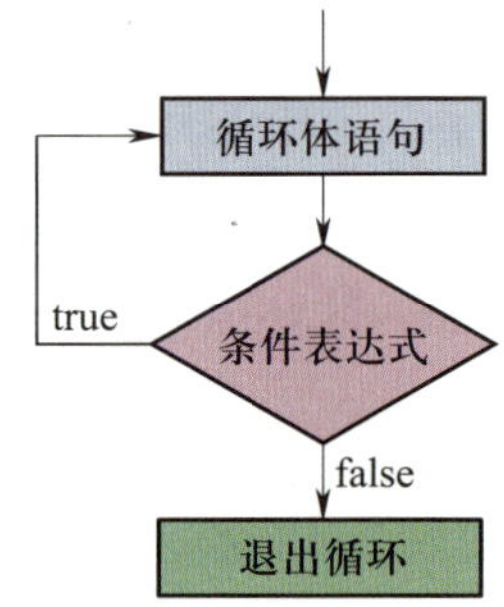

图 1-3-3　do-while 循环语句的执行流程

五、分支语句

JavaScript 中的分支语句也称条件判断语句，分为 if 单分支语句、if 双分支语句和多分支语句等。

1. if 单分支语句

if 单分支语句的语法格式如下。

```
if( 条件表达式 ) {
    // 条件成立时执行的代码
}
```

if 单分支语句会先对条件表达式的值进行判断，若其结果为 true，则执行 { } 中的代码，否则不执行。

if 单分支语句的执行流程如图 1-3-4 所示。

2. if 双分支语句

if 双分支语句的语法格式如下。

```
if( 条件表达式 ) {
    // 条件成立时执行的代码
} else {
    // 条件不成立时执行的代码
}
```

if 双分支语句也会先对条件表达式的值进行判断，若其结果为 true，则执行第一个 { } 中的代码；若其结果为 false，则执行 else 后面 { } 中的代码。

if 双分支语句的执行流程如图 1-3-5 所示。

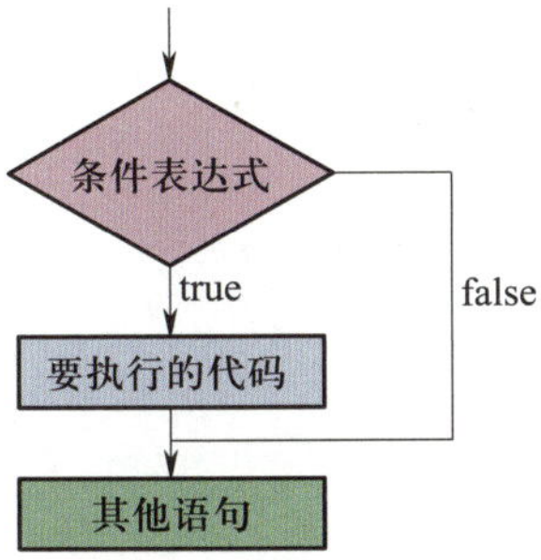

图 1-3-4　if 单分支语句的执行流程

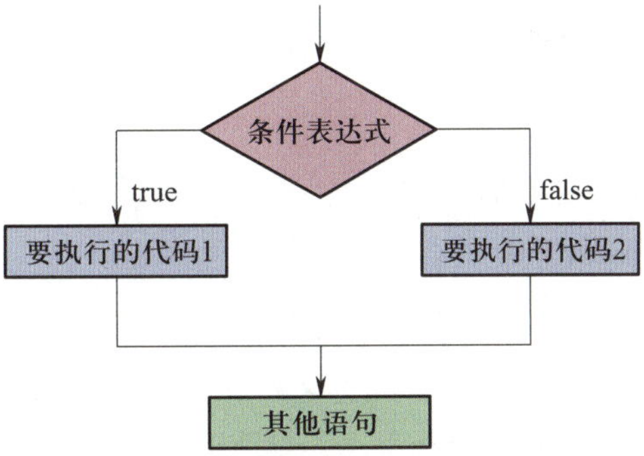

图 1-3-5　if 双分支语句的执行流程

3. 多分支语句

多分支语句是指有多个条件的语句，可以根据不同的条件执行不同的操作，语法格式如下。

```
if ( 条件表达式 1) {
    // 条件成立时执行的代码
} else if ( 条件表达式 2) {
    // 条件成立时执行的代码
    ……
} else if ( 条件表达式 n) {
    // 条件成立时执行的代码
} else {
    // 条件不成立时执行的代码
}
```

六、跳转语句

跳转语句用于实现程序执行过程中的流程跳转。常用的跳转语句有 continue 语句和 break 语句。

1. continue 语句

continue 语句用于退出本次循环，即跳过 continue 语句后面的循环体语句，并继续下一次循环，在实践中一般用于排除或跳过某个选项。

【例 1-3-1】使用 while 循环输出 1 ~ 2、4 ~ 5。

参考代码如下。

```
<script>
    var i = 0;
    while (i < 5) {
        i++;
        if (i == 3) {
            continue;        // 当 i 等于 3 时，跳出本次循环，不会执行下面的输出指令
        }
        console.log("i=" + i);
    }
</script>
```

运行结果如图 1-3-6 所示。

图 1-3-6　continue 语句代码的运行结果

2. break 语句

break 语句用于结束当前循环，即退出整个循环，在实践中一般用于已经得到想要的结果且不再需要后续循环的情况。

【例 1-3-2】使用 while 循环输出 1 ~ 5，但在输出 3 时中断并跳出循环。

参考代码如下。

```
<script>
    var i = 0;
    while (i < 5) {
        i++;
        if (i == 3) {
            break;    // 当 i 等于 3 时，跳出整个循环
        }
        console.log( “i=" + i);
    }
</script>
```

运行结果如图 1-3-7 所示。

图 1-3-7　break 语句代码的运行结果

七、Math.random( ) 随机数方法

JavaScript 提供了很多内置方法，这些方法可以被直接使用以实现某项功能。例如，使用

随机数方法 Math.random( ) 配合其他数学函数可以限制随机数的取值。生成指定随机数的相关方法见表 1–3–8。

表 1–3–8　生成指定随机数的相关方法

方法	作用
Math.random( )	返回 0 ～ 1 的随机数（包括 0，但不包括 1）
Math.floor(num)	对 num 进行向下取整
Math.ceil(num)	对 num 进行向上取整

【例 1–3–3】生成一个 1 ~ 10 的随机数。

```
var num = Math.random( );            // 返回 [0,1) 的随机数
var res = Math.floor(num*10+1)       // 返回 [1,10] 的随机整数
```

任务实施

一、分析编码流程

（1）应用 Math.random( ) 方法得到随机数，并通过运算将其转换成一个两位整数。

（2）用户输入答案。可以应用 prompt( ) 方法弹出对话框以实现对用户答案的接收。

（3）将用户答案同系统计算的结果进行比较，并使用条件表达式来实现输出“正确”或“错误”的结果。

（4）通过 break 语句实现是否退出。

（5）使用 while 循环重复执行以上步骤，实现随机答题功能。

答题小游戏编码执行流程如图 1–3–8 所示。

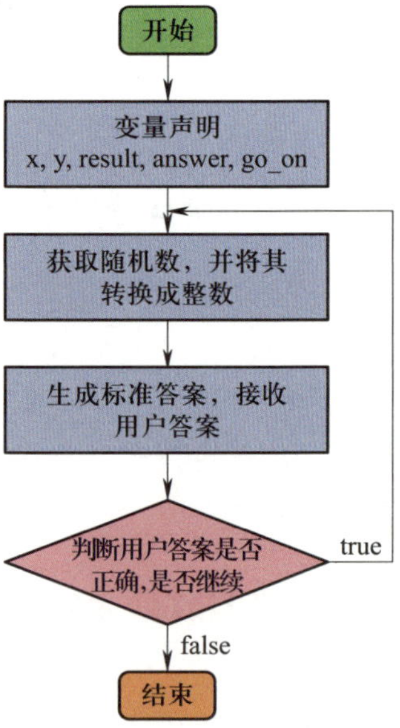

图 1–3–8　答题小游戏编码执行流程

二、实现答题小游戏

打开“random.html”文件，在 <body> 标签内最后一行增加 <script> 标签，在 <script> 标签中编写代码实现随机答题效果，具体代码如下。

```
1   <script type="text/javascript">
2       /* 定义变量 x，y 用于存储两个随机整数，
3       result 用于存储随机整数相加的正确答案，
4       answer 用于存储用户输入的答案，
5       go_on 用于存储用户是否取消继续答题。
6       */
7       var x, y, result, answer, go_on;
8       while (true) {
9       // 随机生成两个两位整数
10          x = Math.floor(Math.random( ) * 90) + 10;
11          y = Math.floor(Math.random( ) * 90) + 10;
12          // 计算答案
13          result = x + y;
14          // 接收用户答案，并将其转换为整数
15          answer = parseFloat(prompt(x + "+" + y + "=", "0"));
16          // 三元运算符
17          var res = answer == result ? " 答对 " : " 答错 ";
18          go_on = confirm(res + "\0 继续测试吗 ?");
19          if (!go_on) break;
20      }
21  </script>
```

上述代码的具体说明如下。

（1）第 8 ~ 20 行代码使用 while 循环重复弹出答题窗口，并利用 confirm( ) 方法让用户选择是否退出答题。

（2）第 10 ~ 11 行代码使用 Math.random( ) 方法结合运算，随机生成两个两位整数。

（3）第 15 行代码使用 prompt( ) 方法接收用户输入的数据，并使用 parseFloat( ) 函数将数

据转换为整数。

（4）第 17 行代码使用三元运算符将用户输入的答案与正确答案作比较，若用户输入的答案正确则返回“答对”，否则返回“答错”。

三元运算符的语法格式如下。

```
条件表达式 ? 表达式 1: 表达式 2
```

在上述语法格式中，如果条件表达式的值为 true，则返回表达式 1 的执行结果；如果条件表达式的值为 false，则返回表达式 2 的执行结果。

（5）第 19 行代码使用 if 语句判断 confirm( ) 方法的返回值，若返回值为 true，则使用 break 语句结束循环。

三、测试功能

保存代码，在浏览器中进行测试，其运行结果如图 1-3-9 所示。

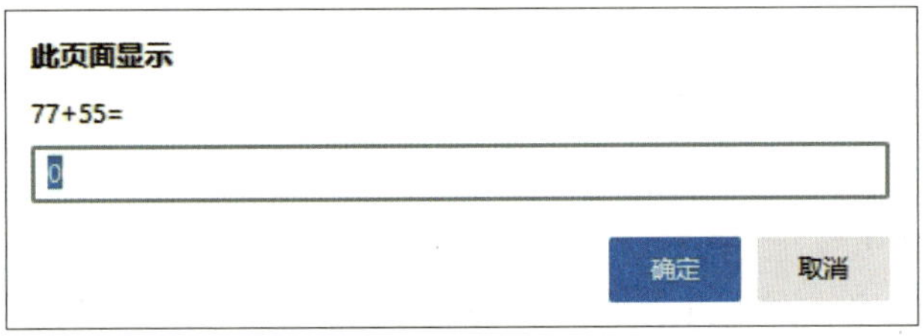

图 1-3-9　答题小游戏代码的运行结果

若用户回答正确，则弹出对话框提示“答对”，并询问是否继续测试，其运行结果如图 1-3-10 所示。

图 1-3-10　回答正确时的运行结果

若用户回答错误，则弹出对话框提示“答错”，并询问是否继续测试，其运行结果如图 1-3-11 所示。

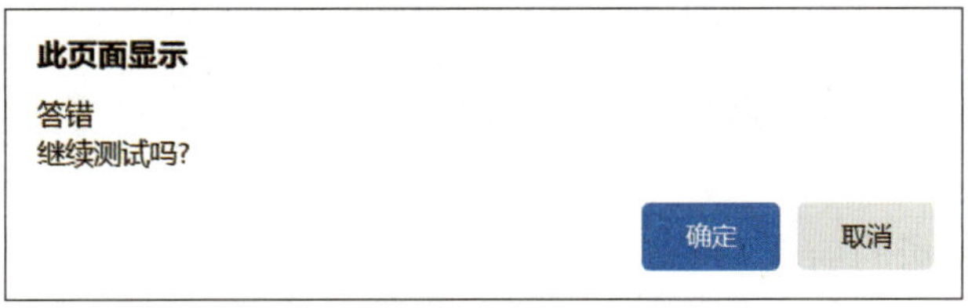

图 1-3-11　回答错误时的运行结果

在图 1-3-10 和图 1-3-11 的对话框中，若单击“确定”按钮则继续答题，单击“取消”按钮则结束答题。

四、提交代码

在完成所有页面与功能的开发和测试工作后，按照团队要求提交代码。

项目二　制作“水果促销”页面

假设你是某科技公司的前端开发工程师，该科技公司负责“花花超市”电商网站的开发项目，该网站的“水果促销”页面静态布局已经完成，布局效果如图 2-0-1 所示，需要你在该静态页面的基础上实现用户交互功能，并在测试完成后将代码提交至 Git 仓库。

图 2-0-1　“水果促销”页面的布局效果

本项目将通过制作“新品水果资讯”模块、“新品推荐”模块和“价格计算”功能模块等任务，完成“水果促销”页面用户交互功能开发、测试和提交工作。其中，需要实现的用户交互功能包括以下内容。

（1）在任务 1 中，获取页面中的按钮和段落文字等元素，实现当用户单击用于字号增减的按钮时，能动态修改段落文字的字号，方便用户将文字调整至符合自己阅读习惯的大小。

（2）在任务 2 中，在数组中自由设置或更改“新品推荐”模块中的图片信息，使用 for 循环遍历数组，实现自动显示新品水果图片的功能。

（3）在任务 3 中，运用水果数量增减按钮，自动计算支付总价并实时显示。单击“立即购买”按钮时，使用 switch 分支结构，实现根据会员等级自动计算优惠价格并弹窗显示结果的功能。

（4）在任务 4 中，运用多种浏览器对“水果促销”页面进行交互功能的测试，并在测试后使用 Git 命令提交代码。

任务 1　制作“新品水果资讯”模块

学习目标

1. 了解 DOM 树结构。
2. 了解 DOM 中文档、元素和节点的关系。
3. 了解事件的概念。
4. 掌握常见的鼠标事件。
5. 能根据不同的开发场景选择合适的方法获取元素。
6. 能为页面中的元素注册事件。
7. 能修改 DOM 元素的样式。

任务描述

本任务的主要内容是获取“新品水果资讯”模块中的“字号 +”“字号 -”按钮元素和资讯段落文字元素，并在两个按钮元素的单击事件中实现对资讯段落文字元素的字号增大（最大字号为 20 px）和减小（最小字号为 12 px）功能，方便用户将字号调整至符合自己阅读习惯的大小。增大字号和减小字号的显示效果如图 2-1-1、图 2-1-2 所示。

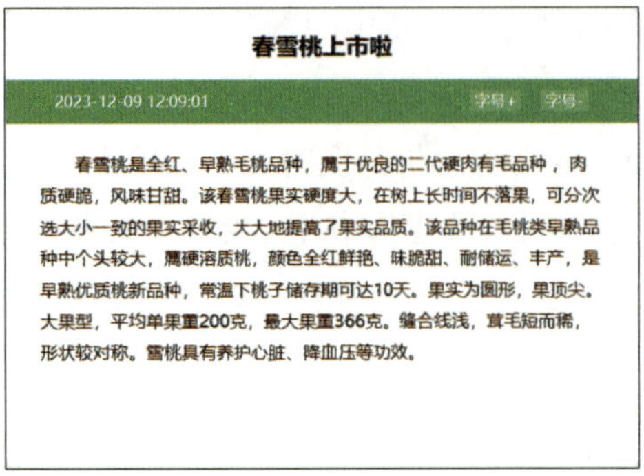

图 2-1-1　增大字号的显示效果

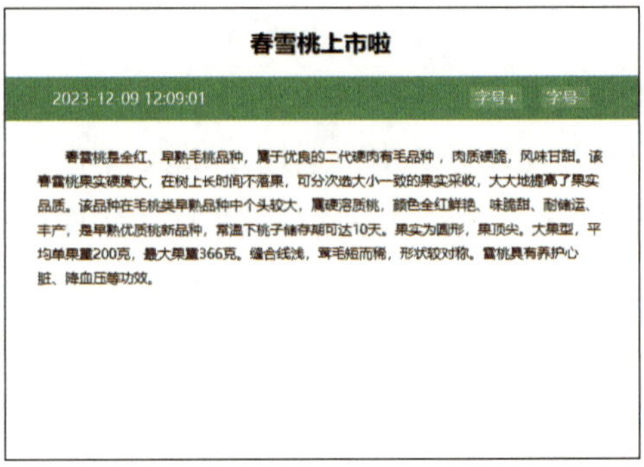

图 2-1-2　减小字号的显示效果

相关知识

一、文档对象模型（DOM）

使用 JavaScript 获取网页中的元素时，需要使用 DOM。DOM 是 HTML 的标准编程接口，通过 DOM 可以获取和改变网页的内容、结构和样式。

1. DOM 树结构

DOM 以树结构表达 HTML 文档，HTML 文档与 DOM 文档的对应关系如图 2-1-3 所示。

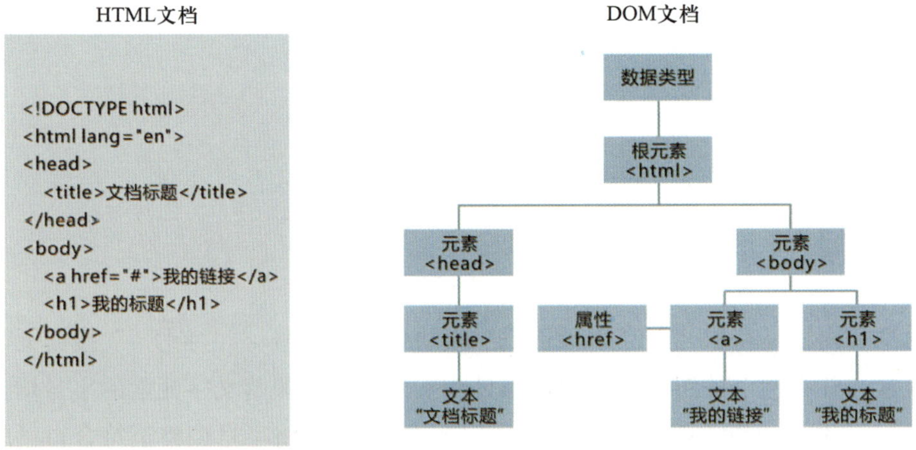

图 2-1-3　HTML 文档与 DOM 文档的对应关系

2. DOM 节点

HTML 文档中的所有内容都是节点。节点有很多种，整个 HTML 文档是一个文档节点，每个 HTML 元素是元素节点，HTML 元素内的文本是文本节点，HTML 属性是属性节点，注释是注释节点。以节点类型示意图（图 2-1-4）为例，其中，元素节点为“div”，属性节点为“class”，文本节点为“导航条”。所有节点均可使用 JavaScript 修改、创建或删除。

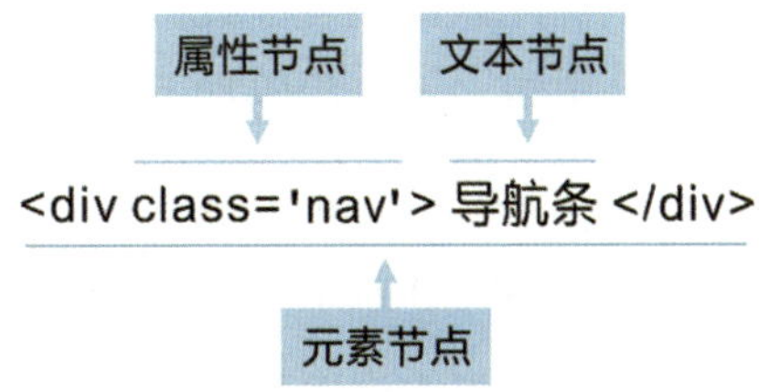

图 2-1-4　节点类型示意图

3. 获取元素的方法

DOM 提供了多种获取元素的方法，以下示例代码中布局了 6 个按钮元素。

```
<div>
    <button>1 号按钮 </button>
    <button id="btnId2">2 号按钮 </button>
    <button class="btnBig">3 号按钮 </button>
    <button class="btnBig">4 号按钮 </button>
    <button id="btnId5">5 号按钮 </button>
    <button class="btnClass6">6 号按钮 </button>
</div>
```

获取按钮元素的方式如下。

（1）使用标签名获取 1 号按钮

getElementsByTagName( ) 方法可获取所有的相同标签的元素（如 button 标签），返回的结果为该标签元素的集合（如所有按钮的集合），随后可通过编号获取集合中的指定元素（编号从 0 开始），示例代码如下。

```
var btn1 = document.getElementsByTagName("button")[0];
```

（2）使用 id 属性获取 2 号按钮

getElementById( ) 方法可获取指定 id 的元素。由于在布局时为 2 号按钮定义了 id 为 btnId2，所以可以使用此方法获取该按钮，示例代码如下。

```
var btn2 = document.getElementById("btnId2");
```

（3）使用元素类名获取 3 号和 4 号按钮

getElementsByClassName( ) 方法可获取所有的指定类名的元素（如 btnBig 类），返回的结果为该类元素的集合（此处为 3 号按钮、4 号按钮的集合），随后可使用编号 0 和 1 分别获取这两个按钮，示例代码如下。

```
var btn3 = document.getElementsByClassName("btnBig")[0];
var btn4 = document.getElementsByClassName("btnBig")[1];
```

（4）使用查询选择器获取 5 号和 6 号按钮

querySelector( ) 方法可根据条件查找元素，并返回第一个满足条件的元素。使用条件 #btnId5 并根据 id 获取 5 号按钮，使用条件 .btnClass6 并根据类名获取 6 号按钮，示例代码如下。

```
var btn5 = document.querySelector("#btnId5");
var btn6 = document.querySelector(".btnClass6");
```

二、事件

1. 事件的概念

事件是指可以被 JavaScript 侦测到的行为，是一种“触发—响应”机制，包括加载页面、单击或双击鼠标、移动鼠标指针等具体的动作，它对实现页面的交互效果起着非常重要的作用。事件的三要素包括事件源、事件类型和事件处理程序。

（1）事件源：指触发事件的元素。

（2）事件类型：指事件的触发方式（如鼠标单击或键盘输入）。

（3）事件处理程序：指事件触发后要执行的代码（函数形式）。

以上三要素可以被简单理解为“谁触发了事件”“触发了什么事件”“触发了事件后要做什么”。

2. 常见的鼠标事件

JavaScript 常见的鼠标事件见表 2–1–1。

3. 注册事件的方法

假设在布局中有一个 id 为 testButton 的按钮元素，布局示例代码如下。

表 2-1-1 JavaScript 常见的鼠标事件

鼠标事件	触发条件
onclick	单击鼠标左键触发
onmouseover	鼠标经过触发
onmouseout	鼠标离开触发
onfocus	获得鼠标焦点触发
onblur	失去鼠标焦点触发
onmousemove	鼠标移动触发
onmouseup	鼠标释放触发
onmousedown	鼠标按下触发

```
<div id="testButton"> 测试按钮 </div>
```

使用 JavaScript 获取该按钮并将其保存在变量 btnTest 中，示例代码如下。

```
var btnTest= document.getElementById("testButton");
```

为 DOM 元素注册事件有以下三种常用方法。

（1）直接在布局 HTML 代码中注册事件

以下示例代码实现了为 div 节点注册鼠标单击事件，当用鼠标左键单击该 div 节点时，会执行“alert('Hello World!')”代码，在页面中弹窗显示“Hello World!”。

```
<div onclick="alert('Hello World!')"> 单击 </div>
```

（2）使用 DOM 属性注册事件

以下示例代码实现了使用 onclick 属性注册鼠标单击事件（同理可注册表 2-1-1 中列举的其他鼠标事件）。

```
btnTest.onclick = function( ){
    alert('Hello World!')
}
```

若要移除 btnTest 的鼠标单击事件，则可将 btnTest 的事件赋值为 null，示例代码如下。

```
btnTest.onclick = null;
```

（3）使用事件监听器注册事件

addEventListener( ) 方法可为元素添加指定的事件监听器。在以下示例代码中，第 1 行代码为 btnTest 元素注册了 click 事件，即鼠标单击时将调用 function1 函数；第 2 行代码为 btnTest 元素注册了 mousemove 事件，即鼠标移动时将调用 function2 函数。

```
1    btnTest.addEventListener("click", function1);
2    btnTest.addEventListener("mousemove", function2);
```

可使用 removeEventListener( ) 方法移除指定的事件监听器，若要移除 btnTest 的鼠标单击事件监听器，则示例代码如下。

```
btnTest.removeEventListener("click", function1);
```

任务实施

一、导入项目与创建文件

1. 导入项目

在开发工具（如 VS Code 等）中导入本书配套资源中的“FRUITSHOP”文件夹。该文件夹中包含布局文件“index.html”、样式文件“index.css”，以及图片资源文件夹“images”。

2. 创建 JavaScript 文件

在“FRUITSHOP”文件夹中新建“index.js”文件，在开发工具中查看项目目录内容，如图 2-1-5 所示。

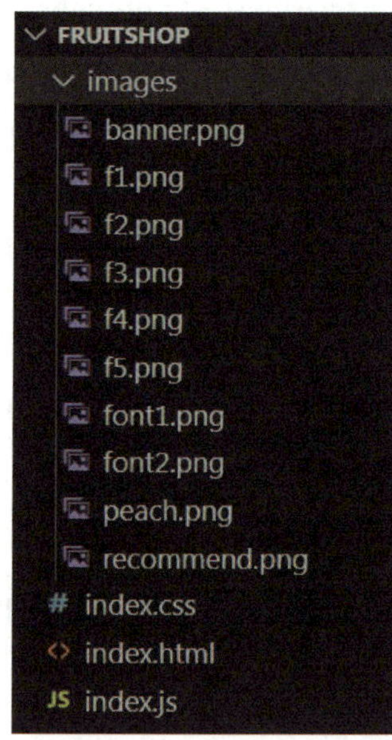

图 2-1-5　项目目录内容

3. 引入 JavaScript 文件

打开“index.html”文件，在 <body> 标签内的最后一行增加 <script> 标签，引入创建的“index.js”文件，具体代码如下。

```
<script src = "index.js"></script>
```

二、获取模块内的元素

本模块需要实现单击按钮修改资讯段落文字的样式，因此，须先在“index.js”文件中获取各元素。

1. 获取新品水果资讯文字

在“index.html”布局文件中，新品水果资讯文字位于 CSS 类名为 divNewsContent 的 div 节点中。打开“index.js”文件，编写代码获取该 div 节点，具体代码如下。

```
var newsContent = document.querySelector('.divNewsContent');
```

上述代码使用查询选择器，可根据 CSS 类名进行查找，并将查找到的结果保存在变量 newsContent 中。

2. 获取“字号 +”和“字号 –”按钮

在“index.html”布局文件中，“字号 +”和“字号 –”两个按钮都在 div 节点的后代节点（span 节点）中，按钮布局部分的具体代码如下。

```
<div id="divBtns">
    <p>2023-12-09 12:09:01</p>
    <p>
        <span> 字号 +</span>
        <span> 字号 –</span>
    </p>
</div>
```

因此，可以先获取 div 节点，再获取该 div 节点中所有的 span 节点，在“index.js”文件中加入如下代码。

```
1    var divBtns = document.getElementById("divBtns");
2    var btn_1 = divBtns.getElementsByTagName("span")[0];
3    var btn_2 = divBtns.getElementsByTagName("span")[1];
```

上述代码的具体说明如下。

（1）第 1 行代码使用 id 属性获取的方法获取 id 为 divBtns 的 div 节点，并将其保存在变量

divBtns 中。

（2）第 2 ~ 3 行代码使用标签名获取的方法获取 div 节点中所有的 span 节点，然后取出获取结果中编号为 0 和 1 的两个元素，将其分别保存到变量 btn_1 和 btn_2 中。

三、实现单击按钮修改样式

在获取到新品水果资讯文字，以及“字号 +”“字号 –”按钮后，即可进行每个按钮的鼠标单击事件的实现。打开“index.js”文件，按以下步骤实现各按钮的功能。

1. 实现“字号 +”按钮功能

在“index.css”样式文件中已定义新品水果资讯文字的字号为 16 px，单击“字号 +”按钮时应可将字号加 1 px，最大字号为 20 px。在“index.js”文件中加入如下代码。

```
1  var curSize= 16;
2  btn_1.onclick = function ( ) {
3      if (curSize < 20) {
4          curSize ++;
5          newsContent.style.fontSize = curSize + "px";
6      }
7  }
```

上述代码的具体说明如下。

（1）第 1 行代码定义了变量 curSize，该变量用于保存当前字体字号，初始值为 16。当单击“字号 +”或“字号 –”按钮时，将对应修改该变量。

（2）第 2 ~ 7 行代码使用 DOM 属性注册事件的方法注册按钮 btn_1 的鼠标单击事件。

（3）第 3 行代码先对 curSize 的值进行判断，当满足 curSize<20 的条件时，执行第 4 ~ 5 行代码，否则直接跳转到第 7 行代码，结束本事件。

（4）第 4 行代码使用自增算术运算符将 curSize 的值加 1。

（5）第 5 行代码设置变量 newsContent 样式的 fontSize 属性值为增加后 curSize 的值，单位为 px。

保存“index.js”文件，在浏览器中浏览“index.html”页面，此时新品水果资讯文字的字号为初始的 16 px。单击“字号 +”按钮，新品水果资讯文字的字号将会加大 1 px，字号加大到 20 px 后不再变化，效果如图 2–1–1 所示。

2. 实现“字号 -”按钮功能

当字号大于 12 px 时，单击“字号 -”按钮应可将字号减 1 px，实现此功能的具体代码如下。

```
btn_2.onclick = function () {
    if (curSize > 12) {
        curSize --;
        newsContent.style.fontSize = curSize +"px";
    }
}
```

在上述代码中，当单击按钮 btn_2 时，将判断 curSize 的值是否大于 12，若满足该条件，则 curSize 的值递减，随后更新 newsContent 样式的 fontSize 属性值为减少后 curSize 的值，单位为 px。

保存“index.js”文件，在浏览器中浏览“index.html”页面，单击“字号 -”按钮，此时新品水果资讯文字的字号将会减小 1 px，字号减小到 12 px 后不再变化，效果如图 2–1–2 所示。

任务 2　制作“新品推荐”模块

学习目标

1. 能根据开发需求正确使用 for 循环语句。
2. 能创建并使用数组。
3. 能使用 for 循环语句实现数组的遍历。
4. 能根据不同的开发场景选择合适的方法操作 DOM 元素内容。

任务描述

本任务的主要内容是定义一个包含推荐水果图片的数组（即推荐水果图片数组），在获取“新品推荐”图片布局容器后，遍历该数组并在布局容器中动态显示数组中的所有图片，最终形成的“新品推荐”模块的显示效果如图 2-2-1 所示。

图 2-2-1 “新品推荐”模块的显示效果

相关知识

一、数组

JavaScript 的数组用于存储一系列的值。本任务要求保存和读取一系列的推荐水果图片数据，因此可使用 JavaScript 数组来提高代码开发与执行的效率。

1. 数组的创建

在 JavaScript 中可使用以下三种方式创建数组。

（1）常规方式

此方式在定义一个数组变量后，通过数组下标（即 [0] ~ [n]）为数组设置每个位置的元素，示例代码如下。

```
var testArray = new Array( );
```

```
testArray[0] = "aaa";
testArray[1] = "bbb";
```

（2）简洁方式

此方式作为常规方式的简洁写法，在定义变量的同时，可直接设置数组元素，示例代码如下。

```
var testArray = new Array("aaa","bbb");
```

（3）字面量方式

在 JavaScript 语法中，中括号“[]”表示一个数组，可直接使用中括号设置 testArray 变量的值，程序会自动将该变量识别为数组，示例代码如下。

```
var testArray = ["aaa","bbb"];
```

小提示：

字面量（literal）是用于表达固定值的方法，通俗来讲，字面就是“所见即所得”，JavaScript 程序通过执行到代码中的字面量，来立即得知它是什么类型的数据，其值是多少。常见的字面量包括数字、字符串、未定义型和布尔型等。

2. 数组的访问

在程序中，通常使用数组下标 [n] 来访问数组中的元素（n 的值从 0 开始）。若需要获取 testArray 数组的第一个元素并将其保存在变量 firstItem 中，则示例代码如下。

```
var firstItem = testArray[0];
```

3. 数组的长度

数组的 length 属性可以返回数组的长度，即一个数组中储存的元素个数。若需要获取 testArray 数组的长度并将其保存在变量 getLength 中，则示例代码如下。

```
var getLength = testArray.length;
```

二、for 循环语句

定义推荐水果图片数组后，为了将数组中的所有图片显示在“新品推荐”图片布局容器中，需要使用循环来获取数组中的每一个水果图片元素，然后动态布局显示。

在 JavaScript 中可定义各种循环结构，其中，for 循环是最为常见且重要的一种，它可按照设定的规则自动重复执行指定的代码。for 循环主要包括三个部分，分别为变量初始值、条件和变量更新方式。首先，在 for 循环中设定一个初始值作为起点；然后，定义一个判断条件来确定何时结束循环；最后，指定一个循环操作的任务。在循环执行过程中，程序会循环检查判断条件，当条件满足时执行循环体内的操作；每次循环完成后，程序会自动更新初始值并再次检查判断条件，以此循环往复，直到满足终止条件时终止循环。

【例 2-2-1】在控制台中循环打印数字 1 ~ 100。

参考代码如下。

```
for(var i=1; i<=100; i++) {
    console.log(i);
}
```

在以上代码中，设置变量 i 的初始值为 1，条件为 i 小于或等于 100，变量更新方式为 i 加 1，循环体的代码为在控制台输出 i 的值。

执行代码时，将 i 的初始值设置为 1，在控制台输出“1”，然后 i 的值在每次循环中加 1，控制台循环输出 i 的值（2 ~ 100），当 i 的值大于 100 时，程序判断已经不满足 i 小于或等于 100 的条件，此时循环结束。

三、DOM 元素内容

获取推荐水果图片数组中的所有图片信息后，可使用 JavaScript 生成图片显示的代码，然后动态修改“新品推荐”图片布局容器的内容。HTML 提供以下三个可用于修改 DOM 元素内容的属性。

1. innerHTML 属性

本属性用于设置或获取元素开始标签和结束标签之间的 HTML 内容，返回结果包含 HTML 标签，并保留空格和换行。

2. innerText 属性

本属性用于设置或获取元素的文本内容，获取时会去除 HTML 标签和多余的空格、换行，在设置时会进行特殊字符转义。

3. textContent 属性

本属性用于设置或获取元素的文本内容，并保留空格和换行。

任务实施

一、获取“新品推荐”图片展示 DOM 元素

在“index.html”文件中，本模块的具体布局代码如下。

```
<div class="divRecommend">
    <div class="divTitle">
        <img src="images/new.png"  alt="">
    </div>
    <div id="fruitList">
    </div>
</div>
```

从上述代码可以看出，该模块目前仅设置了一张标题图片，而 id 为 fruitList 的“新品推荐”图片布局容器 div 节点中的内容为空，此时在浏览器中打开“index.html”页面，本模块的初始状态如图 2-2-2 所示。

图 2-2-2　“新品推荐”模块的初始状态

在“index.js”文件中，使用元素 id 获取“新品推荐”图片布局容器 div 节点，并将其保存在变量 fruitList 中，具体代码如下。

```
var fruitList = document.querySelector("#fruitList");
```

二、创建新品水果信息数组

本任务要求设置一组推荐水果的图片信息，用于在“新品推荐”图片布局容器中自动显示，因此应在“index.js”文件中使用数组字面量创建数组 fruits。该数组包含 5 张当季水果图片的文件名，具体代码如下。

```
var fruits = ["f1.png", "f2.png", "f3.png", "f4.png", "f5.png"];
```

三、生成“新品推荐”图片布局容器内容

为满足自动显示水果图片的功能需求，应使用 for 循环遍历 fruits 数组，拼接生成“新品推荐”图片布局容器的 div 节点的内容字符串，具体代码如下。

```
1    var newContent = '';
2    for (var i = 0; i < fruits.length; i++) {
3        newContent += '<img src="images/' + fruits[i] + '"  alt="">'
4    }
5    fruitList.innerHTML = newContent;
```

上述代码的具体说明如下。

（1）第 1 行代码定义了变量 newContent，其初始值为空字符串。

（2）第 2 行代码使用 for 循环语句对 fruits 变量进行循环遍历。循环定义变量 i 的初始值为 0，条件表达式限定 i 的值小于 fruits 数组的长度，变量 i 的更新方式为每次加 1。此循环的作用为依次获取 fruits 数组的每张图片的文件名（数组下标的值从 0 开始）。

（3）第 3 行代码每循环 1 次就为 newContent 拼接一串字符串，字符串的内容为 HTML 布局中 <img> 标签的内容，<img> 标签的 src 值为“images/”拼接上 fruits 数组中第 i 个元素的内容。

（4）第 5 行代码将“新品推荐”图片布局容器 <div> 标签内的 innerHTML 属性设置为字符串变量 newContent 的值，即在该 div 节点中展示 newContent 字符串所表示的 HTML 内容。

保存代码，在浏览器中浏览“index.html”页面，显示的内容如图 2-2-1 所示。

任务 3　制作“价格计算”功能模块

学习目标

1. 能根据项目需求正确使用 switch 语句。
2. 能根据项目需求定义函数并完成函数的调用与参数传递。
3. 能根据属性获取 DOM 元素。

任务描述

本任务主要内容是获取“+”“-”“立即购买”等按钮元素，并为各按钮注册鼠标单击事件，使单击“+”或“-”按钮时可增加或减少水果数量，并自动计算总价，显示效果如图 2-3-1 所示。

a)　　b)　　c)

图 2-3-1　增减水果数量并计算总价的显示效果

a）水果数量为 0　b）水果数量为 1　c）水果数量为 7

当用户单击“立即购买”按钮时，使用 switch 语句遍历会员等级单选框，并调用自定义函数弹出窗口来显示折扣的信息。若用户为非会员，则单击“立即购买”按钮的弹窗显示效果如图 2–3–2 所示。

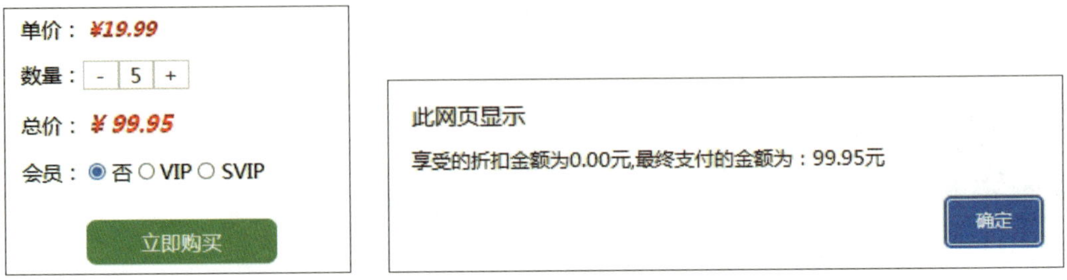

a)　　b)

图 2-3-2　非会员用户单击“立即购买”按钮的弹窗显示效果

a）“立即购买”按钮　b）弹窗显示效果

若用户为会员（VIP），则单击“立即购买”按钮的弹窗显示效果如图 2–3–3 所示。

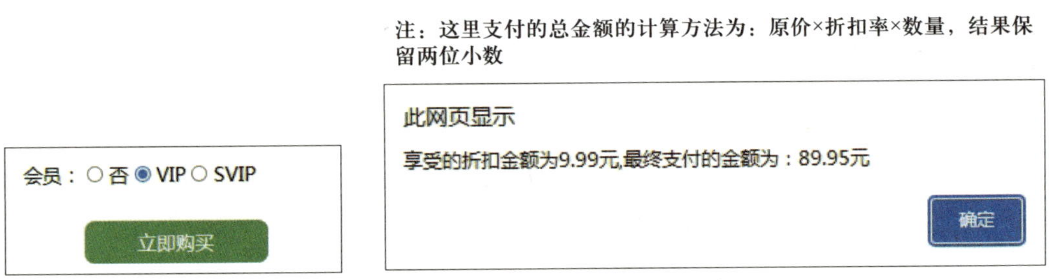

a)　　b)

图 2-3-3　会员用户单击“立即购买”按钮的弹窗显示效果

a）“立即购买”按钮　b）弹窗显示效果

若用户为超级会员（SVIP），则单击“立即购买”按钮的弹窗显示效果如图 2–3–4 所示。

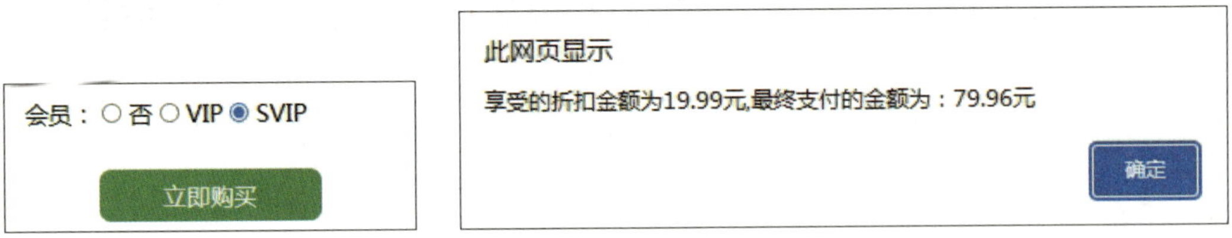

a)　　b)

图 2-3-4　超级会员用户单击“立即购买”按钮的弹窗显示效果

a）“立即购买”按钮　b）弹窗显示效果

相关知识

一、switch 语句

在“价格计算”功能模块中，当用户单击“立即购买”按钮时，程序需要判断该用户选择的会员类型（包括“否”“VIP”“SVIP”），并根据不同的会员类型计算对应的优惠价格，此时可以使用 switch 语句来实现该功能。

switch 语句可基于不同的条件来执行不同的动作，一般适用于有多个条件和选择的情况，switch 语句的语法格式如下。

```
switch (表达式) {
    case 值 1:
        代码块 1;
        break;
    case 值 2:
        代码块 2;
        break;
    ...
    default:
        代码块 n;
}
```

switch 语句的执行流程如下。

（1）将表达式的值依次与各个 case 值进行比较，若匹配，则执行该 case 对应的代码块，在执行的过程中，遇到 break 语句结束。

（2）若表达式的值与所有 case 值都不匹配，则执行 default 对应的代码块。

switch 语句的执行流程如图 2-3-5 所示。

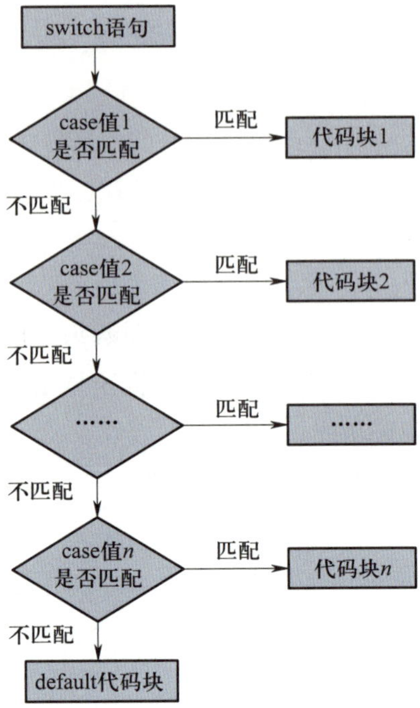

图 2-3-5　switch 语句的执行流程

二、函数

本任务要求当用户单击“立即购买”按钮时根据会员类型计算折扣的优惠信息并弹窗显示结果，可以定义一个函数来实现该功能。函数是为执行特定任务而被设计的代码块，在被调用时执行。

1. 函数的语法

JavaScript 函数使用 function 关键词定义，函数名可包含字母、数字、下划线和美元符号，其命名规范与变量名相同。函数可指定不带参数或带多个参数，如果在定义函数时指定了参数（又称形参）且未设置默认值，那么在调用函数时也需要传入对应的参数（又称实参）。

以下示例代码定义了一个控制台输出数字的函数 showNumber( )，该函数指定了两个参数 num1 和 num2。

```
function showNumber(num1, num2) {
    console.log("Number1 is "+ num1 + "， Number2 is " + num2);
}
```

2. 函数的调用

一般情况下，函数只有在被调用时才会执行。调用在上文中定义的 showNumber( ) 函数的示例代码如下。

```
showNumber(55, 66);
```

3. 函数的返回值

在函数中，可以使用 return 语句将函数的运行结果返回给调用函数的程序，返回值可以是任何类型（如空值、数组、对象或字符串等）。当函数运行到 return 语句时会立即停止，并返回到调用函数的地方继续执行后续代码。

任务实施

一、获取模块内的 DOM 元素

在“index.html”文件中，本模块的具体布局代码如下。

```
<div class="divBuy">
    <img src="images/peach.png"  alt=""  width="180">
    <p> 顺丰包邮 云南丽江雪桃新鲜现摘脆甜 </p>
    <div class="price"> 单价：
        <em> ¥ <span id="spanPrice">19.99</span></em>
    </div>
    <div class="num">
        <span> 数量：</span>
        <div class="btn">
            <span id="btnSub">-</span>
            <span id="quantity">0</span>
            <span id="btnAdd">+</span>
```

```
        </div>
    </div>
    <div class="total"> 总价：
        <em> ¥ <span id="spanTotal">0.00</span></em>
    </div>
    <div class="member"> 会员：
        <input type="radio"  name="mem"  value="1" checked> 否
        <input type="radio"  name="mem"  value="2"> VIP
        <input type="radio"  name="mem"  value="3"> SVIP
    </div>
    <a href="#"  id="btnPay"> 立即购买 </a>
</div>
```

基于以上布局代码，在“index.js”文件中使用对应方法获取需要的各个 DOM 元素，具体代码如下。

```
1    var btnSub = document.querySelector('#btnSub');
2    var btnAdd = document.querySelector('#btnAdd');
3    var qty = document.querySelector('#quantity');
4    var price = document.querySelector('#spanPrice');
5    var total = document.querySelector('#spanTotal');
6    var btnPay = document.querySelector('#btnPay');
7    var members = document.getElementsByName('mem');
```

上述代码的第 1～6 行使用查询选择器获取各个指定 id 的 DOM 元素并将其保存到对应的变量中。第 7 行代码使用获取标签名的方式获得会员选项的 3 个单选框元素，返回的元素集合被保存在 members 变量中。

二、实现“增加水果数量”功能

1. 开发“+”按钮事件代码

当用户单击“+”按钮时，程序需要将水果数量加 1，同时更新总价信息。在“index.js”

文件中加入如下代码。

```
1    btnAdd.onclick = function ( ) {
2        var num = qty.innerText;
3        num++;
4        qty.innerText= num;
5        total.innerText= (num * price.innerText).toFixed(2);
6    }
```

上述代码的具体说明如下。

（1）第 2 行代码使用 innerText 属性取出水果数量元素（对应变量名为 qty）的内容，并将返回的结果保存在变量 num 中。

（2）第 3 行代码使用自增算术运算符将 num 的值加 1。

（3）第 4 行代码将水果数量元素的内容修改为 num 的值。

（4）第 5 行代码将总价元素（对应变量名为 total）的内容修改为当前数量水果对应的总价。总价为代表水果数量的 num 的值乘以单价（即变量 price 的内容），然后使用 toFixed(2) 方法将乘积四舍五入为保留两位小数的数字。

2. 测试“增加水果数量”功能

保存代码，在浏览器中浏览“index.html”页面。“价格计算”功能模块中初始显示的单价为“19.99”，水果数量为“0”，总价为“0.00”。

单击一次“+”按钮后，水果数量变为“1”，总价变为“19.99”；继续单击 6 次“+”按钮后，水果数量变为“7”，总价变为“139.93”。此过程中各阶段的显示内容如图 2-3-1 所示。

三、实现“减少水果数量”功能

与“增加水果数量”功能类似，当用户单击“-”按钮时，程序需要将水果数量减 1，同时更新总价信息。在“index.js”文件中加入如下代码。

```
btnSub.onclick = function ( ) {
    var num = qty.innerText;
    if (num > 0) {
```

```
            num--;
            qty.innerText = num;
            total.innerText = (num * price.innerText).toFixed(2);
        }
    }
```

在上述代码中，与“增加水果数量”功能不同的是本代码需要对当前的水果数量（即 num 的值）进行判断，仅在 num>0 时执行相应的操作，否则结束本事件。

完成上述开发后进行页面功能测试，正确的结果为：当水果数量大于“0”时，单击“-”按钮会将水果数量减 1 并更新总价；若水果数量为“0”，则单击“-”按钮不执行任何操作。

四、实现“会员折扣计算”功能

本任务要求在单击“立即购买”按钮后，根据用户会员等级计算最终优惠后的价格，并弹窗显示该用户享受的折扣金额和最终支付的金额。各会员等级的优惠方案见表 2-3-1。

表 2-3-1　各会员等级的优惠方案

会员等级	总价小于 **100** 元	总价大于或等于 **100** 元
非会员	无折扣	九折
VIP 会员	九折	八折
SVIP 会员	八折	七折

1. 定义折扣计算函数

根据本任务要求，在“index.js”文件中定义计算优惠价格并弹窗显示折扣信息的函数 countFee( )，具体代码如下。

```
function countFee(rate1, rate2) {
    var totalFee = total.innerText;
    if (totalFee >= 100) {
        alert("享受的折扣金额为" + (totalFee * (1 - rate1)).toFixed(2) + "元，最终支付的金额为：" + (totalFee * rate1).toFixed(2) + "元");
```

```
5        } else if (totalFee < 100 && totalFee > 0) {
6            alert(" 享受的折扣金额为 " + (totalFee * (1 - rate2)).toFixed(2) + " 元，最终支付的金额为：" + (totalFee * rate2).toFixed(2) + " 元 ");
7        } else {
8            alert(" 请选择购买数量 ")
9        }
10   }
```

上述代码的具体说明如下。

（1）第 1 行代码声明函数 countFee( )，并定义两个形参 rate1 和 rate2，rate1 表示总价大于或等于 100 元时的折扣额度，rate2 表示总价小于 100 元时的折扣额度。因为 countFee( ) 函数指定了参数且未设置默认值，所以在调用此函数时必须传入对应的实参。

（2）第 2 行代码取出总价元素内容的值。

（3）第 3～4 行代码使用 if 判断语句，当总价大于或等于 100 元时，使用 alert( ) 函数在页面中弹窗显示折扣信息（折扣信息包括折扣金额和最终支付的金额），两份信息根据传入的 rate1 参数分别进行计算，并四舍五入为两位小数。

（4）第 5～6 行代码使用 else if 判断语句，当总价小于 100 元并大于 0 元时，使用 alert( ) 函数在页面中弹窗显示折扣信息，此时将根据传入的 rate2 参数分别计算折扣金额和最终支付的金额，并将其四舍五入为两位小数。

（5）第 7～8 行代码使用 else 语句处理第 3 行、第 5 行代码的判断条件都不满足的情况，此时总价变量 totalFee 的值不是一个大于 0 的数字，所以应弹窗提示用户“请选择购买数量”。

2. 实现“立即购买”按钮功能

本任务要求在单击“立即购买”按钮后，根据选中的会员级别单选框判断用户的会员等级，确定对应的折扣额度后调用折扣计算函数并传入相应的参数。在“index.js”文件中实现的具体代码如下。

```
btnPay.onclick = function () {
    for (var i = 0; i < members.length; i++) {
        if (members[i].checked) {
            switch (members[i].value) {
                case "1":
```

```
6                   countFee(0.9, 1);
7                   break;
8               case "2":
9                   countFee(0.8, 0.9);
10                  break;
11              case "3":
12                  countFee(0.7, 0.8);
13                  break;
14              default:
15                  alert(" 请先选择是否为会员 ");
16                  break;
17          }
18      }
19    }
20  }
```

上述代码的具体说明如下。

（1）第 1 行代码为 btnPay 变量注册鼠标单击事件。

（2）第 2 行代码设定使用 for 语句对 members 变量（其值为 3 个单选框元素的集合）进行循环遍历。定义变量 i 的初始值为 0，条件表达式限定 i 的值小于 members 集合的长度 3，i 更新的方式为每次加 1。此循环的作用为依次获取 members 集合中的每个单选框元素（集合或数组下标的计数从 0 开始，而非从 1 开始）。

（3）第 2 ~ 19 行为 for 循环的循环代码块，其使用 if 语句判断 members 集合中的第 i 个元素的 checked 属性，若该属性为 true（即当前单选框元素为选中状态），则执行第 4 ~ 17 行的代码块内容，否则跳转到第 19 行代码，结束本次循环代码块的执行。

（4）第 4 ~ 17 行为使用 switch 语句进行分支判断的代码块，可判断当前被选中单选框的 value 属性值。当其值为 1 时说明被选中的为“非会员”单选框，调用折扣计算函数 countFee( ) 并传入 0.9 和 1 两个参数，如第 6 行代码所示；当判断结果为“VIP”或“SVIP”单选框被选中时，分别执行第 9 行或第 12 行代码；当判断结果为 3 个单选框都未被选中时，执行第 15 行代码，弹窗提示用户“请先选择是否为会员”。

3. 测试“会员折扣计算”功能

保存代码后，在浏览器中浏览“index.html”页面。页面在初始状态下默认选择的水果数量为“0”，此时单击“立即购买”按钮，将弹窗提示用户选择购买数量，显示效果如图 2–3–6 所示。

图 2–3–6　水果数量为“0”时的显示效果

单击“+”按钮将水果数量增加到“3”，选择会员等级为“否”，单击“立即购买”按钮，此时弹出非会员且总价小于 100 元时的折扣信息，弹窗显示内容如图 2–3–7 所示。

单击“+”按钮将水果数量增加到“6”，选择会员等级为“VIP”，单击“立即购买”按钮，此时弹出会员且总价大于 100 元时的折扣信息，弹窗显示内容如图 2–3–8 所示。

单击“–”按钮将水果数量减少到“2”，选择会员等级为“SVIP”，单击“立即购买”按钮，此时弹出超级会员且总价小于 100 元时的折扣信息，弹窗显示内容如图 2–3–9 所示。

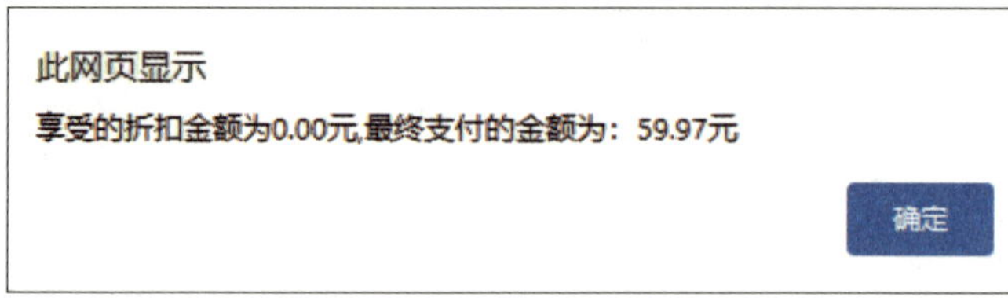

图 2-3-7　非会员且总价小于 100 元时的弹窗显示内容

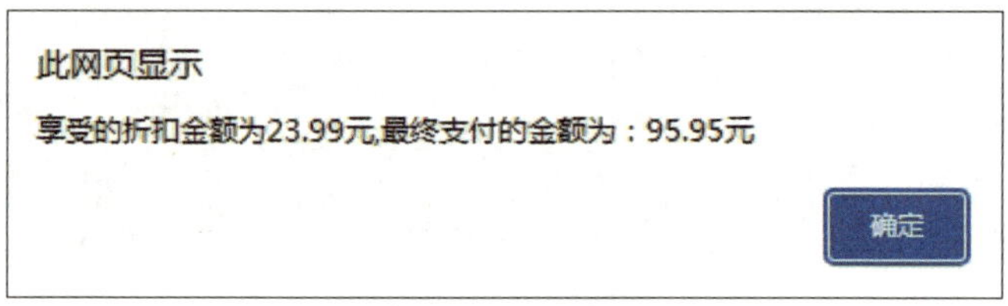

图 2-3-8　会员且总价大于 100 元时的弹窗显示内容

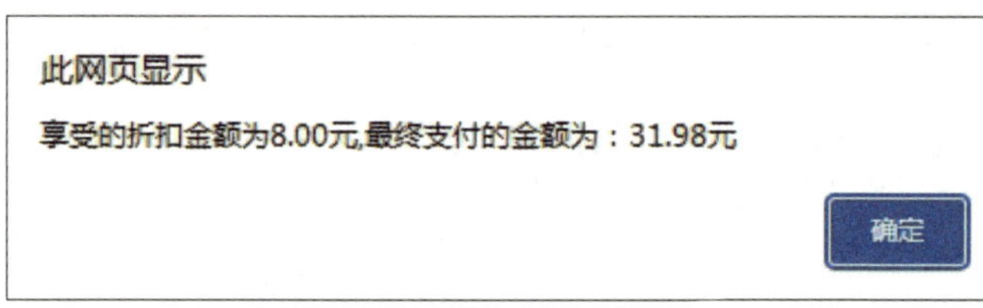

图 2-3-9　超级会员且总价小于 100 元时的弹窗显示内容

任务 4　测试与提交“水果促销”页面

学习目标

1. 能使用多种浏览器对页面进行测试。
2. 能根据项目需求测试页面的各种交互功能。
3. 能使用 Git 命令成功提交页面代码。

任务描述

本任务的主要内容是实现“水果促销”页面的测试和提交，先进行网页兼容性测试和各模块测试，确认页面布局展示和各模块功能均已符合项目需求，然后使用 Git 命令查看 Git 仓库状态，在本地版本库中保存代码后，将本地分支版本提交到远程 Git 仓库中。

相关知识

一、网页兼容性测试

为了确保网页在各种浏览器上能良好显示，应进行兼容性测试。由于不同浏览器采用不同的渲染引擎和技术标准，网页在不同浏览器上的显示效果也可能会有所差异。因此，在各种主流浏览器（包括 Chrome、Firefox、Microsoft Edge 等）上进行测试并确认网页显示效果和交互功能的实现是一项非常重要的工作。

遵循标准规范，适配不同浏览器的特性，进行网页兼容性测试，可确保用户能够在主流浏览器上获得一致的使用体验，提高用户满意度和网页可用性。网页兼容性测试内容包括页面布局、图像显示、表单输入和功能交互等。为提升网页的兼容性，在开发时需注意以下几点技术要求。

（1）遵循 HTML 和 CSS 的标准规范，使用正确的标签和属性，确保代码的结构良好。这有助于提高网页的可访问性和可维护性，并降低在不同浏览器上显示时发生问题的可能性。

（2）确保 JavaScript 代码可在不同浏览器上正常工作。这需要对不同浏览器支持的 API 和功能进行测试和适配，以确保用户在主流浏览器上能够正常使用网页。

（3）确保网页中的图像、视频和音频在主流浏览器上能够被正确显示和播放。选择被广泛支持的图像格式（如 JPEG、PNG）和多媒体格式（如 MP4、MP3），并提供备用内容或格式，以便在某些浏览器无法支持上述格式时，用户仍能够访问相关内容。

（4）测试网页在不同浏览器上的异常情况处理和错误提示。例如，确保错误页面能够正确显示，并提供有用的错误信息，以帮助用户解决问题。

二、Git 仓库代码提交

1. Git 简介

Git 是一种分布式版本控制系统，常用于软件开发过程中的版本管理。Git 的优点主要体现在以下 5 个方面。

（1）分布式

每个开发人员都可以在本地设备中拥有一套完整的代码库，该机制可以保证代码的安全性和完整性。

（2）高效的版本控制

使用“快照”机制进行版本管理，能够快速进行版本控制与回滚，也减少了对存储空间的需求。

（3）分支管理

支持创建与合并分支，使不同开发人员可在不干扰主线开发的情况下工作，大大提高了开发效率。

（4）合并功能

可自动将不同分支的代码合并到一起，以及处理大量的代码冲突。

（5）历史记录

可记录每一次提交的历史，也可以在代码出现问题时快速地回滚，为代码的维护和追溯提供很大的便利。

2. Git 仓库的基本操作

Git 仓库分为开发人员自身设备上的本地仓库和服务器上的远程仓库，以下为 Git 仓库的基本操作方式。

（1）克隆远程仓库

将远程仓库克隆到本地设备上，命令如下。

```
git clone < 远程仓库地址 >
```

该命令将在当前目录下创建一个与远程仓库名称相同的文件夹，并将该远程仓库的所有内容下载到本地设备中。

（2）创建分支

在开始修改代码前，可先创建新的分支，从而将新功能的开发与主线隔离开，方便管理和合并，命令如下。

```
git checkout -b <分支名>
```

该命令将创建一个新的分支并切换到该分支。

（3）查看状态

显示工作目录和暂存区的状态，命令如下。

```
git status
```

该命令可查看哪些更改已经提交至暂存区，哪些尚未提交，以及 Git 未跟踪哪些文件。

（4）拉取代码

取回远程主机的更新并与本地分支合并，命令如下。

```
git pull
```

（5）添加修改的文件

将修改的文件添加到 Git 的暂存区，命令如下。

```
git add .
```

也可以将指定的文件添加到 Git 的暂存区，命令如下。

```
git add <文件名>
```

（6）提交代码

将修改的文件添加到 Git 的暂存区后，可将代码提交到本地版本库，命令如下。

```
git commit –m "提交说明"
```

在提交代码时，需要提供一段简短的提交说明，以便团队其他成员了解本次提交的目的与内容。

（7）推送到远程仓库

在将代码提交到本地版本库后，可将代码推送到远程仓库，命令如下。

```
git push
```

该命令可将本地分支的代码推送到远程仓库中。

任务实施

一、测试页面

1. 测试页面兼容性

保存所有文件，在 Chrome、Firefox 和 Microsoft Edge 等主流浏览器上对“index.html”页面进行兼容性测试，主要测试内容如下。

（1）测试页面在各主流浏览器中的显示效果是否正确。

（2）单击“+”按钮至一定数量，测试总价计算结果是否正确。

（3）单击“立即购买”按钮，测试页面是否能正常弹窗，折扣信息显示的数值是否正确。各浏览器的测试效果如图 2-4-1至图 2-4-3 所示。

图 2-4-1　Chrome 浏览器的测试效果

图 2-4-2　Firefox 浏览器的测试效果

图 2-4-3　Microsoft Edge 浏览器的测试效果

2. 测试“新品水果资讯”模块

分别单击“新品水果资讯”模块中的“字号 +”“字号 -”按钮，测试确认各按钮均可按照项目需求实现对应的样式修改功能。

3. 测试“新品推荐”模块

检查“新品推荐”模块中显示的推荐水果图片的内容与数量，测试确认其与数组中设置的图片资源一致。

4. 测试“价格计算”功能模块

单击“价格计算”功能模块中的“+”“-”按钮，测试确认总价能实时更新计算，并显示正确的结果。单击“立即购买”按钮，分别测试在不同等级会员，以及总价大于、等于或小于 100 元时，该模块能够正确弹窗显示折扣信息，并且折扣金额与最终支付的金额的计算结果正确。

二、提交代码文件

1. 查看 Git 仓库的状态

在命令行窗口中进入项目代码所在的目录，使用 git status 命令查看 Git 仓库的当前状态，显示内容如图 2-4-4 所示。

图 2-4-4 所示的界面中显示，新增的“index.js”文件还未提交。

图 2-4-4　执行 git status 命令后的显示内容

2. 保存改动信息到本地版本库

使用 git add 命令和 git commit 命令将改动的内容保存到本地版本库中，具体代码如下。

```
git add .
git commit -m " 新增 index.js 文件实现交互功能 "
```

在命令行窗口中执行以上两个命令后，显示内容如图 2-4-5 所示。

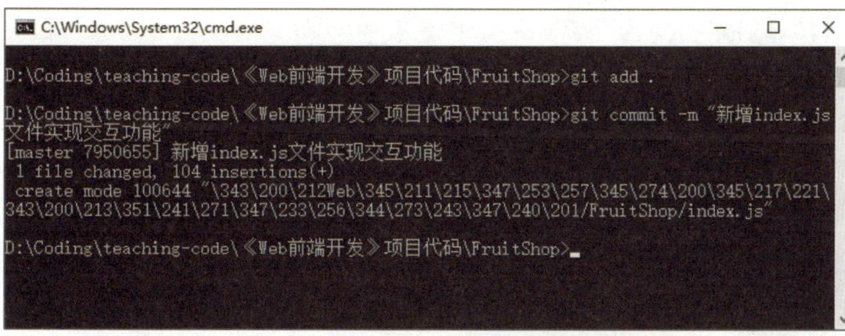

图 2-4-5　执行将文件保存到本地版本库命令后的显示内容

3. 上传本地分支版本

使用 git push 命令将本地分支版本上传到远程仓库中，执行命令后的显示内容如图 2-4-6 所示。

代码被成功提交至远程仓库后，制作“水果促销”页面项目的工作就全部完成了。

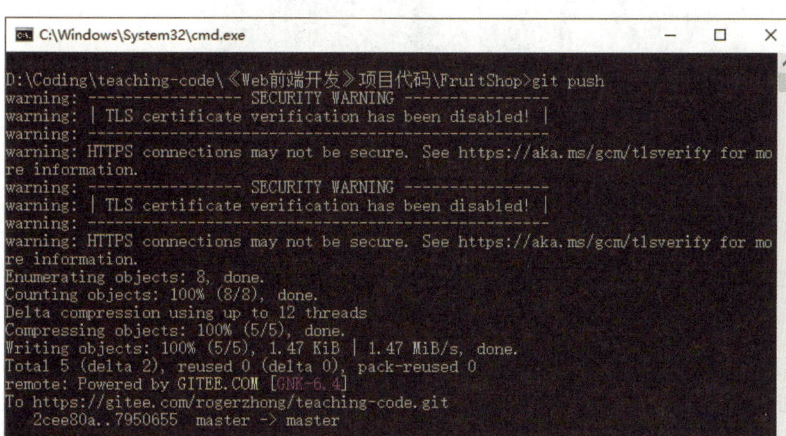

图 2-4-6　执行上传本地分支版本命令后的显示内容

项目三　制作电影资讯页面

假设你是某科技公司的前端开发工程师，该科技公司负责“花花电影”资讯网站的开发项目，该网站的“新片预告”页面静态布局已经完成，布局效果如图 3-0-1 所示。需要你在该静态页面的基础上实现用户交互功能，并在测试完成后按照要求提交代码。

图 3-0-1　“新片预告”页面的布局效果

本项目将通过开发“上映倒计时”功能、自定义视频播放器、开发评论发表和删除功能等任务，完成用户交互功能开发、页面测试和提交工作。其中，需要实现的用户交互功能包括以下内容。

（1）在任务 1 中，运用 Date 对象计算当前系统时间距离影片上映时间的总秒数，并按照页面显示要求对数据进行格式转换，再使用 setInterval( ) 定时器每秒更新数据，实现“上映倒计时”功能。

（2）在任务 2 中，运用 video 对象开发视频播放器的常用功能，包括视频播放和暂停、静音和取消静音、全屏展示和退出全屏、显示视频播放总时长，以及更新视频播放时间等，实现自定义视频播放器功能。

（3）在任务 3 中，运用节点的添加和移除操作，实现评论的发表和删除功能。用户在“发表短评”栏目中输入评论后，单击“我要写短评”按钮即可发表评论；用户成功发表的评论会显示在“电影短评”栏目中评论列表的最下方；用户单击删除按钮，可删除对应的评论。

任务 1　开发“上映倒计时”功能

学习目标

1. 理解对象的概念，能够使用不同的方法创建对象。
2. 能正确创建并使用 Date 对象。
3. 理解 setTimeout( ) 和 setInterval( ) 两种定时器的区别和用法，能根据开发需求选择正确的定时器。

任务描述

本任务主要内容是使用 Date 对象计算当前系统时间距离影片上映时间的总秒数，并按照页面显示要求对数据进行格式转换，再使用 setInterval( ) 定时器每秒更新数据，实现“上映倒计时”功能。“上映倒计时”模块的静态页面显示效果如图 3-1-1 所示。

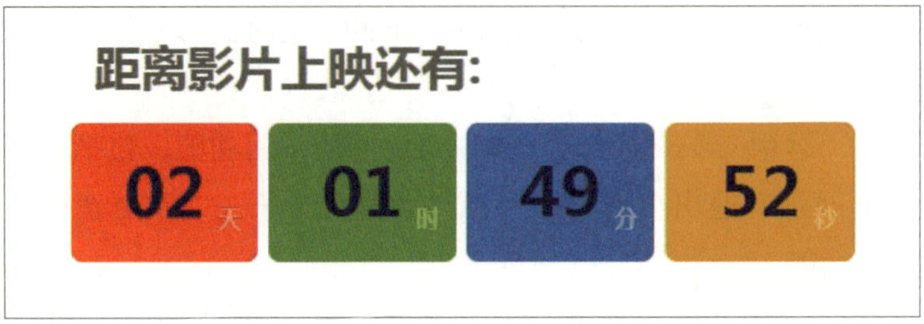

图 3-1-1 “上映倒计时”模块的静态页面显示效果

相关知识

一、对象

在现实生活中，对象是具体的事物，是看得见、摸得着的实物，一本书、一部手机、一个人都可以是对象。

在 JavaScript 中，对象是一组无序的相关属性和方法的集合，所有的事物都是对象，如字符串、数值、数组和函数等。对象是带有属性和方法的特殊数据类型，属性指对象的特征，可以看作对象中保存的数据；方法指对象的行为，可以看作对象中保存的函数。

例如，通过对象来描述学生，那么学生的特征有姓名、身高、体重、性别和年龄，这些特征可以用对象的属性来表示；学生的行为有吃饭、睡觉、学习、游戏和运动，这些行为可以用对象的方法来表示，如图 3-1-2 所示。

图 3-1-2 通过对象来描述学生

JavaScript 中常用的创建对象的方式有三种，分别是利用字面量创建对象、利用构造函数创建对象和利用 Object( ) 函数创建对象。

1. 利用字面量创建对象

利用字面量创建对象的语法格式如下。

```
{ name1 : value1, name2 : value2, ... nameN : valueN }
```

在上述语法格式中，nameN 表示对象成员的名称，valueN 表示对象成员的值，多个对象成员之间用“,”隔开。创建对象 student 来保存张风同学的信息的示例代码如下。

```
var student= {
    name:' 张风 ',
    age:'18',
    sex:' 男 ',
    sayHello:function( ){
        document.write(' 大家好! ')
    }
}
```

在上述示例代码中，student 对象包含 4 个成员，分别是 name、age、sex 和 sayHello( ) 方法。其中，name、age 和 sex 是对象的属性，sayHello( ) 是对象的方法。

在完成对象的创建后，可以使用以下几种方式获取对象的属性。

（1）使用点操作符“.”来获取对象的属性，具体示例代码如下。

```
console.log(student.name);          // 访问对象的属性，输出结果：张风
student.sayHello( );                // 调用对象的方法，输出结果：大家好!
```

（2）使用方括号操作符“[ ]”来获取对象的属性，具体示例代码如下。

```
console.log(student['sex']);        // 访问对象的属性，输出结果：男
student['sayHello']( );             // 调用对象的方法，输出结果：大家好!
```

小提示：

使用方括号操作符来获取对象的属性特别适用于属性名包含特殊字符或动态变量的情况。

当对象不需要成员时，可以声明一个空对象。创建一个空对象的示例代码如下。

```
var obj = { };
```

2. 利用构造函数创建对象

在 JavaScript 中，使用 new 关键字来调用的函数被称为构造函数。构造函数可以将一些具有相同特征（属性）和行为（方法）的对象封装起来，提高代码的利用率，便于后期代码的优化和维护。定义构造函数的语法格式如下。

```
function 构造函数名 ([ 参数 1, 参数 2, ...]) {
    // 为对象添加新属性
    this. 属性 = 值 ;
    // 为对象添加方法
    this. 方法 = function () {
        // 方法执行的代码块
    }
}
```

定义构造函数后，使用构造函数创建对象的语法格式如下。

```
var 变量名 = new 构造函数名 ([ 参数 1, 参数 2, ...]);
```

例如，定义一个 Student( ) 构造函数，然后利用 Student( ) 构造函数创建具体的学生对象，具体代码如下。

```
// 定义一个 Student( ) 构造函数
function Student(name,age){
    this.name = name;
    this.age = age;
    this.sayHello = function( ){
        console.log(' 我的名字是 '+ this.name + ', 今年 ' + this.age + ' 岁 ');
    }
}
// 使用 Student( ) 构造函数创建对象
var stu1 = new Student(' 小红 ',19);
```

```
// 调用 stu1 对象的 sayHello( ) 方法，输出结果为：我的名字是小红，今年 19 岁
stu1.sayHello( );
var stu2 = new Student(' 小敏 ',20);
// 调用 stu2 对象的 sayHello( ) 方法，输出结果为：我的名字是小敏，今年 20 岁
stu2.sayHello( );
var stu3 = new Student(' 小东 ',19);
// 调用 stu3 对象的 sayHello( ) 方法，输出结果为：我的名字是小东，今年 19 岁
stu3.sayHello( );
```

通过对比以上两种创建对象的方式可知：利用字面量创建对象，一次只能创建一个对象；而利用构造函数创建对象，可以实例化多个对象。

小提示：

一般来说，构造函数约定首字母为大写。构造函数内的属性和方法前需要添加 this，表示它们是当前对象的属性和方法。在创建对象时，必须用 new 来调用构造函数。

3. 利用 Object( ) 函数创建对象

在 JavaScript 中，对象的构造函数为 Object( )，使用 Object( ) 创建对象的语法格式如下。

```
var 变量名 = new Object( );
```

二、Date 对象

Date 对象又称日期对象，用于处理日期和时间。

1. Date 对象的创建

直接使用 Date( ) 构造函数创建 Date 对象的语法格式如下。

```
var 变量名 = new Date( );
```

在上述代码中，当构造函数不传入参数时，表示使用系统的当前时间；当传入的参数是一个整数值时，表示自 1970 年 1 月 1 日 00:00:00 以来的毫秒数，即时间戳。当传入的参数是表示

日期的字符串时，最少需要指定年份；当传入的参数是以数字表示的年（y）、月（m）、日（d）、时（h）、分（m）、秒（s）时，最少需要指定年、月两个参数。不同参数的示例代码如下。

```
console.log(new Date( ));
// 输出结果：Sat Nov 04 2023 20:44:26 GMT+0800 ( 中国标准时间 )
console.log(new Date(3600*60*24));
// 输出结果：Thu Jan 01 1970 09:26:24 GMT+0800 ( 中国标准时间 )
console.log(new Date('2022-12-12 00:00:00'));
// 输出结果：Mon Dec 12 2022 00:00:00 GMT+0800 ( 中国标准时间 )
console.log(new Date(2023,7,8,9,10));
// 输出结果：Sat Jul 08 2023 09:10:00 GMT+0800 ( 中国标准时间 )
```

小提示：

用字符串表示日期和时间的格式主要有以下两种。

（1）yyyy/mm/dd hh:mm:ss：若省略时间，则返回的 Date 对象的时间为 00:00:00。

（2）yyyy-mm-dd hh:mm:ss：若省略时间，则返回的 Date 对象的时间为 08:00:00（本地时区）。

2. Date 对象的使用

创建 Date 对象后，可以通过调用 Date 对象的相关方法实现日期、时间的格式显示。Date 对象的常用方法有获取日期和时间、设置日期和时间、格式化日期等，见表 3-1-1。

表 3-1-1　Date 对象的常用方法

方法	描述
getFullYear( )	返回一个指定日期对象的年份（4 位数）
getMonth( )	返回一个指定日期对象的月份，范围为 0~11（0 表示 1 月，以此类推）
getDate( )	返回一个指定日期对象月份中的某一天，范围为 1~31
getDay( )	返回一个指定日期对象为一周中的第几天，范围为 0~6（0 表示星期天）
getHours( )	返回一个指定日期对象的小时数，范围为 0~23
getMinutes( )	返回一个指定日期对象的分钟数，范围为 0~59
getSeconds( )	返回一个指定日期对象的秒数，范围为 0~59

续表

方法	描述
getMilliseconds( )	返回一个指定日期对象的毫秒数，范围为 0~999
getTime( )	返回 1970 年 1 月 1 日 0 时 0 分 0 秒与 Date 对象指定时间的时间差，单位为毫秒（ms）

设置日期和时间的方法与获取日期和时间的基本一致，只是将 get 改为 set。注意：没有 setDay( ) 这种方法，因为星期不需要自行设置，系统会根据设置的日期自主判断。

三、定时器

window 对象提供了以下两种方法来实现定时器的效果。

（1）setTimeout( )：在指定时间后执行代码（延迟执行）。

（2）setInterval( )：每隔一段时间执行代码（间隔执行）。

1. setTimeout( ) 定时器

setTimeout() 方法用于设置一个定时器，该定时器在其到期后执行调用函数，语法格式如下。

```
window.setTimeout( 调用函数 , [ 延迟的毫秒数 ]);
```

在上述代码中，需要注意以下几点。

（1）“window” 可以省略。

（2）调用函数时可以直接写函数、函数名，以及字符串 “函数名 ()” 三种形式。

（3）延迟的毫秒数的默认值是 0，可省略。

2. setInterval( ) 定时器

setInterval( ) 方法用于重复调用一个函数，每隔指定的时间，调用一次函数，语法格式如下。

```
window.setInterval( 调用函数 , [ 间隔的毫秒数 ]);
```

3. 清除定时器

setTimeout( ) 和 setInterval( ) 方法的返回值为定时器 id（定时器的唯一标识），将定时器 id 作为参数传给 clearTimeout( ) 或 clearInterval( ) 方法可以清除定时器。定时器一旦被清除，则不再被执行。

任务实施

一、导入项目与创建文件

1. 导入项目

在开发工具（如 VS Code 等）中导入本书配套资源中的“MOVIE”文件夹。该文件夹中包含布局文件“index.html”、样式文件夹“css”、字体图标文件夹“font”、图片资源文件夹“images”、脚本文件夹“js”，以及视频文件夹“video”。

小提示：

“font”文件夹是字体图标文件夹，用于提供页面中视频播放器的各种按钮图标。本项目采用的字体图标素材来自阿里巴巴矢量图标平台 iconfont，其具体使用方法可参考官网（https://www.iconfont.cn/）教程。“video”文件夹存放的是本项目所需的视频文件资源。

2. 创建 JavaScript 文件

在“MOVIE”文件夹下的“js”文件夹中新建“index.js”文件，在开发工具中查看项目目录内容，如图 3-1-3 所示。

3. 引入 JavaScript 文件

打开“index.html”文件，在 <body> 标签内的最后一行增加 <script> 标签，引入创建的“index.js”文件，具体代码如下。

```
<script src = 'js/index.js'></script>
```

注意，本项目中的 css 文件、JavaScript 文件均使用文件夹归类保存，因此，在调用各类资源文件时，必须注意文件的路径，以防读取错误。

图 3-1-3　项目目录内容

二、计算时间差

打开“index.js”文件，定义函数，计算时间差，并返回由时间差转换的天数、小时数、分钟数和秒数，具体代码如下。

```
1   function countTime(time) {
2       // 计算时间差
3       var nowTime = new Date( );
4       var t1 = nowTime.getTime( );
5       var inputTime = new Date(time);
6       var t2 = inputTime.getTime( );
7       var times = (t2 – t1) / 1000;
8       // 转换成天数、小时数、分钟数、秒数
9       var d = parseInt(times / 60 / 60 / 24); // 天数
10      d = d < 10 ? '0' + d : d;
11      var h = parseInt(times / 60 / 60 % 24); // 小时数
12      h = h < 10 ? '0' + h : h;
13      var m = parseInt(times / 60 % 60);  // 分钟数
14      m = m < 10 ? '0' + m : m;
15      var s = parseInt(times % 60);       // 秒数
16      s = s < 10 ? '0' + s : s;
17      return { d, h, m, s };
18  }
```

上述代码的具体说明如下。

（1）第 1 行代码中，countTime( ) 函数的参数 time 表示电影上映的时间。

（2）第 3 ~ 7 行代码用于计算时间差。其中，第 3 行代码创建 Date 对象，返回系统的当前时间；第 4 行代码使用 getTime( ) 方法获取系统当前的时间戳；第 5 行代码创建 Date 对象，传入参数 time，返回电影上映时间；第 7 行代码计算电影上映时间与系统当前时间的时间差，并将单位换算成秒。

（3）第 9 ~ 17 行代码用于将时间差（秒数）转换成天数（d）、小时数（h）、分钟数（m）和秒数（s）。其中，第 9、11、13 行代码使用三目表达式对变量做补“0”操作，根据页面效

果，若变量小于 10，则在变量前面补“0”；第 17 行代码使用 return 语句将结果以数组的形式返回，以便对每个数组元素进行单独操作。

小提示：

（1）上述代码的第 3～4 行等同于以下代码。

```
var t1 = +new Date( );
```

（2）上述代码的第 5～6 行等同于以下代码。

```
var t2 = +new Date(time);
```

三、定义定时器

定义 setInterval( ) 定时器，设置每隔 1 s 调用 countTime( ) 函数，实现倒计时功能。注意，调用 countTime( ) 函数时必须传入电影上映的时间。定义 setInterval( ) 定时器的具体代码如下。

```
1    var timeId = setInterval(function ( ) {
2        var { d, h, m, s } = countTime('2023-12-23 18:00:00');
3        document.querySelector('.day').innerHTML = d;
4        document.querySelector('.hour').innerHTML = h;
5        document.querySelector('.minute').innerHTML = m;
6        document.querySelector('.second').innerHTML = s;
7    }, 1000)
```

上述代码的具体说明如下。

（1）上述代码定义了一个 id 为 timeId 的间隔执行定时器。

（2）第 2 行代码调用 countTime( ) 函数，并传入参数“2023-12-23 18:00:00”，同时定义数组用于存储调用函数 countTime( ) 返回的结果。

（3）第 3～6 行代码将返回的结果写入相应的元素节点。

四、功能测试

保存代码，在浏览器中浏览“index.html”页面，若可以看到页面上显示时间的秒数每秒都在递减，则说明实现了“上映倒计时”功能。

任务 2 自定义视频播放器

学习目标

1. 能使用 video 对象的属性和方法，完成视频播放器常见功能的开发。
2. 能正确获取元素的大小和鼠标指针位置。

任务描述

本任务主要内容是使用 CSS 样式自定义视频播放器的样式，实现视频播放器的常见功能，包括视频播放和暂停、静音和取消静音、全屏展示和退出全屏、显示视频播放总时长，以及更新视频播放时间等。该视频播放器的 CSS 样式显示效果如图 3-2-1 所示。

图 3-2-1　视频播放器的 CSS 样式显示效果

小提示：

本任务中自定义视频播放器的各种按钮图标均采用阿里巴巴矢量图标平台的素材，读者须清楚各种按钮图标的使用类名（图 3-2-2），具体可查阅“font”文件夹中的“demo_index.html”文件，以便实现本任务中图标单击切换的效果。读者在练习时也可选择自行设计样式。

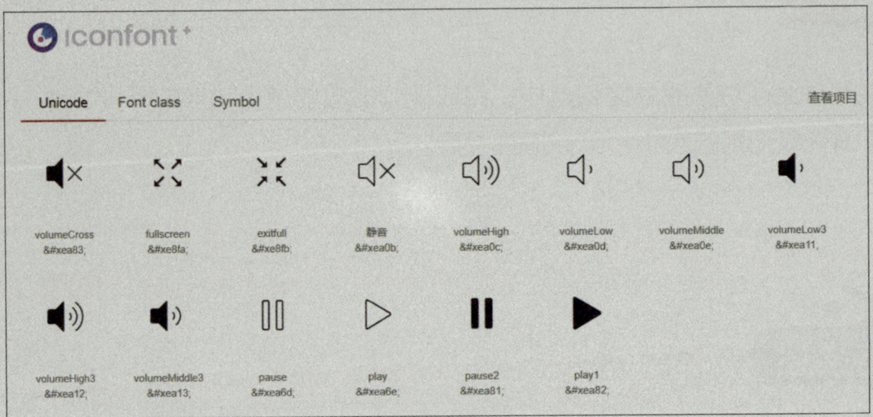

图 3-2-2　视频播放器各种按钮图标的使用类名

相关知识

一、video 对象

video 对象是 HTML5 中新增的对象，用于在 HTML 页面中嵌入视频元素。video 对象常用的属性见表 3-2-1。

video 对象常用的方法见表 3-2-2。

表 3-2-1　video 对象常用的属性

属性	说明
width	设置或返回视频的宽度
height	设置或返回视频的高度

续表

属性	说明
volume	设置或返回视频的音量，范围为 0 ~ 1
paused	设置或返回视频是否暂停
muted	设置或返回是否关闭声音
ended	返回视频的播放是否已结束
duration	返回视频的长度，单位为秒
currentTime	设置或返回视频的当前播放位置，单位为秒

表 3-2-2　video 对象常用的方法

方法	说明
play( )	播放视频
pause( )	暂停当前播放的视频
load( )	重新加载视频元素

二、元素的获取操作

1. 获取元素的大小

在 JavaScript 中，可以通过表 3-2-3 中的方法获取元素的大小（尺寸）。

表 3-2-3　获取元素大小（尺寸）的方法

方法	说明
offsetWidth	返回元素的宽度，包括元素的内容区域、内边距和边框宽度
offsetHeight	返回元素的高度，包括元素的内容区域、内边距和边框高度
clientWidth	返回元素的宽度，包括元素的内容区域和内边距，但不包括边框宽度
clientHeight	返回元素的高度，包括元素的内容区域和内边距，但不包括边框高度
offsetLeft/offsetRight	获取元素相对其定位父元素左 / 右边界的偏移量
offsetTop/offsetBottom	获取元素相对其定位父元素上 / 下边界的偏移量
clientLeft/clientRight	获取元素左 / 右边框的大小

在实际操作中，应根据具体需求，选择合适的方法来获取元素的宽度和高度。注意，以上这些方法的返回值通常是以像素（px）为单位的数值。

2. 获取鼠标指针的位置

通过事件对象的鼠标位置属性可以获取鼠标指针的位置信息。常用的获取鼠标指针位置的方法见表 3-2-4。

表 3-2-4　常用的获取鼠标指针位置的方法

方法	说明
offsetWidth	以浏览器窗口左上角为原点，定位 *x* 轴坐标
offsetHeight	以浏览器窗口左上角为原点，定位 *y* 轴坐标
clientWidth	以 document 对象（即文档窗口）左上角为原点，定位 *x* 轴坐标
clientHeight	以 document 对象（即文档窗口）左上角为原点，定位 *y* 轴坐标
screenX	以计算机屏幕左上角为原点，定位 *x* 轴坐标
screenY	以计算机屏幕左上角为原点，定位 *y* 轴坐标
offsetX	以当前事件的目标对象左上角为原点，定位 *x* 轴坐标
offsetY	以当前事件的目标对象左上角为原点，定位 *y* 轴坐标

任务实施

一、实现静音和取消静音功能

1. HTML 布局

音量图标和音量进度条的 HTML 布局代码如下。

```
<!-- 音量图标 -->
<span class="iconfont icon-volumeMiddle"  id="sound"></span>
```

```
<!-- 音量进度条 -->
<div class="volum">
    <div class="vnow"></div>
</div>
```

2. JavaScript 编码

根据 video 对象 muted 属性的返回值，可以判断当前视频是否处于静音状态。获取音量按钮，注册鼠标单击事件，在事件函数中利用 if( ) 函数实现音量图标和图标提示语的切换，以及音量进度条长度的修改，具体代码如下。

```
// 获取视频元素
var video = document.querySelector('video');
// 获取音量按钮
var sound = document.querySelector('#sound');
// 获取音量进度条
var vnow = document.querySelector('.vnow') ;
// 为音量按钮注册鼠标单击事件
sound.onclick = function ( ) {
    var flag = video.muted;
    if (flag) {
        // 静音状态
        sound.className = 'iconfont icon-volumeMiddle';
        sound.title = ' 取消静音 ';
        vnow.style.width = '65px';
    } else {
        // 非静音状态
        sound.className = 'iconfont icon-volumeCross';
        sound.title = ' 静音 ';
        vnow.style.width = '0px';
    }
    video.muted = !flag;
}
```

上述代码的具体说明如下。

（1）第 9 行代码定义了变量 flag，用于判断当前视频是否处于静音状态，返回值为布尔型。

（2）当 flag 的返回值为 true 时，表示当前视频处于静音状态，执行第 12 ~ 14 行代码，将音量图标设置为非静音图标“iconfont icon-volumeMiddle”，将图标的 title 属性修改为“取消静音”，将音量进度条的长度修改为初始值“65 px”。设置完成后，执行第 21 行代码，对视频的 muted 属性进行取反操作。

（3）当 flag 的返回值为 false 时，表示当前视频处于非静音状态，执行第 17 ~ 19 行代码，将音量图标设置为静音图标“iconfont icon-volumeCross”，将图标的 title 属性修改为“静音”，将音量进度条的长度修改为初始值“0 px”。设置完成后，执行第 21 行代码，对视频的 muted 属性进行取反操作。

3. 功能测试

保存代码，在浏览器中浏览“index.html”页面，此时视频播放器处于非静音状态，非静音状态下的播放菜单栏效果如图 3-2-3 所示。

图 3-2-3　非静音状态下的播放菜单栏效果

在非静音状态下单击音量按钮，将当前视频切换为静音状态，此时播放菜单栏效果如图 3-2-4 所示。

图 3-2-4　静音状态下的播放菜单栏效果

二、实现全屏展示和退出全屏功能

1. HTML 布局

全屏展示图标的 HTML 布局代码如下。

```
<span class="iconfont icon-fullscreen"></span>
```

2. JavaScript 编码

获取全屏展示按钮，注册鼠标单击事件，在事件函数中实现全屏展示功能，具体代码如下。

```
1   // 获取全屏展示按钮
2   var fullScreen = document.querySelector('.icon-fullscreen');
3   // 注册鼠标单击事件
4   fullScreen.onclick = function () {
5     // 判断各种浏览器，找到正确的全屏展示方法
6     if (video.requestFullscreen) {
7         video.requestFullscreen();
8         // 兼容 webkit 内核浏览器
9     } else if (video.webkitRequestFullscreen) {
10        video.webkitRequestFullscreen();
11        // 兼容 moz 内核浏览器
12    } else if (video.mozRequestFullscreen) {
13        video.mozRequestFullscreen();
14    }
15  }
```

上述代码的具体说明如下。

（1）第 6 行代码利用 HTML 5 的 requestFullscreen 属性判断该浏览器是否具有 requestFullscreen() 方法。

（2）若该浏览器具有 requestFullscreen() 方法，则执行第 7 行代码，使用 requestFullscreen() 方法设置视频全屏展示。

（3）若该浏览器没有 requestFullscreen( ) 方法，则执行第 9 ~ 14 行代码，做浏览器兼容性判断，并设置视频全屏展示。

小提示：

requestFullscreen( ) 方法是 HTML5 中的一个 API，可以让网页或元素以全屏模式展示。注意，该方法没有标准化，使用时需考虑兼容性，其语法格式如下。

```
element.requestFullscreen( );
```

退出全屏的方法为直接按 Esc 键。

3. 功能测试

保存代码，在浏览器中浏览“index.html”页面，单击全屏展示按钮，将视频全屏展示，其效果如图 3-2-5 所示。在视频全屏展示状态下，按 Esc 键即可退出全屏。

图 3-2-5　视频全屏展示效果

三、实现视频播放总时长的显示

1. 定义时间格式化函数

按照页面显示效果，须将视频的播放总时长（单位：秒）转换成“hh:mm:ss”的显示格式，具体代码如下。

```
1 // 定义时间格式转换函数
2 function makeTime(time) {
3     // 对总秒数作向下取整
4     time = Math.floor(time);
5     var h = Math.floor(time / 3600);              // 小时数
6     var m = Math.floor((time - h * 3600) / 60); // 分钟数
7     var s = time - h * 3600 - m * 60;           // 秒数
8     h= h < 10 ? '0' + h : h;
9     m = m < 10 ? '0' + m : m;
10    s = s < 10 ? '0' + s : s;
11    //haveHour 检查是否超过 1 h
12    if (h == 0) {
13        return m + ':' + s;
14    }
15    return h + ":" + m + ':' + s;
16 }
```

在上述代码中，函数 makeTime( ) 的参数 time 表示要转换格式的时间（秒数）。第 12 ~ 14 行代码用于判断是否产生小时数，若没有则返回“mm:ss”格式的计算结果。

2. 显示视频总时长

（1）HTML 布局

视频播放时间与视频播放总时长的 HTML 布局代码如下。

```
<div class="timer">
    // 视频播放时间
    <span class="ctime">00:00</span>
    <span>/</span>
    // 视频播放总时长
    <span class="vtime">00:00</span>
</div>
```

```
<!-- 视频进度条 -->
<div class="liner">
    <!-- 视频当前播放进度 -->
    <div class="now"></div>
</div>
```

（2）JavaScript 编码

使用 video 对象的 duration 属性，可返回视频的总时长，单位为秒。当视频加载完成后，调用 makeTime( ) 函数，并将视频的总时长（秒数）作为实参传递给该函数，具体代码如下。

```
1    // 获取存放视频总时长的节点
2    var totalTime = document.querySelector('.vtime');
3    // 视频加载完成后
4    video.oncanplay = function ( ) {
5        var vtime = video.duration;
6        console.log(vtime);        // 返回结果：30.101
7        totalTime.innerHTML = makeTime(vtime);
8    }
```

上述代码的具体说明如下。

1）第 4 ~ 8 行代码为视频注册了加载事件，oncanplay 事件在用户可以开始播放视频 / 音频（audio/video）时被触发。

2）第 5 行代码定义了变量 vtime，用于存放视频的总时长（秒数）。

3）第 7 行代码调用 makeTime( ) 函数格式化视频的总时长，并将其写入对应的节点。

3. 功能测试

保存代码，在浏览器中浏览“index.html”页面，可以看到视频播放控件条上的总时长数据（默认为“00:00”）已经被动态更新为“00:30”，显示效果如图 3-2-6 所示。

图 3-2-6　视频总时长的显示效果

四、定义播放时间更新函数

使用 video 对象的 currentTime 属性可以返回视频当前的播放时间，将返回的结果作为参数传递给时间格式化函数 makeTime( )，并将其写入显示视频播放时间的 ctime 节点中，具体代码如下。

```
// 获取和存放视频更新
function curTime( ){
    ctime.innerHTML = makeTime(video.currentTime);
}
```

保存代码，在浏览器中浏览“index.html”页面，可以看到视频播放控件条上的播放时间数据（默认为“00:00”）没有任何改变。因为上述代码只是定义了能实现更新播放时间的函数，并没有真正调用执行它。只有当视频开始播放时，播放时间才会根据播放进度同步实时更新。因此，在下文开发视频播放功能时会调用该函数。

五、定义播放进度条更新函数

播放进度条的总长度对应视频的总长度，播放进度条每秒更新的长度可以由当前的播放时间、视频总时长和进度条总长度计算得出，计算方法为：当前的播放时间（video.currentTime）/ 视频总时长（video.duration）* 进度条总长度（liner.offsetWidth），具体代码如下。

```
// 获取视频当前的播放进度
var nowLine = document.querySelector('.now');
// 获取视频播放进度条
var liner = document.querySelector('.liner');
function setProgress( ) {
    var w = video.currentTime / video.duration * liner.offsetWidth;
    nowLine.style.width = w + 'px';
}
```

上述代码的具体说明如下。

（1）第 5 ~ 8 行代码定义了函数 setProgress( )，用于设置播放进度条的长度。

（2）第 6 行代码通过定义变量 w 存放视频当前播放的进度。

（3）第 7 行代码将结果写入相应的节点。注意，w 返回的结果只是数字，需在 w 后面拼接长度单位“px”。

保存代码，在浏览器中浏览“index.html”页面，可以看到视频播放控件条上的播放进度条并没有发生任何变化。与播放时间更新函数一样，在下文开发视频播放功能时才会调用该函数，实现播放进度条和播放时间的同步更新。

六、实现视频播放和暂停功能

1. HTML 布局

播放图标的 HTML 布局代码如下。

```
<!-- 视频播放控件条上的播放图标 -->
<span class="iconfont  icon-play"></span>
<!-- 屏幕上的播放图标 -->
<div class="screen_play">
<span class="iconfont icon-play1"></span>
</div>
```

2. JavaScript 编码

（1）封装视频播放函数。

视频的播放或暂停会联动触发视频播放器的一些其他功能，具体功能如下。

1）视频播放控件条上视频播放和暂停按钮的切换。

2）屏幕中间播放按钮的显示和隐藏状态的切换。

3）视频当前播放时间的更新。

4）视频播放进度条当前播放进度的更新。

因此，可以将以上功能封装在一个函数中，具体代码如下。

```
// 获取视频播放控件条上的播放按钮
var btn_play = document.querySelector('.icon-play');
```

```
3   // 获取屏幕中间的播放按钮
4   var screen_play = document.querySelector('.screen_play');
5   // 定义定时器
6   var ctid;
7   // 定义函数
8   function video_play( ) {
9       if (video.paused) {
10      // 视频暂停
11          video.play( );
12          btn_play.className = 'iconfont icon-pause';
13          screen_play.style.display = 'none';
14          ctid = setInterval(function ( ) {
15              curTime( );    // 调用播放时间更新函数
16              setProgress( ); // 调用播放进度条更新函数
17          }, 1000)
18      } else {
19          video.pause( );
20          btn_play.className = 'iconfont icon-play';
21          screen_play.style.display = 'block';
22          // 暂停时需销毁定时器，以防占用资源
23          clearInterval(ctid);
24      }
25  }
```

上述代码的具体说明如下。

1）第 6 行代码定义了一个全局定时器 ctid。

2）第 9 行代码通过 video 对象的 paused 属性，判断视频当前是否处于暂停状态。

3）若当前视频处于暂停状态，单击播放按钮后，执行第 9 ~ 17 行代码。其中，第 11 行代码使用 video 对象的 play( ) 方法设置视频播放；第 12 行代码将按钮修改为暂停按钮（iconfont icon-pause）；第 13 行代码设置隐藏屏幕中间的播放按钮；第 14 ~ 17 行代码在函数内添加定时器 ctid，每秒调用一次 curTime( ) 和 setProgress( ) 函数，实现视频当前播放时间和

播放进度条的更新。

4）若当前视频处于播放状态，单击暂停按钮后，执行第 18～24 行代码，代码的编写逻辑与第 9～17 行代码类似。注意，视频暂停时需销毁定时器，以防占用资源。

（2）调用视频播放函数。

当单击视频播放控件条上的播放按钮（btn_play）时，调用 video_play( ) 函数即可实现视频播放和暂停功能，并同步更新视频播放时间和视频播放进度条，具体代码如下。

```
btn_play.onclick = function ( ) {
    video_play( );        // 调用 video_play( ) 函数
}
```

另外，触发屏幕上的播放按钮事件（screen_play），也可以实现视频播放和暂停功能，具体代码如下。

```
screen_play.onclick = function ( ) {
    video_play( );        // 调用 video_play( ) 函数
}
```

3. 功能测试

保存代码，在浏览器中浏览“index.html”页面，单击播放按钮，将播放图标切换成暂停图标，视频当前播放时间与播放进度条每秒均在更新，效果如图 3-2-7 示。

图 3-2-7　视频当前播放时间与播放进度条效果

七、实现单击修改播放进度效果

在触发鼠标单击事件后，可通过事件对象（event，这里简写为 e）的属性获取鼠标指针位置，使用 offsetX 获取鼠标指针位于播放进度条上的水平坐标，计算出相应的视频播放时间。视频播放时间的计算方法是：鼠标指针位置的水平坐标 / 播放进度条总长度 × 视频总时长。本部分的具体代码如下。

```
1 liner.onclick = function(e){
2     if(video.currentTime <= 0 ) return;
3     var cur = e.offsetX / liner.offsetWidth;
4     video.currentTime = cur * video.duration;
5     nowLine.style.width = cur + 'px';
6 }
```

上述代码的具体说明如下。

（1）上述代码为播放进度条注册鼠标单击事件，并使用事件对象 e 获取鼠标指针位置。

（2）第 2 行代码使用 if( ) 函数判断视频是否播放，如果没有播放，则用 return 语句结束程序。

（3）第 3 行代码定义变量 cur 存放鼠标指针位置的水平坐标值占进度条总长度的比例。

（4）第 4 行代码修改当前视频的播放时间。

（5）第 5 行代码更新播放进度条的长度。

保存代码，在浏览器中浏览“index.html”页面，在视频处于播放状态下，单击视频播放进度条上的任意位置，视频会跳转到对应进度，同时视频播放时间也会同步更新为对应的播放时间。

任务 3　开发评论发表和删除功能

学习目标

1. 理解节点的属性和层级关系。
2. 能正确操作节点的获取、创建、添加和移除。
3. 能正确操作 textarea 文本框的文本内容。

任务描述

本任务的主要内容是通过节点的添加和移除操作，实现评论的发表和删除功能。用户可以在“发表短评”栏目输入评论，由程序同步更新输入文字的个数。若用户输入的评论字数超过 200 字，则弹窗提示“输入字数已达上限”；若用户输入的评论为空，则弹窗提示“请输入评论”。“发表短评”栏目的初始效果如图 3-3-1 所示。

图 3-3-1 “发表短评”栏目的初始效果

用户在输入评论后，单击“我要写短评”按钮，该条评论就会显示在“电影短评”栏目中评论列表的最下方。若用户要删除某条评论，则单击该条评论右上角的删除按钮即可。“电影短评”栏目的初始效果如图 3-3-2 所示。

图 3-3-2 “电影短评”栏目的初始效果

相关知识

相比于元素操作，节点操作更侧重对节点层次关系的操作，例如，可以利用父、子、兄弟节点获取元素，以及为父节点添加子节点等。通过节点获取元素更加简单方便，更有逻辑性。

一、节点的获取

只有清晰地知道节点之间的层次关系，才能正确地使用节点的层次关系来获取节点。在JavaScript中常用的节点的层次关系获取方法见表3-3-1。

表3-3-1　常用的节点的层次关系获取方法

方法	说明
parentNode()	获取当前元素的父节点（只有1个）
childNodes()	获取当前元素的所有子节点（可以有多个）
children()	获取当前元素的子节点
firstChild()	获取第一个子节点
lastChild()	获取最后一个子节点
nextSibling()	获取下一个兄弟节点
previousSibling()	获取上一个兄弟节点

二、节点的创建

在实际开发过程中，创建元素节点的方法使用频繁，其语法格式如下。

```
document.createElement('标签名');
```

注意，通过createElement()方法创建的元素并不属于document对象，它只是被创建出来，并未被添加到HTML文档中，需要调用特定的方法才能将其添加到HTML文档中。

三、节点的添加

成功创建节点后，一般都需要根据开发需求将节点添加到HTML文档的指定位置。DOM提供了常用的添加节点的方法，见表3-3-2。

表 3-3-2　常用的添加节点的方法

方法	说明
element.appendChild(ele)	将 ele 添加到 element 所有子节点后
parentEle.insertBefore(newEle,targetEle)	将 newEle 插入 targetEle 前

四、节点的移除

removeChild( ) 方法用于删除指定的子节点并返回子节点，语法格式如下。

```
parent.removeChild(node);
```

以上方法应由被删节点的父节点调用，删除的是父节点里面的子节点。

remove( ) 方法用于删除 HTML 元素，包括元素的子节点和属性，语法格式如下。

```
element.remove( );
```

上述代码表示删除 element 元素，注意该方法没有参数。

任务实施

一、实现文本框输入字数显示和字数输入限制效果

1. HTML 布局

“发表短评”栏目的 HTML 布局代码如下。

```
<h3 class="icon2"> 发表短评 </h3>
<div class="public">
    <!-- 评论输入区 -->
    <textarea name="" id="area" placeholder=" 说点什么吧 ..."></textarea>
    <div class="message">
        <!-- 显示评论字数 -->
```

```
            <span class="num">0</span>
            <span>/</span>
            <span>200</span>
            <button id="sendBtn"> 我要写短评 </button>
        </div>
    </div>
```

2. JavaScript 编码

为文本框 textarea 注册输入事件（oninput），用户输入的内容存放在文本框的 value 属性中，value 属性的长度即为用户输入的字符数，具体代码如下。

```
1   // 获取文本框
2   var area = document.querySelector('#area');
3   // 获取用户输入的字符数
4   var num = document.querySelector('.num');
5   // 设置最大字符数限制
6   var maxChars = 200;
7   // 文本框输入
8   area.oninput = function ( ) {
9       var areaText = area.value.trim( );
10      var areaCount = areaText.length;
11      num.innerHTML = areaCount;
12      if(areaCount > maxChars){
13          // 截取超出限制的部分
14          area.value =areaText.slice(0, maxChars);
15          num.innerHTML = maxChars;
16          alert(' 输入字数已达上限 ');
17      }
18  }
```

上述代码的具体说明如下。

（1）第 8～18 行代码为文本框注册输入事件。

（2）第 9 ~ 11 行代码将文本框 value 属性的长度赋给显示用户输入字数的节点中。其中，trim( ) 方法用于去除字符串左右两端的空格。

（3）第 12 ~ 17 行代码实现字数输入限制效果，若输入的字符数超过最大字符数（maxChars），则使用 slice( ) 方法截取保留用户输入内容的前 200 个字符，并把字数显示设置为最大字符数。

3. 功能测试

保存代码，在浏览器中浏览“index.html”页面，并进行以下功能测试。

（1）用户在“发表短评”栏目中输入评论，由程序同步更新输入文字的个数，效果如图 3-3-3 所示。

图 3-3-3　同步更新输入文字个数的效果

（2）若用户输入的评论字数超过 200 字，则弹窗提示“输入字数已达上限”，效果如图 3-3-4 所示。

图 3-3-4　弹窗提示“输入字数已达上限”的效果

二、实现评论发表和删除功能

本任务案例使用对象数组模拟用户信息数据。定义数组 userData，并将其用于存储 5 个用户对象，具体代码如下。

```
var userData = [
    {uname:' 可可在哪 ',imgSrc:'images/01.jpg'},
    {uname:'Jerry zhang',imgSrc:' images /02.jpg'},
    {uname:' 高级程序猿 ',imgSrc:' images /03.jpg'},
    {uname:'AI 章 ',imgSrc:' images /04.jpg'},
    {uname:' 老夫子 ',imgSrc:' images /05.jpg'},
];
```

在用户输入评论并单击“我要写短评”按钮后，将用户的评论添加到“电影短评”栏目中评论列表的最下方；若用户输入的评论为空，则弹窗提示“请输入评论”；单击评论列表中的删除按钮，可删除对应的用户评论。本部分的具体代码如下。

```
// 获取“我要写短评 " 按钮
var sendBtn = document.querySelector('#sendBtn');
// 获取评论列表
var comment = document.querySelector('.comment');
// 为按钮注册鼠标单击事件
sendBtn.onclick = function ( ) {
    var text = area.value.trim( );
    // 格式化当前系统时间
    var nowDate = new Date( ).toLocaleString( );
    if (text === ' ') {
        alert(' 请输入评论 ');
    }else{
        // 随机数
        var randomNum =Math.floor(Math.random( )*userData.length);
        // 创建新节点 li
        var liNew = document.createElement('li');
        liNew.innerHTML = '<div class="info"> <img class="userpic" src="'+userData[randomNum].imgSrc+'" alt=""><span class="username">'+userData[randomNum].uname+'</span><p class="sendTime">'+nowDate+'</p></div><div class="content">'+text+'</div><span class="del">X</span>'
```

```
18         // 向 comment 子节点列表的末尾添加 li 节点
19         comment.appendChild(liNew);
20         area.value = '';
21         num.innerHTML = 0;
22     }
23     // 删除评论
24     // 获取所有 del 元素
25     var delArr = document.querySelectorAll('.del');
26     // 遍历 delArr 数组
27     for(var i=0; i<delArr.length; i++){
28         delArr[i].onclick = function( ){
29             this.parentNode.remove( );
30             // 也可以使用以下方法
31             //comment.removeChild(this.parentNode);
32         }
33     }
34 }
```

上述代码实现了评论发表和删除两个功能，具体说明如下。

1. 发表评论

（1）第 7 行代码利用 trim( ) 方法去除字符串（用户输入的评论）开头和结尾的空白字符，并将返回的新字符串存储在变量 text 中。

（2）第 9 行代码通过定义变量 nowDate 来存储用户发表评论的时间。

（3）第 10 ~ 22 行代码利用 if 双分支语句判断评论内容是否为空，若为空则执行第 11 行代码，弹窗提示“请输入评论”；否则执行第 13 ~ 22 行代码，实现评论发表功能。

（4）第 16 行代码创建新节点 li，用于存储用户发表的新评论。

（5）第 17 行代码在新创建的 li 节点中添加了子节点 div，用于存储用户信息，包括用户的头像、昵称，以及评论的发表时间、评论内容和删除评论按钮。

（6）第 19 行代码向 comment 子节点列表的末尾添加新创建的 li 节点，实现将评论发表至评论列表的最下方。

（7）第 20 ~ 21 行代码用于成功发表评论后将文本框内容清除，并使显示的字数归 0。

保存代码，在浏览器中浏览“index.html”页面，并进行以下功能的测试。

（1）若用户输入的评论为空，则弹窗提示“请输入评论”，效果如图 3-3-5 所示。

图 3-3-5　弹窗提示“请输入评论”的效果

（2）用户输入评论后，单击“我要写短评”按钮，则该条评论会显示在“电影短评”栏目中评论列表的最下方，效果如图 3-3-6 所示。

图 3-3-6　评论发表的效果

2. 删除评论

（1）第 25 ~ 33 行代码实现评论删除功能。

（2）第 25 行代码定义数组 delArr 来存储评论列表上所有的删除按钮。

（3）第 27 ~ 33 行代码使用 for 循环遍历数组 delArr。其中，第 28 ~ 32 行代码为每一个删除按钮注册鼠标单击事件，使用 remove( ) 方法删除整个 li 节点。注意，this 指向当前调用函数的按钮，this.parentNode 则指向当前按钮所在的 li 节点。

保存代码，在浏览器中浏览“index.html”页面并进行测试。若用户要删除某条评论，则单击该条评论右上角的删除按钮即可。删除“老夫子”用户评论的效果如图 3-3-7 所示。

图 3-3-7　删除“老夫子”用户评论的效果

三、代码提交

在完成所有页面与功能的开发和测试工作后，按照要求提交代码。

项目四　制作政务平台系统首页

假设你是某科技公司的前端开发工程师，该科技公司负责某政务平台系统首页的开发项目，该网站首页的页面静态布局已经完成，其中，“通知公告”和“热点关注”两个模块的布局效果如图 4–0–1 所示，“欢迎登录”页面的布局效果如图 4–0–2 所示。需要你在该静态页面的基础上实现用户交互功能，并在测试完成后按照要求提交代码。

本项目将通过制作“通知公告”模块、“热点关注”模块和“欢迎登录”页面等任务，完成用户交互功能开发、页面测试和提交工作。其中，需要实现的用户交互功能包括以下内容。

（1）在任务 1 中，运用对象数组储存从后端请求获取的模拟新闻数据，然后利用 forEach 语句和 for...in 语句循环数组，将得出的数据写入“通知公告”模块的内容列表中，实现动态渲染页面的效果，方便后期网站管理员动态更新新闻消息。

图 4–0–1　“通知公告”和“热点关注”两个模块的布局效果

图 4-0-2 “欢迎登录”页面的布局效果

（2）在任务 2 中，操作元素的属性，更改标题栏选项卡和内容列表的样式，实现 Tab 栏切换效果。用户可以通过单击标题栏选项卡在多个内容列表之间切换，实现在有限的网页空间内展示多项内容的效果。

（3）在任务 3 中，注册表单的 onsubmit 事件，以完成用户验证登录功能。若用户输入的用户名与密码不符合要求，提示用户数据错误，并阻止表单的自动提交；若用户输入的用户名与密码符合要求，则调用表单 submit( ) 方法将表单数据提交到指定的统一资源定位器（Uniform Resource Locator，简称 URL，俗称网址）链接，并实现页面跳转。

任务 1 制作“通知公告”模块

学习目标

1. 理解 forEach 语句与 for...in 语句的区别。
2. 掌握 forEach 语句的语法，能使用 forEach 语句实现数组遍历。
3. 掌握 for...in 语句的语法，能使用 for...in 语句实现对象遍历。

任务描述

本任务的内容主要是使用对象数组储存从后端请求获取的模拟新闻数据，再利用 forEach 语句和 for...in 语句循环数组，将得出的数据写入到“通知公告”模块的内容列表中，实现动态渲染页面的效果，方便后期网站管理员动态更新新闻消息。

相关知识

一、forEach 语句

forEach 语句是 for 语句的一种特殊简化版本，一般用于遍历数组，具体语法格式如下。

```
array.forEach( function ( item, index,arr) {} )
```

在上述语法格式中，array 代表需要遍历的数组。forEach( ) 方法会对 array 数组的每个元素执行一次提供的函数，因此 forEach( ) 方法遍历数组循环的次数等于该数组的长度。

forEach( ) 方法调用的函数 function 中有 3 个参数，第一个参数 item 是必需项，表示遍历的当前元素；第二个参数是可选项，表示当前元素的索引值；第三个参数是可选项，表示当前元素所属的数组对象。forEach( ) 方法是不会对空数组执行回调函数的。

【例 4-1-1】遍历并打印数组 [1,3,5,7,9] 中所有的元素到控制台中。

参考代码如下。

```
var arr = [1,3,5,7,9];
// 遍历数组 arr，输出数组元素
arr.forEach(function(num){
    console.log(num);
})
```

运行结果如图 4-1-1 所示。

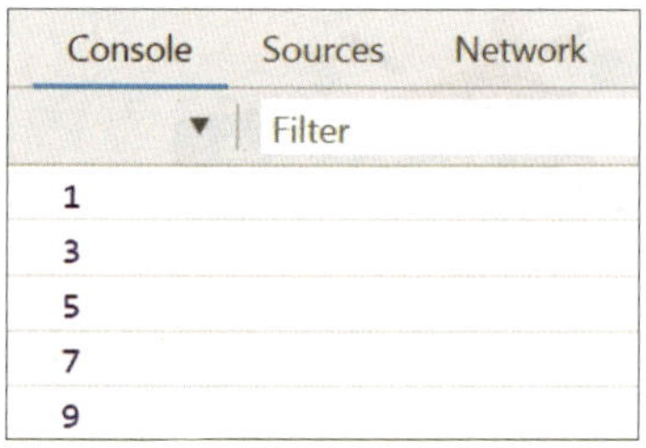

图 4-1-1　运行结果

forEach 语句与 for 语句虽然同样可用于遍历数组，但在实际应用中有如下区别。

（1）for 循环可以使用 break 跳出循环，但 forEach 语句不能。

（2）for 循环可以控制循环起点，forEach 语句的索引只能默认从 0 开始。

（3）for 循环支持在过程中修改索引，而 forEach 语句不支持（因为底层控制 index 自增，无法通过程序改变它）。

二、for...in 语句

for...in 语句是一种特殊类型的循环，一般用于循环遍历对象的属性，语法格式如下。

```
for (key in object) {
    // 代码段
}
```

在上述语法格式中，key 是遍历对象的属性名称，object 是要遍历的对象。

【例 4-1-2】已定义一个人物对象 person，其包含 name、sex 和 age 共 3 个属性，要求遍历该对象并将其所有属性和对应的属性值打印到控制台中。

参考代码如下。

```
var person = {
    name:'Tom',
    sex:' 男 ',
    age:19
};
for(k in person){
    console.log(k);
    console.log(person[k]);
}
```

运行结果如图 4-1-2 所示。

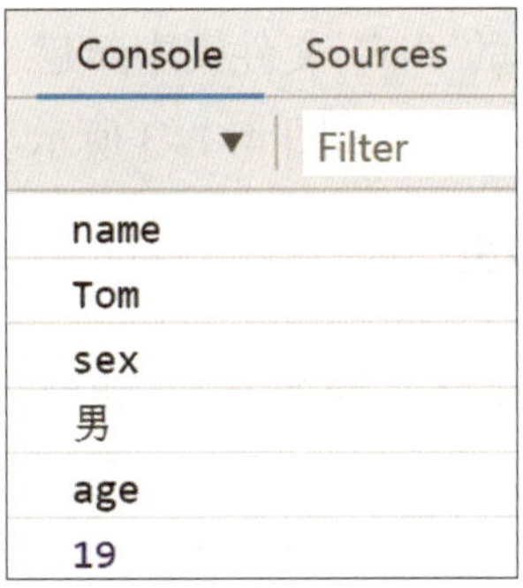

图 4-1-2　运行结果

小提示：

因为对象的属性没有固定的顺序，for...in 语句的迭代顺序并不确定，因此，当开发中对属性的迭代顺序有严格要求时，不建议使用该方法。

任务实施

一、导入项目与创建文件

1. 导入项目

在开发工具（如 VS Code 等）中导入本书配套资源目录中的“GOVERNMENT”文件夹。该文件夹中包含布局文件“index.html”、样式文件夹“css”、图片资源文件夹“images”，以及脚本文件夹“js”。

2. 创建 JavaScript 文件

在“GOVERNMENT”文件夹下的“js”文件夹中新建“index.js”文件，在开发工具中查看项目目录内容，如图 4-1-3 所示。

图 4-1-3　项目目录内容

3. 引入 JavaScript 文件

打开“index.html”文件，在 <body> 标签内的最后一行增加 <script> 标签，引入创建的“index.js”文件，具体代码如下。

```
<script src = 'js/index.js'></script>
```

二、动态渲染“通知公告”模块

1. HTML 布局

“通知公告”模块由公告标题栏和公告显示栏两部分组成。公告显示栏使用 ul 无序列表布局，用于展示各种通知公告和发布的内容，具体代码如下。

```
<div class="notice-content">
    <!-- 公告标题栏 -->
    <ul class="title">
        <li class="normal"> 通知公告 </li>
```

```
        <li class="more">>></li>
    </ul>
    <!-- 公告显示栏 -->
    <ul class="content">
    <!-- 使用 JavaScript 动态渲染公告栏结构和数据 -->
    </ul>
</div>
```

此时，“通知公告”模块的显示效果如图 4-1-4 所示，模块只显示了公告标题栏，公告显示栏的内容为空，下面将动态渲染显示栏的页面，实现显示栏内容的展示。

图 4-1-4　“通知公告”模块的显示效果

2. JavaScript 编码

（1）创建一个数组对象来储存从后端请求获取的模拟新闻数据，具体代码如下。

```
var datas = [
    {title:' 这份问卷请您来填，让 " 关键小事 " 更好办！ ',date:"2025-12-12"},
    {title:' 倡议书！ 下沉一线，为打赢防御台风硬战贡献力量 ',date:"2025-12-12"},
    {title:' 系统工作会议召开 ',date:"2025-09-02"},
    {title:' 建议将 HPV 疫苗纳入免疫规划 ',date:"2025-06-22"},
    {title:' 春节假期各公园游客数量同比翻倍，" 公园游 " 成 " 新春热 "',date:"2025-02-22"},
```

```
    {title:' 争创全国文明典范城市 ',date:"2025-01-22"},
    {title:' 深化“警格 + 网格 " 融合联动，打造基层善治新模式 ',date:"2025-01-05"},
]
```

在上述代码中，datas 数组储存了 7 个对象，每个对象都包含 title 和 date 两个属性。

（2）动态渲染公告显示栏列表结构

遍历 datas 数组，每循环一次生成一个 li 标签，并将 li 标签添加到显示栏列表 ul 中，具体代码如下。

```
1    // 获取显示栏列表
2    var content = document.querySelector('.content');
3    // 遍历数组 datas
4    datas.forEach(function(item){
5        // 每循环一次创建一个 li
6        var li = document.createElement('li');
7        // 将 li 标签添加到 ul 中
8        content.appendChild(li);
9    })
```

在上述代码中，第 4 ~ 9 行代码使用 forEach 语句遍历 datas 数组，每次循环创建 1 个 li 标签，并将该对象的属性值写入 ul 中，最后再将 li 作为 ul 的子节点添加到末尾。因为 datas 数组包含 7 个数组成员，所以本次遍历共循环 7 次，即在 ul 节点内生成 7 个 li 子节点。

保存代码，在浏览器中浏览“index.html”页面，“通知公告”模块的页面效果如图 4-1-5 所示。按下 F12 键，在开发人员工具中查看公告显示栏列表的 HTML 结构，如图 4-1-6 所示。注意，在公告显示栏列表结构 li 标签被渲染出来后，需编写 CSS 样式美化页面效果，读者在练习过程中可自行设计样式。

（3）动态渲染公告显示栏数据

在公告显示栏列表结构渲染完成后，可以使用 for...in 语句遍历 datas 数组中的对象，并创建 span 节点来储存对象的属性值，方便进行 CSS 样式设计。在上述代码的第 6 行后添加如下代码。

图 4-1-5　“通知公告”模块的页面效果

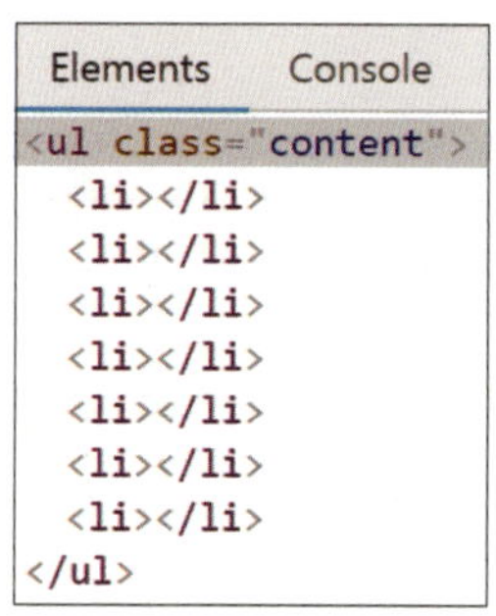

图 4-1-6　公告显示栏列表的 HTML 结构

```
// 遍历 item 对象
for (key in item){
    // 创建 span 节点
    var span = document.createElement('span');
    // 将对象的属性值写入到 span 节点中
    span.innerHTML=item[key];
    li.appendChild(span);
}
```

上述代码使用 for...in 语句遍历 item 对象，每次循环创建 1 个 span 节点，并将该对象的属性值写入到 span 节点中，最后再将 span 节点作为 li 的子节点添加到 li 的末尾。因 item 对象包含 2 个属性，故本次遍历共循环 2 次，即在 li 节点内生成 2 个 span 子节点，并在 span 节点内添加内容。

保存代码，在浏览器中浏览“index.html”页面，“通知公告”模块的页面效果如图 4-1-7 所示。按下 F12 键，在开发人员工具中查看公告显示栏列表的 HTML 结构，如图 4-1-8 所示。

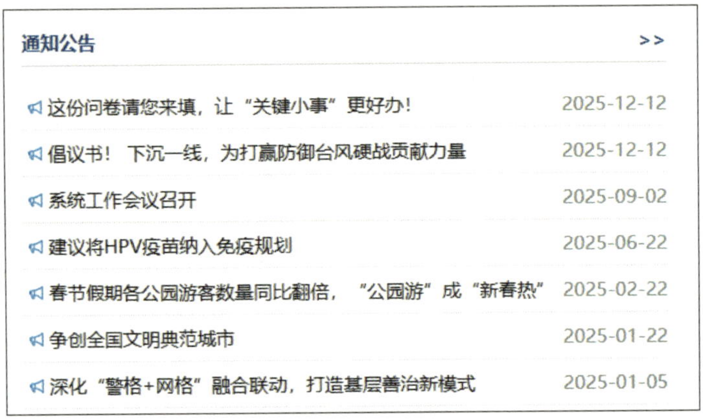

图 4-1-7 “通知公告”模块的页面效果

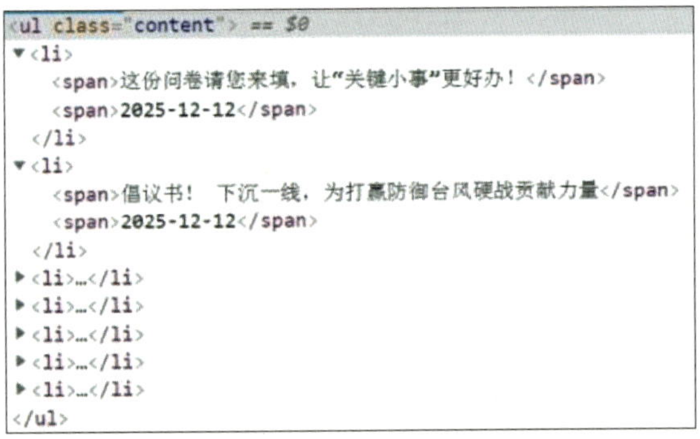

图 4-1-8 公告显示栏列表的 HTML 结构

任务 2　制作“热点关注”模块

学习目标

1. 掌握操作元素属性的方法。
2. 能根据开发需求选择合适的方法操作元素属性。

任务描述

本任务主要内容是实现 Tab 栏切换，在有限的网页空间内展示多块内容，用户可以通过单击标题栏选项卡在多个内容列表之间进行切换。网页默认显示“热点关注”选项卡，以及相应的内容板块，Tab 栏效果如图 4-2-1 所示。

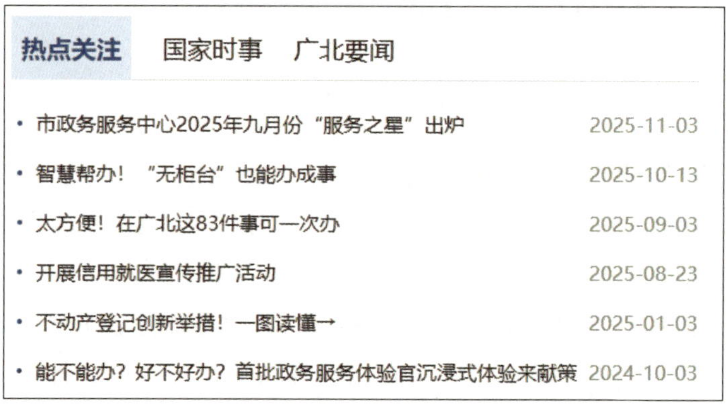

图 4-2-1　Tab 栏效果

当用户单击“国家时事”选项卡后，该选项卡的样式会被切换成被选中的状态，并且“热点关注”选项卡的被选中状态失效，内容列表也随之切换为对应的板块。此时，Tab 栏效果如图 4-2-2 所示。

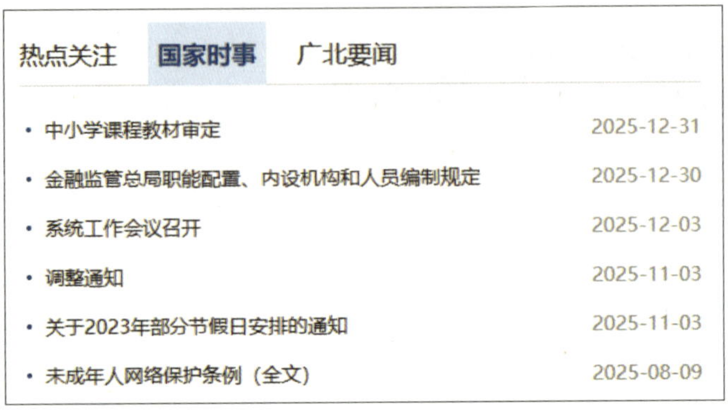

图 4-2-2　Tab 栏效果

同理，在单击“广北要闻”选项卡后，选项卡与内容列表的切换效果与单击“热点关注”选项卡和“国家时事”选项卡类似。

相关知识

操作元素的属性有以下几种方法。

一、setAttribute( ) 方法

setAttribute( ) 方法用于设置指定元素的属性值，语法格式如下。

```
element.setAttribute(name, value);
```

在以上代码中，setAttribute( ) 方法接受两个参数，第一个参数 name 是要设置的属性名称，第二个参数 value 是属性的值。

通过调用 setAttribute( ) 方法，可以在 JavaScript 中动态地设置元素的属性值，从而实现对元素的样式、标识或行为的修改。通过 setAttribute( ) 方法设置的属性值会覆盖原有属性值，如果该属性不存在，则会创建该属性。

二、getAttribute( ) 方法

getAttribute( ) 方法用于获取元素的属性值，如果属性值存在，返回对应的值；如果属性值

不存在，返回 null。getAttribute( ) 方法的语法格式如下。

```
element.getAttribute(' 属性 ');
```

三、removeAttribute( ) 方法

removeAttribute( ) 方法用于移除元素的属性值，该方法没有返回值，语法格式如下。

```
element.removeAttribute(' 属性 ');
```

任务实施

一、实现 Tab 栏结构布局

“热点关注”模块由 Tab 栏（模块 1）与内容列表栏（模块 2）组成，模块划分如图 4-2-3 所示。

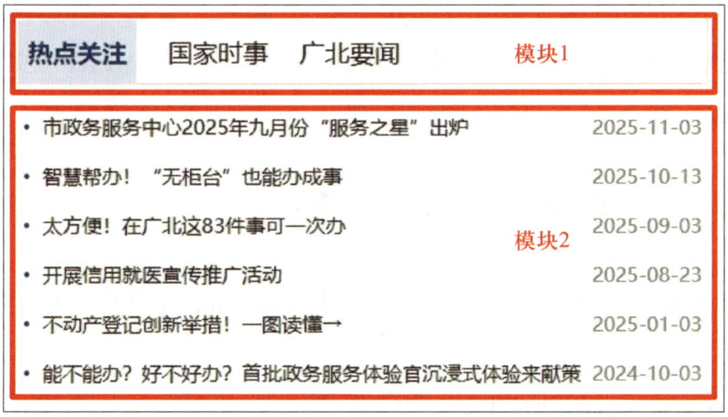

图 4-2-3　“热点关注”模块划分

Tab 栏有多少个选项卡，就对应多少个内容列表。当 Tab 栏中的某个选项卡被选中时，则显示与之相对应的内容列表。以上部分的 HTML 结构具体代码如下。

```
<div class="news-tab">
<!-- Tab 栏选项卡 -->
    <ul class="tab-title">
    <!-- 添加 active 类名，表示当前 li 被选中 -->
        <li class="active"> 热点关注 </li>
        <li> 国家时事 </li>
        <li> 广北要闻 </li>
    </ul>
    <!-- 选项卡内容列表 -->
    <div class="tab-content">
    <!-- 与被选中的 li 相对应的 ul，设置为显示状态 -->
        <ul class="content"  style="display: block;">...
        </ul>
        <ul class="content">...
        </ul>
        <ul class="content">...
        </ul>
    </div>
</div>
```

注意：上述代码为缩略代码，详细代码可查看“GOVERNMENT”文件夹中的“index.html”布局文件。

二、实现 Tab 栏选项卡样式切换

获取所有选项卡元素，并注册单击事件，通过 className 设置元素的类名，实现样式的切换，具体代码如下。

```
// 获取所有表示 Tab 栏选项卡的元素
var lis = document.querySelectorAll('.tab-title li');
// 获取所有表示内容列表的元素
var contentArr = document.querySelectorAll('.tab-content ul');
for(var i=0;i<lis.length;i++){
```

```
6        lis[i].onclick = function( ){
7        //this 指向当前被选中的选项卡 li
8            this.className = 'active';
9        }
10   }
```

上述代码的具体说明如下。

（1）第 5 ~ 10 行代码使用 for 循环语句遍历 lis 数组，并为 lis 数组的每个 li 元素注册单击事件。

（2）第 8 行代码使用 className 为当前被选中的选项卡添加 active 类，即可实现单击选项卡切换样式的效果。

保存代码，在浏览器中进行测试，单击每个选项卡后，效果如图 4–2–4 所示。

图 4–2–4　单击每个选项卡的效果

由上图可见，单击每个选项卡后，选项卡都保留了 active 的样式，这不符合项目实际开发需求。若想解决此类问题，只需在为被选中的选项卡添加 active 类之前，使用 for 循环语句将所有选项卡的类名清空，在实现 Tab 栏选项卡样式切换代码的第 6 行添加如下代码。

```
for(var i=0;i<lis.length;i++){
    lis[i].className =' ';
}
```

保存代码，在浏览器中进行测试，单击“国家时事”选项卡后，该选项卡的样式应切换成 active 样式，并且其他选项卡的 active 样式失效，效果如图 4–2–5 所示。

图 4–2–5　单击“国家时事”选项卡的效果

三、实现内容列表的展示切换效果

单击 Tab 栏选项卡时，内容列表栏会切换显示对应的内容列表，可通过操作 attribute 来设置两者之间的联系。

在实现内容列表的切换效果之前，必须为 Tab 栏的每个选项卡进行序号标记，以对应内容列表。因此，可以使用自定义属性为每个 li 元素设置标志（index），并将当前元素的索引值作为属性值。在实现 Tab 栏选项卡样式切换代码的第 5 行后添加如下代码。

```
lis[i].setAttribute('index',i);
```

保存代码，在浏览器中进行测试，按下 F12 键，在开发人员工具中查看 Tab 栏的 HTML 结构，如图 4-2-6 所示。

```
▼<ul class="tab-title">
   <li class="active" index="0">热点关注</li>
   <li index="1">国家时事</li>
   <li index="2">广北要闻</li>
 </ul>
```

图 4-2-6　Tab 栏的 HTML 结构

为选项卡设置自定义属性 index 后，当用户单击某个选项卡时，getAttribute( ) 方法会获取当前选项卡的 index 属性值，再将与该属性值相对应的内容列表设置为“显示”。与选项卡切换效果设置同理，在设置当前内容列表为“显示”前，需将所有内容列表设置为“隐藏”。在选项卡的单击事件函数中添加以下代码。

```
// 返回被选中选项卡的 index 属性值，并将其储存在变量 a 中
var a = this.getAttribute('index');
// 将所有内容列表设置为“隐藏”
for(var i=0;i<contentArr.length;i++){
    contentArr[i].style.display = 'none'
}
// 设置与当前被选中的选项卡对应的内容列表为“显示”
contentArr[a].style.display = 'block'
```

保存代码，在浏览器中进行测试，单击“广北要闻”选项卡后，该选项卡的样式切换为 active 样式，对应的内容列表也随之切换，页面效果如图 4-2-7 所示。

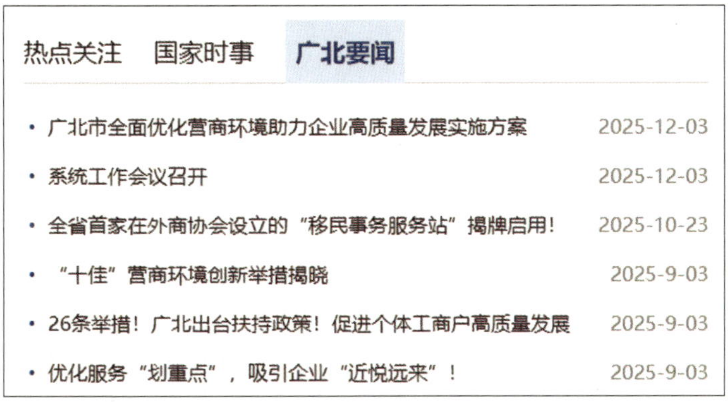

图 4-2-7　单击“广北要闻”选项卡后的页面效果

任务 3　制作“欢迎登录”页面

学习目标

1. 掌握表单的常用属性。
2. 掌握表单两种提交方法之间的区别。
3. 能根据需求正确提交表单。

任务描述

本任务主要内容是注册表单的 onsubmit 事件来完成用户验证登录功能。若用户输入的用户名与密码不符合要求，提示用户数据错误，并阻止表单的自动提交；若用户输入的用户名与密码符合要求，则调用表单 submit( ) 方法将表单数据提交到网址链接，并实现页面跳转。

相关知识

一、表单的常用属性

表单（<form>）是网站开发的重要组成部分，它可以收集用户提交的信息，如姓名、邮箱和电话等。表单的作用是收集各种不同类型用户输入的各种数据信息，并通过标签提交操作，把收集到的信息发送至 Web 服务器进行处理。表单的常用属性见表 4-3-1。

表 4-3-1　表单的常用属性

属性	值	说明
action	URL	规定在提交表单时向何处发送表单数据
method	get/post	规定用于发送表单数据的 HTTP 方法，默认使用 get 方法
name	text	规定表单的名称
target	_blank/_parent/_top/_self	规定在何处打开 action 属性的 URL，默认值为 _blank

二、表单的提交方法

表单的两种提交方法 get 和 post 的区别如下。

1. get 方法

在使用此方法时，表单数据会被附加在 URL 的查询参数中，通过 get 请求发送给服务器。这种方式适用于对数据安全性要求不高、数据量较小的情况，如搜索表单。

2. post 方法

在使用此方法时，表单数据会作为请求的内容体被发送给服务器，这种方式适用于传输敏感数据或数据量较大的情况，如用户注册或登录表单。

三、表单的提交和重置

表单还提供了提交和重置的方法，具体说明见表 4–3–2。

表 4–3–2　表单提交和重置的方法

方法	说明
submit( )	提交表单至 action 属性指定的 URL，并跳转到该 URL
reset( )	重置表单，将所有表单控件元素的值重新设置为默认值

在使用 submit( ) 方法的过程中，需要注意以下两点。

（1）必须确保提交的表单在当前页面中存在。

（2）必须确保表单的 action 属性指定了正确的 URL。

任务实施

一、创建并引入 JavaScript 文件

在“GOVERNMENT”文件夹下的“js”文件夹中新建“login.js”文件，在开发工具中查看项目目录内容，如图 4–3–1 所示。

打开“login.html”文件，在 <body> 标签内的最后一行增加 <script> 标签，引入创建的“login.js”文件。

图 4–3–1　项目目录内容

二、实现用户登录表单提交

1. HTML 布局

“欢迎登录”页面主要由表单的输入框和提交按钮等元素组成。输入框用于收集用户的用户名、密码等信息，提交按钮用于在用户填写完信息后提交表单，具体代码如下。

```
1   <form action="index.html" method="post" id="login">
2       <h3> 欢迎登录 </h3>
3       <input type="text" placeholder =" 请输入用户名 " name='' id="user">
4       <div class="psw">
5           <input type="password" placeholder=" 请输入密码 " name='' id="pass">
6           <!-- 密码隐藏图标 -->
7           <div class="eye">
8               <img src="images/close.png" alt="">
9           </div>
10      </div>
11      <input type="submit" value=" 登 录 " name='' id="btn">
12  </form>
```

在上述代码中，第 1 行代码设置表单的提交方法为 post，并设置跳转到首页。

2. JavaScript 编码

（1）实现密码显示和隐藏切换效果

在默认状态下，密码输入框密码的显示状态为隐藏，当用户单击密码输入框中的图标时，图标切换为，并且可明文显示密码，具体代码如下。

```
var eye = document.querySelector('.eye');
var imgeye = document.querySelector('.eye>img');
var pass = document.querySelector("#pass");
var psw = document.querySelector("#pass").value;
var flag = 0;
eye.onclick = function( ){
    if (flag == 0 ) {
        pass.type = 'text';
        imgeye.src = 'images/open.png';
        flag = 1
    } else {
        pass.type = 'password';
```

```
13              imgeye.src = 'images/close.png';
14              flag = 0
15          }
16      }
```

以上代码主要使用 if 双分支语句来完成密码显示和隐藏的切换效果。其中，第 8 行代码和第 12 行代码利用输入框的 type 属性完成密码的显示和隐藏。

保存代码，在浏览器中浏览效果。在默认状态下，用户输入密码，密码为隐藏状态，效果如图 4–3–2 所示。

图 4–3–2　密码隐藏状态效果

单击图标，密码改为显示状态，效果如图 4–3–3 所示。

图 4–3–3　密码显示状态效果

（2）实现表单的验证和提交

在用户填写和提交表单时，可以在提交前对表单进行验证。如果表单数据不符合要求，提示用户数据错误，并阻止表单的自动提交；否则调用表单 submit( ) 方法将表单数据提交到“index.html”页面，并使页面跳转到首页，具体代码如下。

```
var btn = document.querySelector('#btn');
var form  = document.querySelector('#login');
// 表单提交
form.onsubmit = function( ){
    var user = document.querySelector('#user').value;
    var psw = document.querySelector("#pass").value;
    // 表单验证
    if(user == 'user1' && psw == '123456' ){
```

```
9            return true;
10       }else{
11           alert(' 用户名或密码错误 ');
12           return false;
13       }
14   }
```

在上述代码中，第 4 ~ 14 行代码为表单注册提交事件。其中，第 8 ~ 13 行代码使用 if 双分支语句来完成用户信息的验证。若用户输入数据正确，则返回 true 值，表示允许表单提交数据至指定的 URL 链接；若用户输入数据不正确，则返回 false 值，表示阻止表单提交数据。

保存代码，在浏览器中浏览效果。若用户输入的用户名为“user1”且输入的密码为“123456”时，单击“登录”按钮后页面自动跳转到首页，则说明表单验证和提交成功；若用户输入数据不符合要求，则弹窗提示“用户名或密码错误”，并阻止表单提交数据，效果如图 4-3-4 所示。

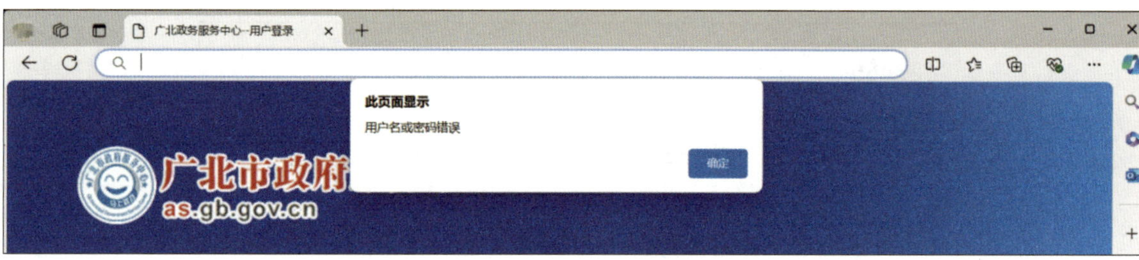

图 4-3-4　用户输入数据不符合要求时的弹窗效果

小提示：

本任务通过使用指定用户名和密码信息来简单说明表单数据验证的思路与方法。在实际开发中，可以使用 AJAX 提交表单数据至服务器进行数据交互，若读者有兴趣，可查阅 AJAX 相关文档自行学习。

三、代码提交

在完成所有页面与功能的开发和测试工作后，按照要求提交代码。

项目五　制作“2048”小游戏

假设你是某科技公司的前端开发工程师，该科技公司负责为客户开发一个网页版的“2048”小游戏。在此游戏中，有一个四行四列的棋盘，玩家可以在其中使用键盘向上、下、左、右四个方向移动带数字的方块。若方块移动的方向上存在带相同数字的方块，则合并这些方块并得分；若方块移动的方向上有空格，则方块继续位移。每操作一步，棋盘就会在随机一个空位出现一个带数字 2 或 4 的方块，当棋盘被方块填满并无法进行有效移动操作时，游戏结束。需要你根据图 5-0-1 所示的用户界面（User Interface，简称 UI）效果图开发该游戏页面，并在测试完成后将代码提交至 Git 仓库。

图 5-0-1　“2048”小游戏 UI 效果图

本项目将通过开发游戏界面布局、开发游戏逻辑和开发游戏交互等任务完成网页的开发工作。其中，需要实现的用户交互功能包括以下内容。

（1）在任务 1 中，运用 HTML、CSS 技术根据 UI 效果图样式创建布局文件和样式文件，并编写相应的代码，实现游戏场景的静态布局效果。

（2）在任务 2 中，运用 JavaScript 定义游戏相关变量，定义初始化游戏函数，并调用初始化游戏函数生成游戏初始状态。

（3）在任务 3 中，运用 JavaScript 实现键盘事件的监听，并使用 switch 语句处理不同的用户键盘输入事件，实现游戏交互，并定义游戏结束的事件处理函数。

任务 1 开发游戏界面布局

学习目标

1. 能定义并使用 CSS 变量。
2. 能根据 UI 效果图编写布局和样式代码。

任务描述

本任务主要内容是使用 HTML、CSS 技术根据 UI 效果图样式创建布局文件和样式文件，并编写相应的代码，实现游戏场景的静态布局效果，为后续 JavaScript 动态交互开发打下基础。

相关知识

CSS 变量是一种让 CSS 更加灵活和可维护的技术，它允许将某个值（如颜色、字号等）定义为变量，并在样式中多次使用该变量。当需要更改样式时，只需修改变量值即可，无须逐个更新样式中的具体值。

一、变量的定义

在 CSS 代码中可定义变量，并为其分配相应的值，示例代码如下。

```
:root {
    --primary-color: #007bff;
    --font-size: 16px;
}
```

上述代码定义了两个变量，--primary-color 和 --font-size，并分别指定了对应的值。

二、变量的使用

在样式代码中使用 var( ) 函数可引用变量，示例代码如下。

```
.button {
    background-color: var(--primary-color);
    font-size: var(--font-size);
}
```

上述代码将变量 --primary-color 和 --font-size 应用于 .button 元素的背景颜色和字号大小。

三、变量的修改

可以使用 CSS 的 :root 伪类或 :var( ) 伪类修改变量的值，示例代码如下。

```
:root {
    --primary-color: #007bff;
    --font-size: 16px;
}
:root:root {
    --primary-color: #ff3b3b;
}
```

上述代码使用 :root 伪类将变量 --primary-color 的值从 #007bff 更改为 #ff3b3b。

四、变量的继承

使用 inherit 关键字可将变量继承到子元素中，示例代码如下。

```
.parent {
    --font-size: 18px;
}
.child {
    font-size: inherit;
}
```

在上述代码中，.child 元素从其父元素 .parent 中继承 font-size 变量的值。

任务实施

一、创建项目目录与文件

在开发工具（如 VS Code 等）中创建名为“2048”的项目目录，并在此目录中创建布局文件“index.html”、样式文件“style.css”、脚本文件“script.js”，在开发工具中查看项目目录内容，如图 5-1-1 所示。

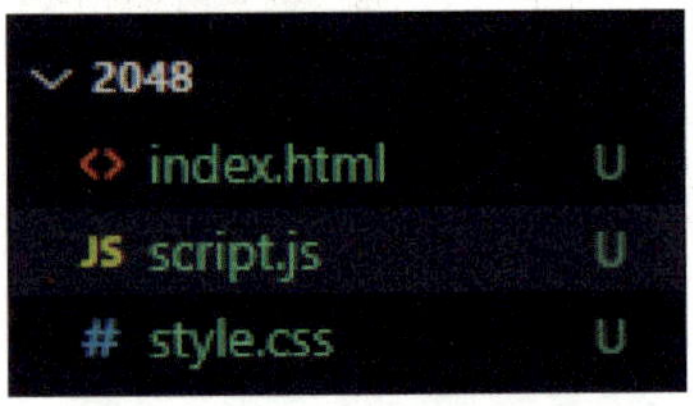

图 5-1-1　项目目录内容

二、编写布局代码

打开“index.html”文件，在 <body> 标签中写入游戏场景相关的布局，具体代码如下。

```
<body>
    <div class="divTitle">2048</div>
    <div class="divScore"> 分数：<span id="spanScore">0</span></div>
```

```
4         <div id="main">
5             <div class="box"></div>
6             <div class="box"></div>
7             <div class="box"></div>
8             <div class="box"></div>
9             <div class="box"></div>
10            <div class="box"></div>
11            <div class="box"></div>
12            <div class="box"></div>
13            <div class="box"></div>
14            <div class="box"></div>
15            <div class="box"></div>
16            <div class="box"></div>
17            <div class="box"></div>
18            <div class="box"></div>
19            <div class="box"></div>
20            <div class="box"></div>
21        </div>
22    </body>
```

上述代码的具体说明如下。

（1）第 3 行代码定义了一个 id 为 spanScore 的 <span> 标签，用于显示用户获得的分数，初始内容为 0。若用户在游戏的过程中得分，则会更新其内容。

（2）由于游戏区域的布局包含四行四列共 16 个方块，因此第 4 行代码定义了一个 id 为“main”的 div 节点用于展示游戏区域，并在其中加入 16 个样式名为 box 的 div 节点来展示方块。

三、编写样式代码

1. 定义 CSS 变量

方块的底色与文字颜色将根据方块的值变化，因此在“style.css”样式文件中定义各颜色变量，具体代码如下。

```
1   :root{
2       --txtColor-2-4: #776e65;
3       --bgColor-cell: #ccc0b3;
4       --bgColor-2: #eee4da;
5       --bgColor-4: #ede0c8;
6       --bgColor-8: #f2b179;
7       --bgColor-16: #f59563;
8       --bgColor-32: #f67c5f;
9       --bgColor-64: #f65e3b;
10      --bgColor-128: #edcf72;
11      --bgColor-256: #edcc61;
12      --bgColor-512: #9c0;
13      --bgColor-1024: #33b5e5;
14      --bgColor-2048: #09c;
15  }
```

上述代码的具体说明如下。

（1）分析 UI 效果图可知，方块文字颜色默认为白色，当方块的值为 2 或 4 时，文字颜色为灰色。因此第 2 行代码定义变量 --txtColor-2-4 并将其值设定为 #776e65。JavaScript 脚本将判断每个方块的值，并将值为 2 或 4 的方块文字颜色设置为变量 --txtColor-2-4 所定义的颜色，而其他值的方块文字则使用白色。

（2）第 3 行代码定义变量 --bgColor-cell 作为方块的默认背景色，设置其值为 #ccc0b3。

（3）第 4～14 行代码定义 --bgColor-2 至 --bgColor-2048 等一系列的背景颜色变量并分别设置对应的颜色值。JavaScript 脚本将根据每个方块当前的值设置其对应的背景颜色（例如，当方块的值为 512 时，其背景颜色则设置为变量 --bgColor-512 所定义的颜色）。

2. 设置页面元素样式

在“style.css”样式文件中编写各页面元素的样式代码，其中，游戏区域与方块对应样式的具体代码如下。

```
1  #main{
2      width: 500px;
3      height: 500px;
4      background-color: #bbada0;
5      border-radius: 6px;
6  }
7  .box{
8      float: left;
9      width: 100px;
10     height: 100px;
11     background-color: var(--bgColor-cell);
12     border-radius: 6px;
13     margin-top: 20px;
14     margin-left: 20px;
15     display: flex;
16     justify-content: center;
17     align-items: center;
18     font-size: 40px;
19     color: #fff;
20     transition: 0.1s;
21 }
```

上述代码的具体说明如下。

（1）第 2～3 行代码定义游戏区域布局（id 为 main）为边长 500 px 的矩形。

（2）第 8 行代码定义方块布局（样式名为 box）的浮动属性为左浮动。

（3）第 9～10 行代码定义方块布局为边长 100 px 的矩形。

（4）第 11 行代码定义方块布局背景颜色，通过使用 var(--bgColor-cell) 设置颜色值为 #ccc0b3。

（5）第 13～14 行代码定义其上方及左边的外边距为 20 px。

（6）第 20 行代码定义平滑过渡持续时间为 0.1 s。

在布局文件“index.html”中引入样式文件“style.css”后，在浏览器中预览游戏界面的静态布局结果，如图 5-1-2 所示。

图 5-1-2　游戏界面的静态布局结果

任务 2　开发游戏逻辑

学习目标

1. 能根据需求定义变量。
2. 能定义初始化项目函数。
3. 能随机生成游戏初始状态。

任务描述

本任务主要内容是使用 JavaScript 定义游戏相关变量，定义初始化游戏函数，并调用初始化游戏函数生成游戏初始状态。

相关知识

在使用 CSS 选择器引擎的 querySelectorAll( ) 方法时，可获取与其参数匹配的 DOM 元素。querySelectorAll( ) 方法是 querySelector( ) 方法的增强版本，可以接受一个或多个 CSS 选择器作为参数，并返回与这些选择器匹配的所有元素，示例代码如下。

```
const elements = document.querySelectorAll('.class-name');
```

在上述代码中，querySelectorAll( ) 方法根据 .class-name 选择器获取所有匹配的 DOM 元素，返回一个 NodeList 对象，并将其存储在 elements 变量中。

如果需要将 NodeList 对象转换为普通数组，可以使用 Array.from( ) 方法，示例代码如下。

```
const elements = Array.from(document.querySelectorAll('.class-name'));
```

NodeList 对象与普通数组有所不同，两者的差异主要体现在以下几个方面。

（1）构造方法不同。NodeList 对象是通过 querySelectorAll( ) 方法返回的，而普通数组是通过 Array( ) 构造函数创建的。

（2）元素存储方式不同。NodeList 对象存储的是一个 DOM 节点列表，而普通数组存储的是一个数字或其他类型对象的列表。

（3）方法不同。NodeList 对象和普通数组都有一些常用的方法，如 push( )、pop( )、shift( ) 等，但 NodeList 对象还具有一些与 DOM 节点操作相关的方法，如 item( )、append( )、remove( ) 等。

（4）可伸缩性不同。NodeList 对象的大小可以动态改变，而普通数组的大小是固定不变的。

任务实施

一、引入 JavaScript 文件

打开“index.html”文件，在 <body> 标签内的最后一行增加 <script> 标签，引入创建的“script.js”文件，具体代码如下。

```
<script src="script.js"></script>
```

二、定义游戏数据变量

1. 获取得分 DOM 元素

在“script.js”文件中定义 spanScore 变量，具体代码如下。

```
let spanScore = document.getElementById("spanScore");
```

上述代码使用元素选择器的 getElementById( ) 方法获取页面中 id 为 spanScore 的元素，并将其返回的 DOM 元素对象保存在 spanScore 变量中。

2. 定义得分变量

定义得分变量，具体代码如下。

```
let intScore = 0;
```

变量 intScore 用于存储用户得分，其初始值为 0。用户得分变化时，将更新 spanScore 变量对应的 DOM 元素内容。

3. 获取方块 DOM 元素

定义 boxDivList 变量，具体代码如下。

```
let boxDivList = document.querySelectorAll('.box');
```

上述代码使用 CSS 选择器 querySelectorAll( ) 获取页面中所有样式名为 .box 的元素，并将其返回的 NodeList 对象保存在 bosDivList 变量中。若使用 console.log(boxDivList) 语句将

boxDivList 变量在控制台中打印出来，结果如图 5-2-1 所示。

可以看出，boxDivList 变量为一个 NodeList 对象，存储了 16 个 div 节点（DOM 元素），对应在游戏界面中布局的 16 个方块。

```
▼ NodeList(16) ℹ
  ▶ 0: div.box
  ▶ 1: div.box
  ▶ 2: div.box
  ▶ 3: div.box
  ▶ 4: div.box
  ▶ 5: div.box
  ▶ 6: div.box
  ▶ 7: div.box
  ▶ 8: div.box
  ▶ 9: div.box
  ▶ 10: div.box
  ▶ 11: div.box
  ▶ 12: div.box
  ▶ 13: div.box
  ▶ 14: div.box
  ▶ 15: div.box
    length: 16
  ▶ [[Prototype]]: NodeList
>
```

图 5-2-1　boxDivList 变量的打印结果

4. 定义方块变量

在 boxDivList 变量中，所有的 DOM 元素数据作一维排列。为了方便后续实现方块在水平方向、垂直方向上的移动，以及对各元素内容与样式的操作，可根据 boxDivList 变量的内容生成一个 4 行 4 列的二维数组，定义二维数组的具体代码如下。

```
let arrBoxes = [[ ], [ ], [ ], [ ]];
```

在初始化 arrBoxes 变量后，若使用 console.log(arrBoxes) 语句将 arrBoxes 变量在控制台中打印出来，结果如图 5-2-2 所示。

```
▼ (4) [Array(0), Array(0), Array(0), Array(0)] ℹ        script.js:7
  ▶ 0: []
  ▶ 1: []
  ▶ 2: []
  ▶ 3: []
    length: 4
  ▶ [[Prototype]]: Array(0)
>
```

图 5-2-2　arrBoxes 变量的打印结果

可以看出，arrBoxes 变量的初始化为包含 4 个空数组的二维数组。

三、设置方块变量数据

在完成 boxDivList 变量与 arrBoxes 变量的定义后，以下代码将 boxDivList 变量中的 16 个方块元素通过两层嵌套 for 循环放入二维数组 arrBoxes 变量中。

```
1    let idx = 0;
2    for(let i=0; i<4; i++){
3        for (let j=0; j<4; j++){
4            arrBoxes[i][j] = boxDivList[idx];
5            idx++
6        }
7    }
```

上述代码的具体说明如下。

（1）第 1 行代码定义变量 idx，其初始值为 0。在循环过程中，将使用该变量作为下标，在从 boxDivList 变量中获取元素后，对其值进行加 1 操作。

（2）第 2～7 行代码进行两层 for 循环，其中，外层循环对应 4 行的遍历，即 i 代表行编号（从第 0 行到第 3 行）；内层循环对应每一行中 4 列的遍历，即 j 代表列编号（从第 0 列到第 3 列）。

（3）第 4 行代码表示在循环的过程中，从 boxDivList 变量中获取第 idx 个变量的值，赋值给 arrBoxes 变量的第 i 行、第 j 列的元素。

完成方块变量数据的设置后，若使用 console.log(arrBoxes) 语句将 arrBoxes 变量在控制台中打印出来，结果如图 5-2-3 所示。

可以看出，arrBoxes 变量中的元素为 4 行 4 列的 div 节点。

展开 arrBoxes 变量，将鼠标指针指向第二个数组（下标为 2）中的第二个（下标为 1）元素，在页面布局第 3 行中的第 2 个方块 div 节点会自动高亮显示。此方法可检测二维数组 arrBoxes 变量中的任一元素是否与各方块布局的行、列位置正确对应。

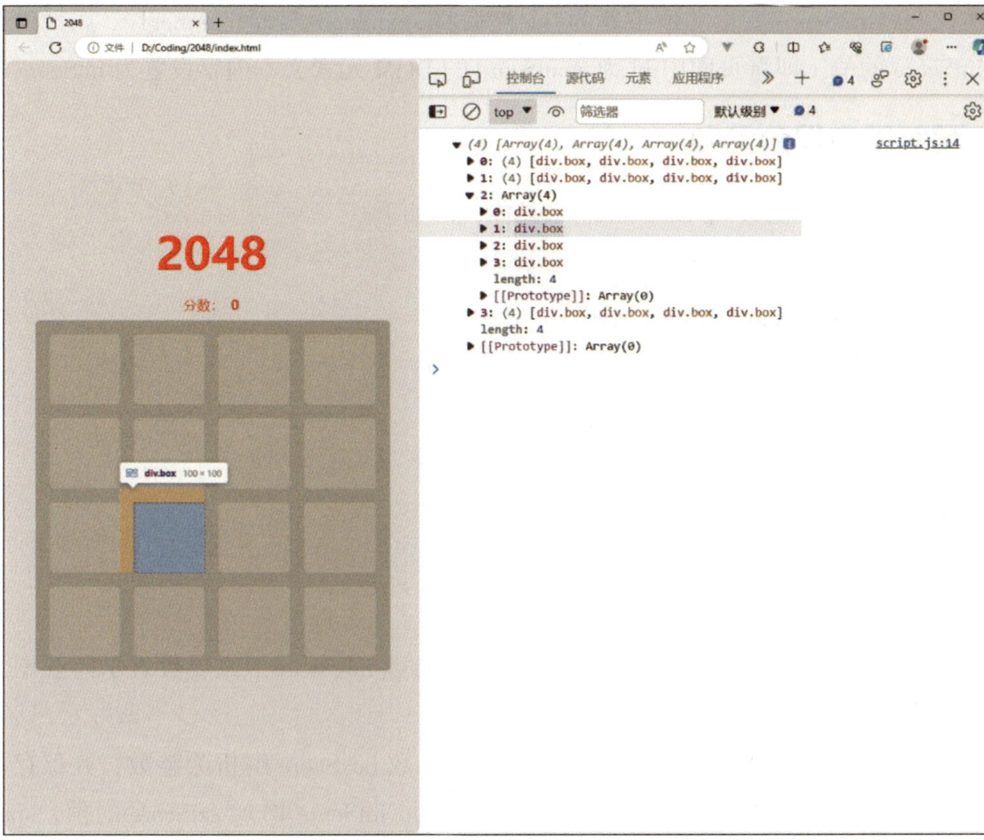

图 5-2-3　arrBoxes 变量的打印结果

四、开发基础功能函数

在“script.js”文件中开发游戏交互过程中需要的基础功能函数。

1. 清空用户得分函数

编写清空用户得分函数 resetScore( )，具体代码如下。

```
function resetScore( ) {
    intScore = 0;
    spanScore.innerText = intScore;
}
```

上述代码将 intScore 变量的值重置为 0，然后将 spanScore 变量的 innerText 属性设置为重置后的 intScore 的值（即将页面中 id 为 spanScore 的 DOM 元素文本内容设置为 intScore 的值）。

2. 更新用户得分函数

编写更新用户得分函数 updateScore( )，具体代码如下。

```
1    function updateScore(boxScore){
2        let getScore = parseInt(boxScore);
3        if (getScore > 0){
4            intScore += getScore;
5            spanScore.innerText = intScore;
6        }
7    }
```

上述代码的具体说明如下。

（1）第 1 行代码中 updateScore( ) 函数接收一个参数 boxScore，该参数表示需要增加的分数值。

（2）第 2～6 行代码先调用 parseInt( ) 函数，将参数 boxScore 解析为整数，并保存在变量 getScore 中。若 getScore 的值大于 0，则游戏得分变量 intScore 增加 getScore 的值，spanScore 变量的 innerText 属性变为增加后的 intScore 的值。

3. 清空所有方块内容函数

编写清空所有方块内容函数 resetArr( )，具体代码如下。

```
function resetArr( ) {
    for (let i=0; i<4; i++){
        for (let j=0; j<4; j++){
            arrBoxes[i][j].innerText = ' ';
        }
    }
}
```

上述代码遍历方块变量 arrBoxes 中的所有元素，将其文本内容设置为空字符串，即将 16 个方块 div 节点的内容全部清空。

4. 刷新所有方块样式函数

编写刷新所有方块样式函数 refreshAllBoxStyle( )，具体代码如下。

```
function refreshAllBoxStyle( ){
    for (let i=0; i<4; i++ ){
        for (let j=0; j<4; j++){
            let getValue = arrBoxes[i][j].innerText;
            switch (getValue ) {
                case '2':
                    arrBoxes[i][j].style.backgroundColor = 'var(--bgColor-2)';
                    break;
                case '4':
                    arrBoxes[i][j].style.backgroundColor = 'var(--bgColor-4)';
                    break;
                case '8':
                    arrBoxes[i][j].style.backgroundColor = 'var(--bgColor-8)';
                    break;
                case '16':
                    arrBoxes[i][j].style.backgroundColor = 'var(--bgColor-16)';
                    break;
                case '32':
                    arrBoxes[i][j].style.backgroundColor = 'var(--bgColor-32)';
                    break;
                case '64':
                    arrBoxes[i][j].style.backgroundColor = 'var(--bgColor-64)';
                    break;
                case '128':
                    arrBoxes[i][j].style.backgroundColor = 'var(--bgColor-128)';
                    break;
                case '256':
```

```
                arrBoxes[i][j].style.backgroundColor = 'var(--bgColor-256)';
                break;
            case '512':
                arrBoxes[i][j].style.backgroundColor = 'var(--bgColor-512)';
                break;
            case '1024':
                arrBoxes[i][j].style.backgroundColor = 'var(--bgColor-1024)';
                break;
            case '2048':
                arrBoxes[i][j].style.backgroundColor = 'var(--bgColor-2048)';
                break;
            default:
                arrBoxes[i][j].style.backgroundColor = 'var(--bgColor-cell)';
                break;
        }
        if (getValue == 2 || getValue == 4){
            arrBoxes[i][j].style.color = 'var(--txtColor-2-4)';
        }else{
            arrBoxes[i][j].style.color = '#ffffff';
        }
      }
    }
}
```

上述代码遍历方块变量 arrBoxes 中所有的 div 节点，将节点的 innerText 属性保存在 getValue 变量中，使用 switch 分支语法根据 getValue 的值分别设置每个 div 节点对应的背景颜色，并使用 if 分支语句，将 getValue 的值为 2 或 4 对应的 div 节点文字颜色设置为 CSS 变量 --txtColor-2-4 对应的值，其余 div 节点的文字颜色则设置为白色。

5. 判断方块是否已满函数

编写判断方块是否已满函数 checkIsFull()，具体代码如下。

```
function checkIsFull( ){
    let isFull = true;
    for (let i=0; i<4; i++){
        for (let j=0; j<4; j++){
            if (arrBoxes[i][j]. innerText== ""){
                isFull = false
            }
        }
    }
    return isFull;
}
```

上述代码定义一个布尔型变量 isFull，将其初始值设置为 true，随后遍历方块变量 arrBoxes 中所有的 div 节点，若有方块的文字内容为空字符串，则将 isFull 的值设置为 false。在遍历结束后，返回 isFull 的值，若返回值为 true，则表示所有方块已满，若为 false 则表示还有方块内容为空。

小提示：

checkIsFull( ) 函数每次被调用时都将完整遍历 16 个方块的内容，最终输出是否所有方块都已满的结果。实际上该函数还可以优化，其中一个优化思路为：在遍历 arrBoxes 数组时，只要找到一个内容为空的方块，即结束循环，直接返回 false。

6. 判断游戏是否结束函数

在游戏进行的过程中需要根据当前的方块状态判断游戏是否已经结束。游戏结束需要满足两个条件：一是所有方块已满，二是相邻的两个方块没有相同的值。因此，编写判断游戏是否结束函数 checkIsGameOver( )，具体代码如下。

```
function checkIsGameOver( ) {
    if (!checkIsFull( ))
        return false;
```

```
4        let isGameOver = true;
5        for (let m=0; m<3; m++){
6            for (let n=0; n<3; n++){
7                if (arrBoxes[m+1][n].innerText == arrBoxes[m][n].innerText || arrBoxes[m]
8    [n+1].innerText == arrBoxes[m][n].innerText){
9                    isGameOver = false;
10               }
11           }
12       }
13       for (let i = 0; i < 3; i++) {
14           if (arrBoxes[3][i].innerText == arrBoxes[3][i+1].innerText){
15               isGameOver = false;
16           }
17       }
18       return isGameOver;
19   }
```

上述代码的具体说明如下。

（1）第 2～3 行代码调用 checkIsFull( ) 函数判断方块是否已满，若返回 false，则直接退出本函数。

（2）第 4 行代码定义一个布尔型变量 isGameOver，将其初始值设置为 true。在函数体最后返回 isGameOver 变量的值。

（3）第 5～12 行代码从棋盘第 1 行第 1 列开始直到第 3 行第 3 列，循环取出方块的值，并将该值与下一行同一列方块的值，以及同一行下一列方块的值进行比较，只要存在相同的值，则将变量 isGameOver 的值设置为 false。

（4）第 13～17 行代码单独判断第 4 行是否存在相同的方块，若存在则将变量 isGameOver 的值设置为 false。

五、开发随机生成内容函数

根据游戏规则，在游戏开始时程序在所有的空白方块中随机选取两个方块设置其内容为 2

或 4；在游戏进行过程中，用户使用键盘移动方块后若还有空白的方块，程序将随机选取一个方块设置其内容为 2 或 4。

编写空白方块随机生成内容函数 makeRandomNumber( )，具体代码如下。

```
1  function makeRandomNumber(count = 1) {
2      if (checkIsFull( )){
3          return;
4      }
5      for(let t=0; t<count; t++){
6          let column = Math.floor(Math.random( ) * 4);
7          let row = Math.floor(Math.random( ) * 4);
8          let randomValue = 2;
9          let flag = Math.random( );
10         if(flag > 0.5){
11             randomValue = 4; }
12         if(arrBoxes[column][row].innerText == ""){
13             arrBoxes[column][row].innerText = randomValue;
14         }
15         else{
16             makeRandomNumber( );
17         }
18     }
19     refreshAllBoxStyle( );
20 }
```

上述代码的具体说明如下。

（1）第 1 行代码定义函数 makeRandomNumber( ) 接收的参数为 count = 1，表示需要随机选取几个空白方块生成内容，在不传入参数时，count 的值默认为 1。

（2）第 2～4 行代码调用判断方块是否已满函数 checkIsFull( )，若返回值为 true 则表示没有空白的方块，结束本函数。

（3）第 5～18 行代码根据 count 的值进行循环，每次循环随机生成 0～3 之间的整数来赋值给列变量 column 与行变量 row。

（4）第 8 行代码定义内容变量 randomValue，设定其初始值为 2。

（5）第 9～11 行代码定义随机数变量 flag，当其值大于 0.5 时，将 randomValue 的值设置为 4。

（6）第 12～17 行代码判断 arrBoxes[column][row] 元素的文本内容，若其为空则填入 randomValue 的值。否则使用 makeRandomNumber( ) 语句递归调用自身函数，直至找到空白方块并填入文本后，再继续循环。

（7）第 19 行代码调用 refreshAllBoxStyle( ) 函数刷新所有方块的样式。

六、开发初始化游戏函数

在载入页面或重新开始游戏时，需要清空用户得分、清空所有方块内容、随机生成两个方块的内容、刷新所有方块样式。因此需定义初始化游戏的函数，具体代码如下。

```
function initGame( ) {
    resetScore( );
    resetArr( );
    makeRandomNumber(2);
}
```

上述代码实现了以下操作：

（1）调用 resetScore( ) 函数清空用户得分。

（2）调用 resetArr( ) 函数清空所有方块内容。

（3）调用 makeRandomNumber( ) 函数并传入 2 作为参数，在所有的空白方块中随机选取两个方块设置其内容为 2 或 4。

完成初始化游戏函数 initGame( ) 的开发后，在“script.js”文件中使用以下代码调用该函数。

```
initGame( );
```

保存文件，在浏览器中预览“index.html”页面，显示内容如图 5–2–4 所示。该图包含 3 次刷新页面后分别显示的内容。由于 makeRandomNumber(2) 函数为随机选择两个空白方块并写入 2 或 4 的值，所以每次初始化页面将随机生成游戏初始状态，增加了游戏的趣味性。

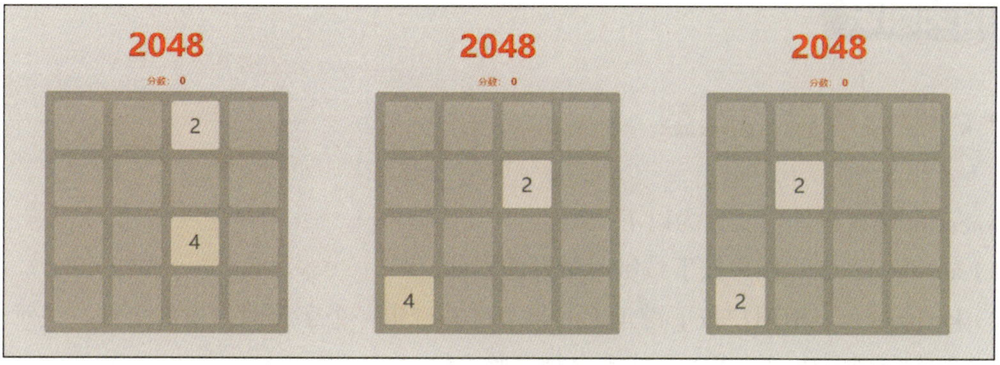

图 5-2-4　初始化游戏页面显示内容

任务 3　开发游戏交互

学习目标

1. 熟练使用 switch 分支语句。
2. 能监听用户的键盘输入事件。

任务描述

本任务主要内容是监听用户的键盘输入事件，并使用 switch 语句根据用户按下的键调用相应的处理函数。

相关知识

一、键盘事件的类型

JavaScript 键盘事件主要分为以下三类。

（1）keydown：表示用户按下按键时触发的事件。

（2）keypress：表示用户按下键盘上的某个键并产生一个字符时触发的事件。注意，某些特殊键（如方向键、功能键等）可能不会触发此事件。

（3）keyup：表示用户按下键盘上的某个键而后松开时触发的事件。

二、键盘事件的监听

当用户按下键盘上的某个键时，window.onkeydown 函数会被触发，这个函数可以执行需要的操作，示例代码如下。

```
window.onkeydown = event => {
    var keyCode = event.keyCode;
    if (keyCode == 13) {
        alert(' 您按下了 Enter 键！');
    }
};
```

上述代码通过 event.keyCode 获取到按下的键的键码，并将其保存到变量 keyCode 中，然后判断 keyCode 的值，若其值为 13（表示 Enter 键的键码），则弹窗显示“您按下了 Enter 键！”。

三、按键信息的获取

获取按键信息可以通过 event.key 和 event.keyCode 两种方法实现，两者都表示键盘事件的属性，其不同之处为：event.key 描述的是按键的文本表示，如字母、数字、功能键等；而 event.keyCode 描述的是按键的键码，如 Enter 键的键码为 13，空格键的键码为 32，以此类推。常用按键的 keyCode 与 key 对应表见表 5-3-1。

表 5-3-1　常用按键的 keyCode 与 key 对应表

按键	keyCode	key
Enter 键	13	“Enter”
空格键	32	“ ”
左键	37	“ArrowLeft”
上键	38	“ArrowUp”
右键	39	“ArrowRight”
下键	40	“ArrowDown”
数字 0 ～ 9 键	48 ～ 57	0 ～ 9
字母 a ～ z 键	65 ～ 90	a ～ z

任务实施

一、实现键盘事件监听

在“script.js”文件中编写键盘事件监听函数，具体代码如下。

```
window.onkeydown = e => {
    if (checkIsGameOver( )) {
        doGameOver( );
        return;
    }
    switch (e.key) {
        case 'ArrowUp':
            goUp( );
            makeRandomNumber( );
            break;
        case 'ArrowRight':
```

```
12              goRight( );
13              makeRandomNumber( );
14              break;
15          case 'ArrowDown':
16              goDown( );
17              makeRandomNumber( );
18              break;
19          case 'ArrowLeft':
20              goLeft( );
21              makeRandomNumber( );
22              break;
23          default:
24              break;
25      }
26  }
```

在上述代码中，当用户按下键盘的任一按键后将触发键盘监听函数 window.onkeydown，按键信息作为参数 e 被传入，其函数体中代码的说明如下。

（1）第 2 ~ 5 行代码调用 if 语句判断游戏是否结束，若返回 true 则表示游戏已结束，调用处理游戏结束的自定义函数 doGameOver( )，然后退出键盘监听函数。

（2）若游戏尚未结束，则第 6 ~ 25 行代码使用 switch 分支语句根据 e.key 的值分别处理键盘上、右、下、左四个按键被按下时的事件，对应调用自定义函数 goUp( )、goRight( )、goDown( )、goLeft( ) 执行方块向指定方向移动的事件。在每次完成对应事件后，调用随机生成内容函数 makeRandomNumber( ) 在空白方块中随机选取一个方块设置其内容为 2 或 4。

小提示：

此处 switch 分支语句根据 e.key 进行分支判断，因此对应 case 的值都是目标按键的文本表示。若采用另一种方式，根据 e.keyCode 进行分支判断，则对应 case 的值为目标按键的键码。在项目开发过程中可根据项目的实际情况灵活应用这两种判断方式。

二、实现逻辑处理函数

在键盘事件监听函数中调用了多个自定义函数，以下为各自定义函数的说明。

1. 处理游戏结束事件函数

首先调用 checkIsGameOver( ) 函数，若返回 true 则说明已满足游戏结束的条件，此时调用自定义函数 doGameOver( ) 对游戏结束事件进行处理，具体代码如下。

```
function doGameOver( ) {
    let retUserConfirm = confirm(" 游戏结束，是否开始下一盘？");
    if (retUserConfirm){
        initGame( );
    }
}
```

上述代码调用用于弹出确认对话框的函数 confirm( )，并传入提示文字。当用户在对话框中单击“确认”按钮后，程序调用初始化游戏函数 initGame( ) 重新开始游戏。

2. 方块向上移动函数

当用户按下键盘上的向上键时，程序将调用 goUp( ) 函数，具体代码如下。

```
function goUp( ){
    for (let row=0; row<3; row++){
        for (let column=0; column<4; column++){
            if (arrBoxes[row][column].innerText == '' && arrBoxes[row+1][column].innerText != "" ){
                arrBoxes[row][column].innerText = arrBoxes[row+1][column].innerText;
                arrBoxes[row+1][column].innerText = "";
                goUp( );
            }
            else if(arrBoxes[row][column].innerText != ""  && arrBoxes[row][column].innerText == arrBoxes[row+1][column].innerText ){
```

```
10                arrBoxes[row][column].innerText = 2 * arrBoxes[row][column].innerText;
11                arrBoxes[row+1][column].innerText = "";
12                updateScore(arrBoxes[row][column].innerText)
13            }
14        }
15    }
16 }
```

上述代码按照从第 1 行到第 3 行的顺序，遍历每行每列的方块，分不同的情况处理向上移动事件。

（1）在第 4 ~ 8 行代码中，若当前方块内容为空，且其下一行同一列的方块内容不为空，则将下一行同一列方块内的值写入当前方块，并将下一行同一列方块内容清空，然后递归调用 goUp( ) 函数。

（2）在第 9 ~ 13 行代码中，若当前方块内容不为空且与其下一行同一列的方块内容相同，则将当前方块内的值乘以 2，并将下一行同一列方块内容清空，然后调用更新用户得分函数 updateScore( )。

3. 方块向下移动函数

当用户按下键盘上的向下键时，程序将调用 goDown( ) 函数，具体代码如下。

```
function goDown( ) {
    for (let row = 3; row > 0; row--) {
        for (let column = 0; column < 4; column++) {
            if (arrBoxes[row][column].innerText == '' && arrBoxes[row - 1][column].innerText != "") {
                arrBoxes[row][column].innerText = arrBoxes[row - 1][column].innerText;
                arrBoxes[row - 1][column].innerText = "";
                goDown( );
            }
            else if (arrBoxes[row][column].innerText != "" && arrBoxes[row][column].innerText == arrBoxes[row - 1][column].innerText) {
                arrBoxes[row][column].innerText = 2 * arrBoxes[row][column].innerText;
```

```
                arrBoxes[row - 1][column].innerText = "";
                updateScore(arrBoxes[row][column].innerText)
            }
        }
    }
}
```

上述代码的实现逻辑与 goUp( ) 函数类似，只是改为按照从第 4 行到第 2 行的顺序进行遍历。

4. 方块向右移动函数

当用户按下键盘上的向右键时，程序将调用 goRight( ) 函数，具体代码如下。

```
function goRight( ) {
    for (let row = 0; row < 4; row++) {
        for (let column = 3; column > 0; column--) {
            if (arrBoxes[row][column].innerText == "" && arrBoxes[row][column - 1].innerText != "") {
                arrBoxes[row][column].innerText = arrBoxes[row][column - 1].innerText;
                arrBoxes[row][column - 1].innerText = "";
                goRight( );
            }
            else if (arrBoxes[row][column].innerText != "" && arrBoxes[row][column].innerText == arrBoxes[row][column - 1].innerText) {
                arrBoxes[row][column].innerText = 2 * arrBoxes[row][column].innerText;
                arrBoxes[row][column - 1].innerText = "";
                updateScore(arrBoxes[row][column].innerText)
            }
        }
    }
}
```

上述代码按照从第 3 列到第 1 列的顺序，遍历每行每列的方块，分不同的情况处理向右移动事件。

（1）在第 4 ~ 8 行代码中，若当前方块内容为空，且其同一行上一列的方块内容不为空，则将同一行上一列方块内的值写入当前方块，并将同一行上一列方块内容清空，然后递归调用 goRight( ) 函数。

（2）在第 9 ~ 13 行代码中，若当前方块内容不为空且与其同一行上一列的方块内容相同，则将当前方块内的值乘以 2，并将同一行上一列方块内容清空，然后调用更新用户得分函数 updateScore( )。

5. 方块向左移动函数

当用户按下键盘上的向左键时，程序将调用 goLeft( ) 函数，具体代码如下。

```
function goLeft( ) {
    for (let row = 0; row < 4; row++) {
        for (let column = 0; column < 3; column++) {
            if (arrBoxes[row][column].innerText == "" && arrBoxes[row][column + 1].innerText != "") {
                arrBoxes[row][column].innerText = arrBoxes[row][column + 1].innerText;
                arrBoxes[row][column + 1].innerText = "";
                goLeft( );
            }
            else if (arrBoxes[row][column].innerText != "" && arrBoxes[row][column].innerText == arrBoxes[row][column + 1].innerText) {
                arrBoxes[row][column].innerText = 2 * arrBoxes[row][column].innerText;
                arrBoxes[row][column + 1].innerText = "";
                updateScore(arrBoxes[row][column].innerText)
            }
        }
    }
}
```

上述代码的实现逻辑与 goRight( ) 函数类似，只是改为按照从第 1 列到第 3 列的顺序进行遍历。

三、项目测试与代码提交

在完成页面所有布局与功能的开发工作后，刷新项目并进行整体测试，包括测试页面在不同浏览器中的显示是否正确，所有的键盘交互、游戏逻辑处理是否正确等，然后按照要求提交代码。

项目六　使用 Vue 框架开发企业门户网站

假设你是某科技公司的前端开发工程师，该科技公司负责新版企业门户网站的开发项目。该网站主要介绍公司服务内容，展示公司产品案例，也可以让客户在网站上提交 IT 服务需求，由运营部门人员在后台查看客户需求并跟进服务。该网站的 UI 效果图已经完成，网站的首页、“产品介绍”页面和“联系我们”页面的设计效果如图 6-0-1 至图 6-0-3 所示。需要你根据项目需求与 UI 效果图完成该企业门户网站的前端开发工作，并在测试完成后将代码提交至 Git 仓库。

网站的 3 个页面均包含相同的页头、页脚内容。单击首页页头导航链接可跳转至相应页面，“产品介绍”页面动态渲染显示产品列表内容，“联系我们”页面可供用户填写相关内容，单击“发送”按钮后，页面脚本将获取并展示用户输入的表单内容。

若根据传统的开发思路，本项目可以使用原生的 HTML+CSS+JavaScript 开发，但通过分析项目需求和 UI 效果图可知，本项目涉及多个组件的重复调用，并且后期可能存在新增或修改网站页面等迭代开发的需求。因此，本项目更适合使用前端框架（Front-end Framework）技术来高效地实现项目需求，并为后续迭代开发提供更坚实的基础。本项目将使用前端框架中主流的 Vue 框架技术进行开发，它提供了一套声明式的、组件化的编程模型，可帮助开发人员高效地开发前端界面。

本项目将通过搭建 Vue 开发环境、创建企业门户项目、定义与使用 Vue 组件、开发首页页面、开发“产品介绍”页面、开发“联系我们”页面等任务，使用 Vue 框架开发企业门户网站。其中，需要实现的功能包括以下内容。

（1）在任务 1 中，安装和配置 Vue 框架开发和运行所需的 Node.js 环境，安装 Vue CLI 工具，为后期创建 Vue 项目做好准备。

（2）在任务 2 中，使用 Vue CLI 工具创建项目，并使用 npm 命令启动该项目，按项目 UI 设计效果图的要求创建项目所需页面，并配置对应的路由。

（3）在任务 3 中，根据项目需求创建所有页面共用的页脚组件，并在根组件“App.vue”文件中使用该组件。

（4）在任务 4 中，按照图 6-0-1 所示的首页的设计效果进行开发，完整的页面包括页头、页脚、页面主体上方的 Banner、“特色服务”“最新资讯”和“服务流程”模块等部分。

（5）在任务 5 中，按照图 6-0-2 所示的“产品介绍”页面的设计效果进行开发，定义一个产品案例数组，使用 v-for 指令实现动态列表渲染。

（6）在任务 6 中，按照图 6-0-3 所示的“联系我们”页面的设计效果进行开发。

图 6-0-1　首页的设计效果

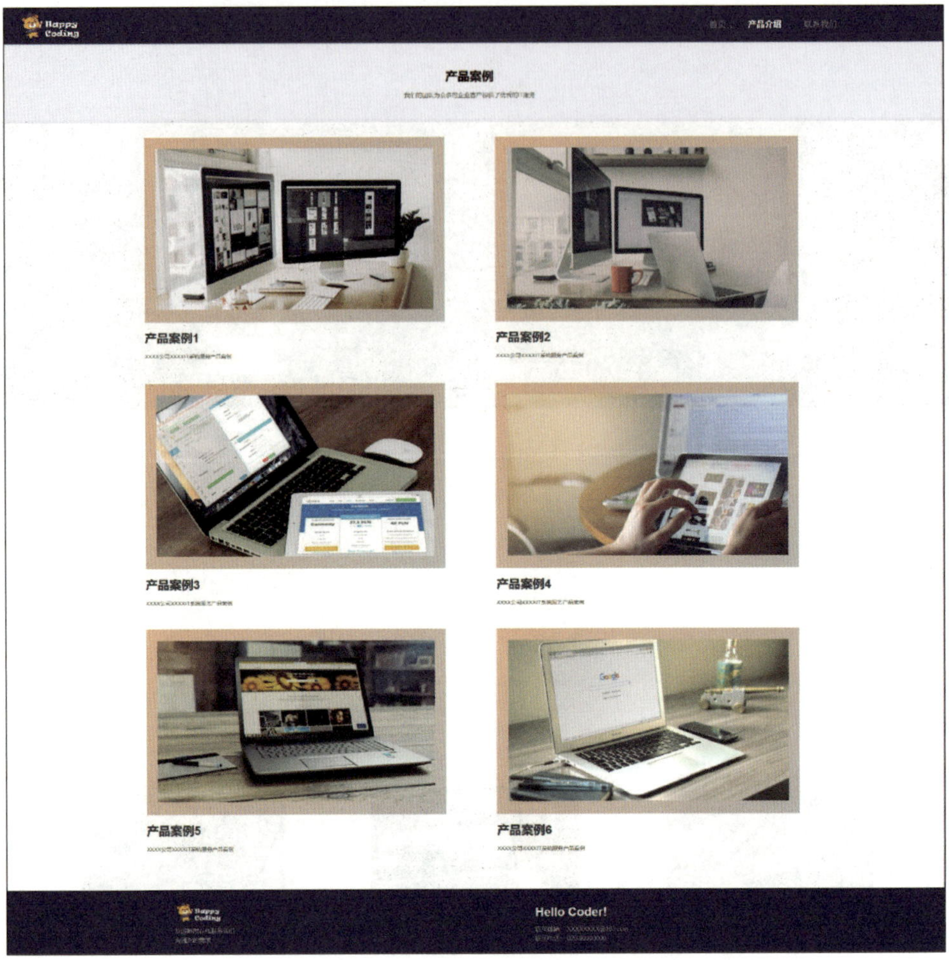

图 6-0-2 “产品介绍”页面的设计效果

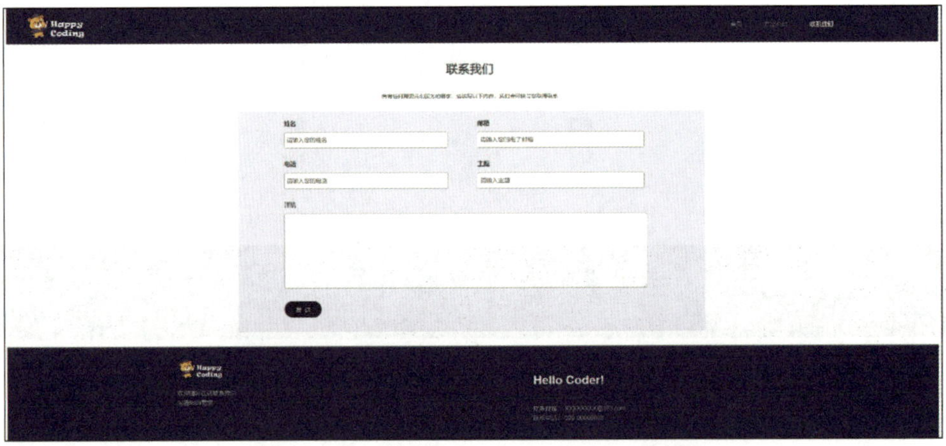

图 6-0-3 “联系我们”页面的设计效果

任务 1　搭建 Vue 开发环境

学习目标

1. 了解前端框架的概念。
2. 了解 Vue 框架的特点。
3. 了解 MVVM 软件架构设计模式。
4. 能使用 Vue CLI 工具创建 Vue 项目。

任务描述

本任务的内容主要是安装和配置 Vue 框架开发和运行所需的 Node.js 环境，安装 Vue CLI 工具，为后期创建 Vue 项目做好准备。

相关知识

一、前端框架

1. 前端框架的特点

前端框架是一种为了简化和加速前端开发而创建的工具、库和软件系统。它提供了一套结构、规范和工具，用于组织、管理和展示 UI 元素，并协助开发人员构建交互性高、可维护且具有良好用户体验的网页或应用程序。

前端框架主要包含以下组成部分。

（1）模板引擎（Template Engine）

模板引擎用于定义和渲染 UI 的布局和内容，它可以将数据动态地绑定到界面上，实现数据与视图的同步更新。

（2）组件系统（Component System）

组件系统提供了一种组织、复用和分割 UI 的方法。将界面拆分成独立的组件，可以更好地管理代码，提高代码的可维护性和重用性。组件系统包括路由管理（Routing Management）、状态管理（State Management）、构建工具（Build Tools）和响应式设计（Responsive Design）。

2. 前端框架的种类

（1）Vue 框架

Vue（发音为 /vju:/）框架是一款用于构建 UI 的 JavaScript 框架。它基于标准 HTML、CSS 和 JavaScript 构建，并提供了一套声明式的、组件化的编程模型，能帮助开发人员高效地开发 UI。无论是构建简单还是复杂的界面，Vue 框架都可以胜任。Vue 框架的官方网站为 https://cn.vuejs.org/，Vue 框架的图标如图 6-1-1 所示。

（2）React 框架

React 框架是用于构建 UI 的 JavaScript 库，其核心理念是将 UI 分解成一系列可复用的组件，每个组件负责渲染页面上的某一部分，且各个组件可以独立更新而不影响其他部分。这种模块化的结构使代码更易于理解和维护。React 框架使用 JSX（一种 JavaScript 的语法扩展）来编写组件，允许在同一个文件中混合 HTML 标签和 JavaScript 代码，从而用更直观的方式来描述页面布局及其行为。React 框架的官方网站为 https://react.dev/，其图标如图 6-1-2 所示。

图 6-1-1　Vue 框架的图标

图 6-1-2　React 框架的图标

（3）AngularJS 框架

AngularJS 框架诞生于 2009 年，由 Misko Hevery 等人创建，是一款构建 UI 的前端框架，后为谷歌（Google）公司所收购。AngularJS 框架是一个应用设计框架与开发的平台，用于创建高效、复杂、精致的单页面应用，通过新的属性和表达式扩展 HTML，实现一套框架适用于多种平台、移动端和桌面端。AngularJS 框架有着诸多特性，其中，最为核心的是 MVVM、模块化、自动化双向数据绑定、语义化标签、依赖注入等。Angular 框架的图标如图 6-1-3 所示。

图 6-1-3　Angular 框架的图标

二、MVVM 架构设计模式

MVVM（Model-View-ViewModel）是一种软件架构设计模式，也是一种简化 UI 的事件驱动编程方式。其中，Model 为数据层，是各种业务逻辑处理和数据操控的部分，包含 POJO 结构；View 为视图层，指前端 UI，主要由 HTML 和 CSS 构成；ViewModel 为视图数据层，是数据层与视图层的桥梁，实现了数据与视图的分离。

在 MVVM 架构设计模式下，Model 和 View 之间没有直接的联系，而是通过 ViewModel 进行交互，View 数据的变化会同步到 ViewModel 上，ViewModel 对数据的操作也会立即反映到 View 上。ViewModel 发起异步请求通知 Model 对数据进行处理，Model 就将数据的处理结果回传给 ViewModel。MVVM 模式的结构如图 6-1-4 所示。

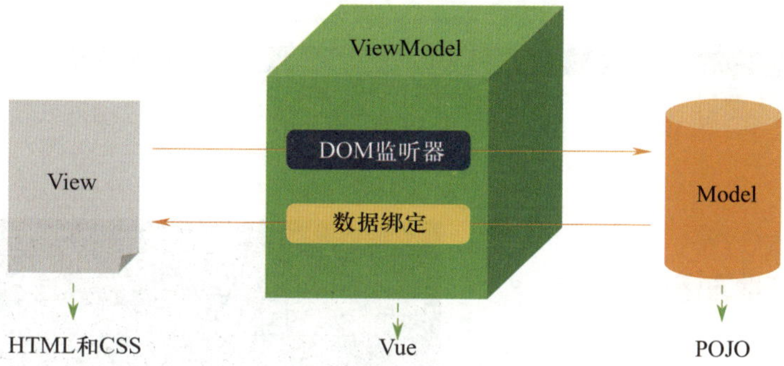

图 6-1-4　MVVM 模式的结构

小提示：

POJO（Plain Old JavaScript Object）是由一组键值对组成的数据结构，不包含任何特殊的方法或函数。

任务实施

在创建 Vue 项目之前，需要安装项目创建和运行所需的 Node.js 环境与 Vue CLI 工具。

一、安装 Node.js 环境

Node.js 是一个开源的、跨平台的 JavaScript 运行环境，它可以使 JavaScript 在服务器端运行。它提供了一组用于开发 Web 服务器和其他网络应用的工具和库，让 JavaScript 成为与 PHP、Python、Perl、Ruby 等服务端语言平起平坐的脚本语言。

安装 Node.js 环境的步骤如下。

（1）在 Node.js 官网（https://nodejs.org/）下载对应版本的安装包，Node.js 下载页面如图 6-1-5 所示。

图 6-1-5　Node.js 下载页面

（2）下载完成后，双击安装包进行安装。在安装过程中可根据情况选择 Node.js 的安装目录，其余选项均使用默认配置即可。

（3）安装完成后，查看 Node 与 npm 的版本，以确认安装是否成功。

打开 Windows 命令行窗口，输入查看 Node 版本的命令并执行，代码如下。

```
node -v
```

若 Node.js 已被成功安装，则命令行窗口将显示 Node.js 的版本号，如图 6-1-6 所示。

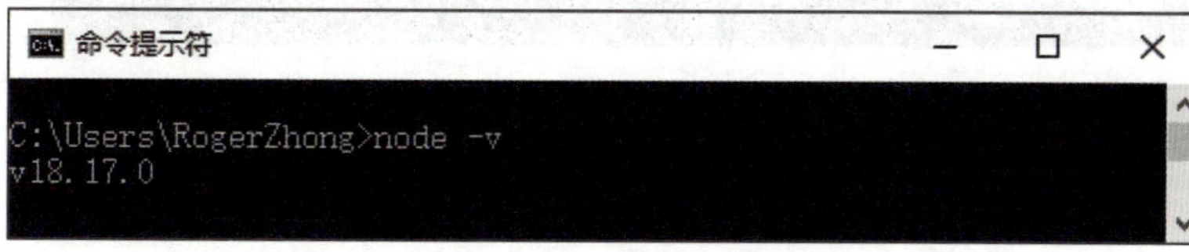

图 6-1-6　Node.js 的版本号

在命令行窗口中输入查看 npm 版本的命令并执行，代码如下。

```
npm -v
```

命令行窗口将显示 npm 的版本号，如图 6-1-7 所示。

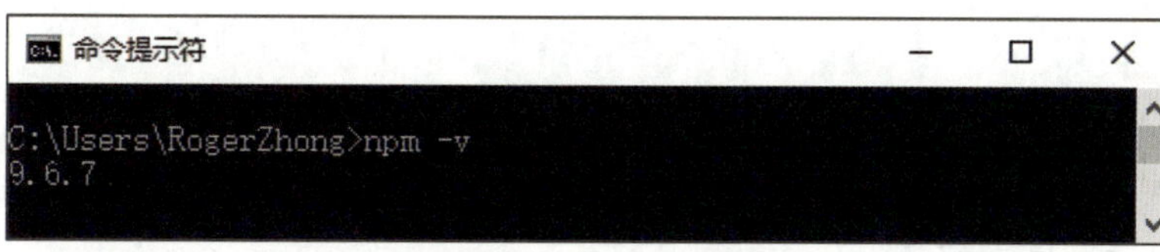

图 6-1-7　npm 的版本号

二、安装 Vue CLI 工具

Vue CLI 是一个用于快速搭建和管理 Vue 项目的命令行工具。它提供了一套交互式的脚手架，可帮助开发人员快速搭建 Vue 项目的基础结构，并提供了大量可选的插件和工具，简化了项目配置和开发的流程，还提供了方便的指令来运行开发服务器、构建生产版本、运行测试等常用任务。

在成功安装了 Node.js 与 npm 后，可在命令行中输入以下 npm 命令来安装 Vue CLI 工具：

```
npm install -g @vue/cli
```

安装完成后，在命令行窗口中输入查看 Vue CLI 工具版本号的命令并执行，代码如下。

```
vue/cli -V
```

安装成功后，命令行窗口将显示 Vue CLI 工具的版本号，如图 6-1-8 所示。

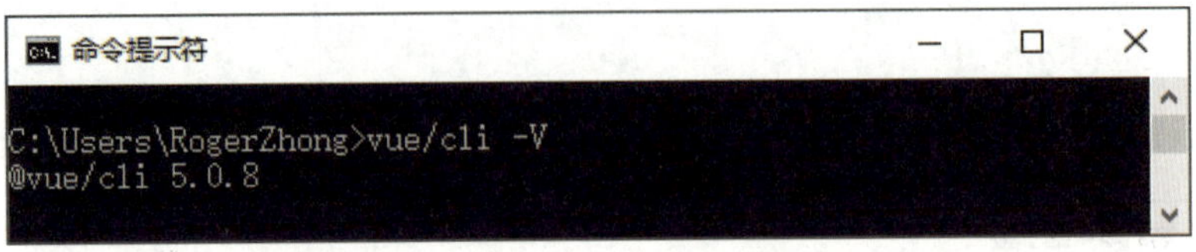

图 6-1-8 Vue CLI 工具的版本号

任务 2 创建企业门户项目

学习目标

1. 了解单文件组件的特点。
2. 了解 Vue 项目目录结构。
3. 能创建自定义页面。
4. 能配置自定义路由。

任务描述

本任务主要内容是使用 Vue CLI 工具创建项目，并使用 npm 命令启动该项目，按项目 UI 设计效果图的要求创建项目所需页面，并配置对应的路由。

相关知识

一、Vue Router 的核心概念和功能

Vue Router 是 Vue.js 官方提供的路由器，用于在 Vue 应用中实现单页面应用（Single Page Application，SPA）的路由功能，它允许开发人员通过定义路由规则和组件映射来管理不同 URL 路径的渲染。Vue Router 具有以下核心概念和功能。

1. 路由器的实例

创建一个 Vue Router 实例可初始化路由器。路由器实例可以与 Vue 根实例进行关联，并作为 Vue 应用的插件使用。

2. 路由的规则

路由规则由路径和对应的组件组成，使用路由规则可定义 URL 路径与组件之间的关系。例如，可以定义一个路径为“/home”的规则，将其映射至 Home 组件。

3. 路由的视图

在 Vue 组件中定义路由视图的区域，可渲染与当前 URL 路径匹配的组件，可使用标签来展示匹配到的组件。

4. 路由的导航

通过路由链接或编程式导航，可以在应用程序中的不同页面之间进行导航。可以使用标签创建带有路由链接的导航菜单，也可以使用编程式导航函数进行导航。

5. 路由的参数

在路由规则中定义动态参数，可以根据不同参数的值加载相应的组件。参数可以通过路由 URL 的占位符来进行定义，如“/user/:id”，其中“:id”为动态参数。

6. 路由的嵌套

创建嵌套的路由结构，可在父级路由组件内部定义子级路由规则和视图，这种方式可以

实现更复杂的应用程序导航和页面结构。

Vue Router 为 Vue 应用程序提供了强大的路由管理功能，使开发人员可以构建复杂的单页面应用。同时，它提供了简单而直观的 API，易于学习和使用，并且与 Vue 生态系统无缝集成，是构建 Vue 应用的重要组成部分。

二、Vue Router 的模式

Vue Router 在创建路由器实例时，有 Hash（音译为哈希）模式和历史模式两种模式。

1. Hash 模式

在 Hash 模式下，URL 看起来类似于"http://example.com/#/route"，其中，哈希标记"#"后面的部分被视为路由器的状态，"#/route"部分被称为哈希路径。浏览器不会将哈希路径发送到服务器，因此可以在前端应用中进行路由状态管理，而不会引起页面刷新。它适用于单页面应用程序、需要兼容性和简单部署的场景。然而，它的 URL 友好性和对搜索引擎优化（Search Engine Optimization，SEO）的影响在正式使用时是需要被考虑的，并且它无法直接定位到页面的特定状态。

2. 历史模式

在历史模式下，URL 中不包含"#"符号，例如，"https://example.com/user/id"。该模式使用浏览器的 History API 来管理路由状态，这意味着 URL 看起来更加友好和清晰，类似于常规网站的 URL 结构，支持 SEO 和服务端渲染。在使用历史模式时，需要服务器配置来正确处理针对路由的请求，以便在服务器端正确地重定向到相应的页面。

三、单文件组件

Vue 组件是 Vue.js 框架中的核心概念之一，它允许将页面拆分成各个独立的、可复用的模块，每个模块都有自己的模板、样式和逻辑。Vue 组件由三部分组成，分别为模板（Template）、脚本（Script）和样式（Style）。

单文件组件（Single File Component，SFC）是 Vue.js 框架中的一种组织和编写 Vue 组件的方式，它将模板、脚本和样式组合在一个单独的文件中，以提高组件的可读性和可维护性。

1. 模板

模板定义组件的结构和布局，是 HTML5 中的一个元素，用于在文档中定义可复用的 HTML 模板。

2. 脚本

脚本定义组件的行为和逻辑，用于组件的数据、计算属性、方法等的定义，以及与组件相关的任何逻辑的定义。

3. 样式

样式定义组件的外观。可以在单文件组件中封装和管理组件的样式，使样式与组件的结构和行为紧密相连，提高组件的可维护性和可复用性。除了直接编写 CSS 规则，还可以使用预处理器进行样式的编写，并在单文件组件中引用预处理器中的语法和功能。

<style> 标签中的样式默认为全局样式，可以使用 scoped 属性来限定该样式仅作用于当前组件的模板部分，这个特性被称为样式作用域，例如：

未使用 scoped 属性时，所有的 h1 标签都将被设置为绿色。

```
<style>
    h1 { color: #0f0; }
</style>
```

使用了 scoped 属性时，仅当前单页面组件的 h1 标签被设置为绿色，其他组件的 h1 标签不受影响。

```
<style scoped>
    h1 { color: #0f0; }
</style>
```

四、Vue 项目资源文件目录

在 Vue.js 项目中，“assets”目录和“public”目录为两个常用目录，它们都可用于存放静态资源文件，但在使用方式和功能等方面有所区别，“assets”目录和“public”目录的区别见表 6-2-1。

表 6-2-1 “assets”目录和“public”目录的区别

区别类型	“assets”目录	“public”目录
项目	一般位于 Vue 项目的“src”目录下，即 src/assets	一般位于 Vue 项目的根目录下，即“public”目录
功能	用于存放项目中需要经过构建处理的静态资源，如图像、样式表、字体文件等	用于存放不需要经过构建处理的静态资源，如 HTML、favicon.ico、不需打包的第三方库等
使用	资源文件通常被引入到 Vue 组件中，通过相对路径进行引用，如 ../assets/images/logo.png	资源文件在项目中可直接通过绝对路径进行引用（如 /favicon.ico），会被原封不动地复制到输出目录（通常是 dist 目录）中
构建处理	在项目构建过程中，资源会被打包、压缩和优化，最终生成带有哈希值的文件名，并被放置到输出目录（通常是 dist 目录）中	静态资源不会被 Webpack 等构建工具处理，而是会被原样复制到输出目录中

在 Vue 项目开发时，需要使用哪个目录取决于静态资源是否需要经过构建处理——若资源需要被打包、压缩和优化，可将其放在“assets”目录中；若资源不需要被构建处理或需要保持原有目录结构，则可将其放在“public”目录中。

任务实施

一、创建 Vue 项目

1. 执行创建 Vue 项目命令

在开发目录下执行创建 Vue 项目的命令，项目名称为 co_site_vue，具体代码如下。

```
vue create co_site_vue
```

小提示：

（1）Windows 命令行工具默认在 C 盘用户目录下执行命令，所以项目也将自动创建在该目录下。在实际开发中，需要自行选择在合适的目录下执行创建项目命令。

（2）创建的项目名称中不能有大写字母，否则会出现如图 6-2-1 所示的创建项目报错界面。

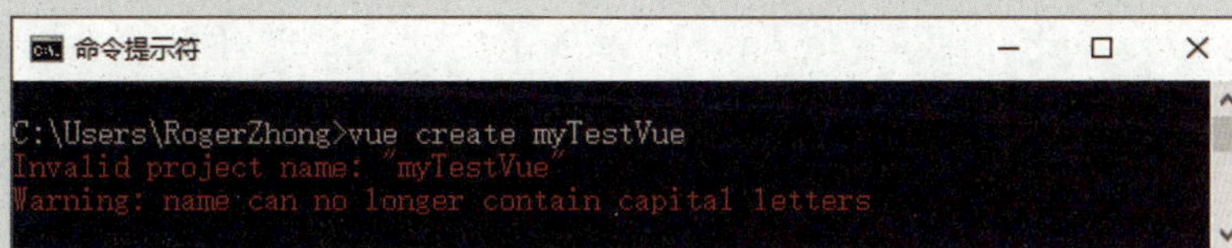

图 6-2-1　创建项目报错界面

2. 选择项目预设选项

在项目预设选择界面中，使用键盘的上、下键选中“Manually select features”并按 Enter 键确认，进行手动配置。项目预设选择界面如图 6-2-2 所示。

图 6-2-2　项目预设选择界面

3. 选择项目配置

在项目配置选择界面中，使用键盘的上、下键移动，并通过空格键切换选中或取消选中状态，选择 Babel 和 Router 选项，如图 6-2-3 所示。

图 6-2-3 中各选项的简介如下。

（1）Babel：一个 JS 编译器（JavaScript Compiler），主要用于将 ECMAScript 2015+ 代码转换为 JavaScript 向后兼容版本的代码。

（2）TypeScript：一种由微软公司开发的开源编程语言，是 JavaScript 的超集。

（3）Progressive Web App（PWA）：渐进式 Web 应用，是一个使用 Web 平台技术构建的应用程序。

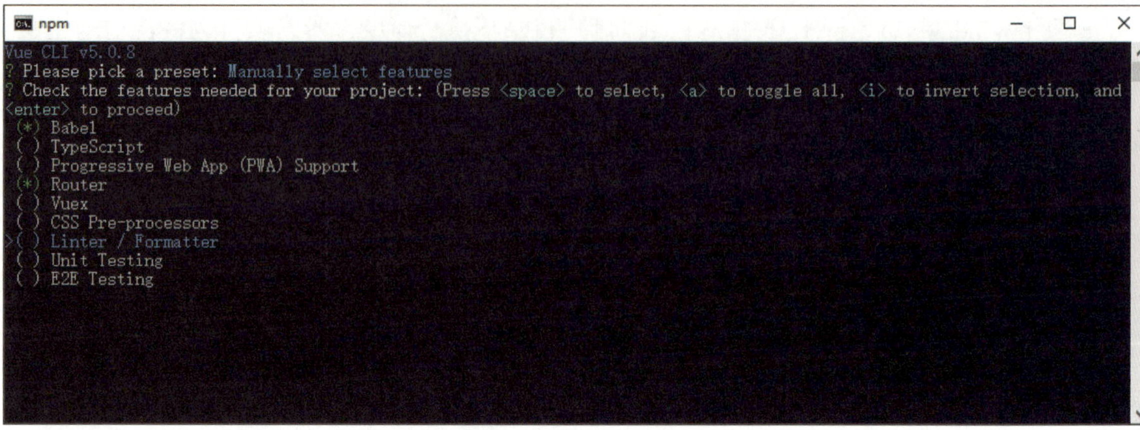

图 6-2-3　选择 Babel 和 Router 选项

（4）Router：Vue.js 官方提供的路由器。

（5）Vuex：Vue.js 官方提供的状态管理模式和库。

（6）CSS Pre-processors：CSS 预处理器，通过预处理器自己独有的语法来生成 CSS 的程序。

（7）Linter/Formatter：用于代码规范和风格的工具。

（8）Unit Testing：单元测试，可以对程序的最小可测试单元（通常是一个函数或方法）进行测试，从而验证这些最小单元的行为是否符合预期。

（9）E2E Testing：端到端测试（End-to-End Testing），可用于验证整个应用程序的各个组件和功能的集成。

小提示：

在项目配置选择页面中，可以根据项目的需求选择对应的配置，也可以在项目工程中随时添加或删除指定的配置。选择配置的操作方式如下。

（1）使用键盘的上、下键移动到对应的配置上。

（2）使用空格键切换选中或取消选中状态。

（3）按 A 键设置所有配置为选中或取消选中状态。

（4）按 I 键翻转所有配置的选中状态。

4. 选择 Vue 版本

在选择 Vue.js 版本界面中，选择使用 Vue 3.x 的版本。选择 Vue.js 版本界面如图 6-2-4 所示。

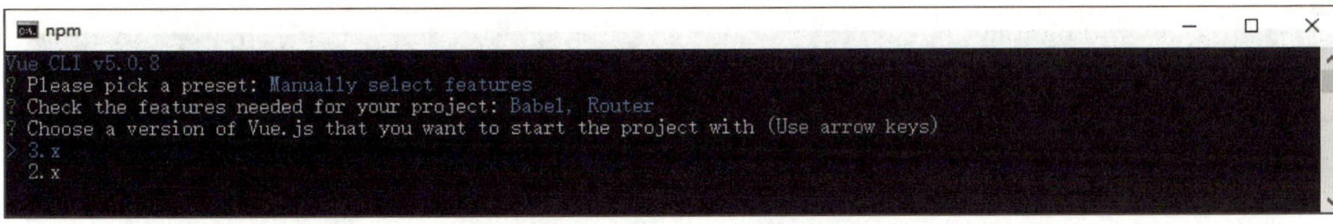

图 6-2-4　选择 Vue.js 版本界面

5. 配置历史模式

选择历史模式界面中会询问是否使用 Router 的历史模式。在本项目中，不使用历史模式，所以输入 n，然后按 Enter 键确认。选择历史模式界面如图 6-2-5 所示。

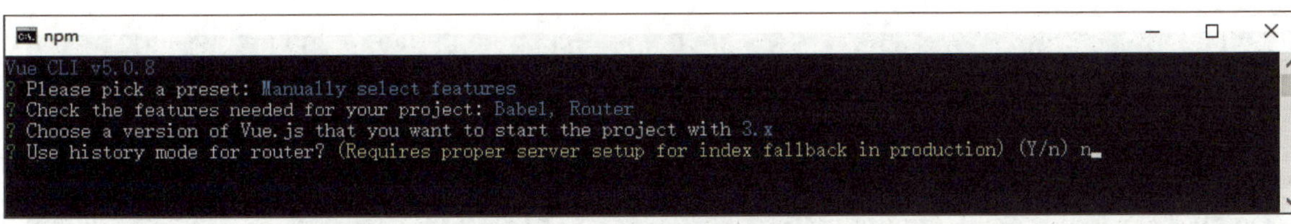

图 6-2-5　选择历史模式界面

6. 选择 Babel、ESLint 配置文件的保存方式

在设置项目配置文件界面中，选择默认的选项“In dedicated config files”，将配置写在专用的配置文件中。设置项目配置文件界面如图 6-2-6 所示。

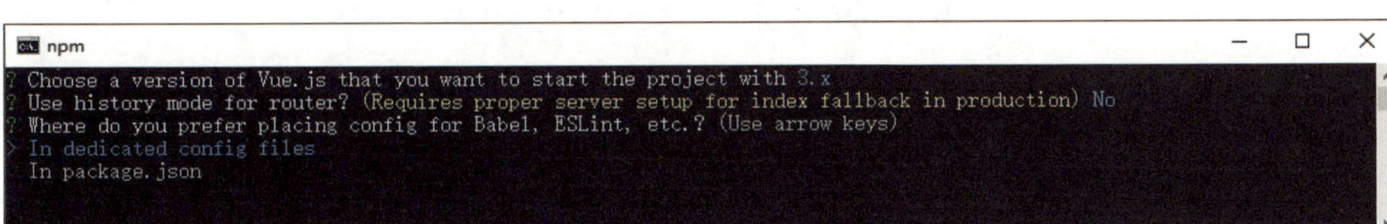

图 6-2-6　设置项目配置文件界面

7. 选择是否保存预设

若将上述选项保存为自定义配置选项，在下次新建项目时则可以直接选择该选项，生成

一个相同配置的新项目。此处若想不将其保存，则在图 6-2-7 所示界面中，直接按 Enter 键，选择默认的“N”选项。

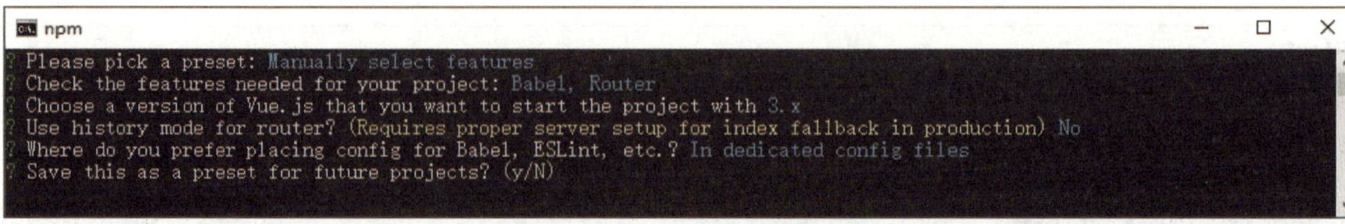

图 6-2-7　选择是否保存预设界面

8. 启动项目

在项目创建完成后，将显示 Vue CLI 项目创建完成界面，如图 6-2-8 所示。

图 6-2-8　Vue CLI 项目创建完成界面

在命令行窗口中输入命令，进入新创建的 co_site_vue 项目目录，具体代码如下。

```
cd co_site_vue
```

然后，输入启动项目的 npm 命令，具体代码如下。

```
npm run serve
```

在项目启动成功后，将显示项目启动成功界面，如图 6-2-9 所示。

图 6-2-9　项目启动成功界面

9. 访问项目

使用浏览器访问 http://localhost:8080/（本地访问）或 http://192.168.1.2:8080/（网络访问），项目在浏览器中显示的内容如图 6-2-10 所示。

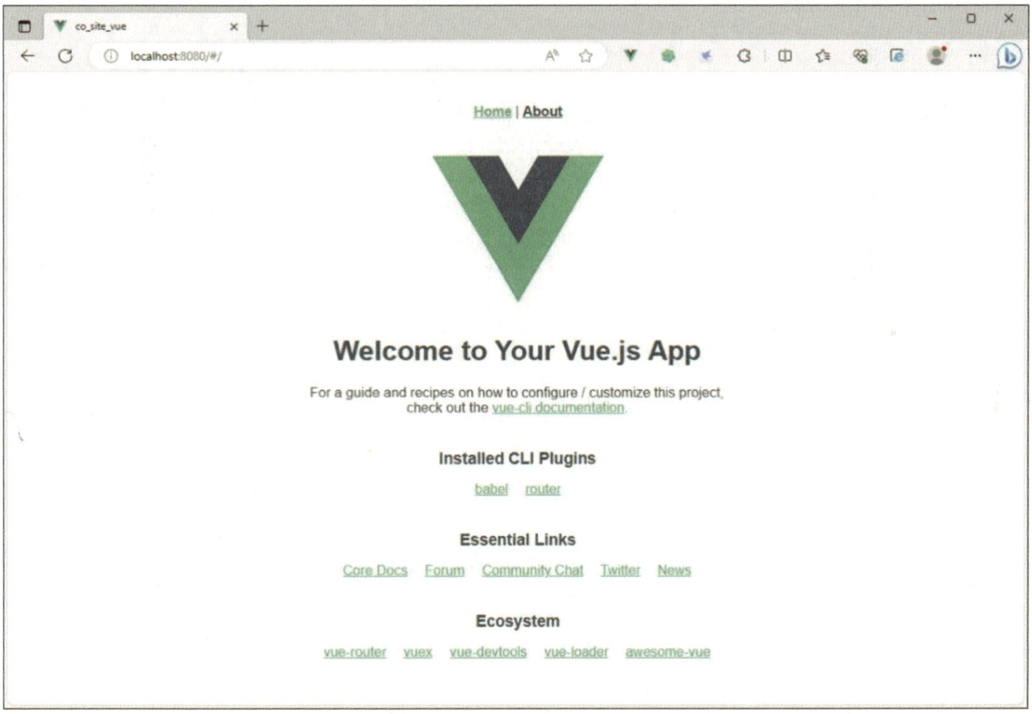

图 6-2-10　项目在浏览器中显示的内容

小提示：

Vue 框架具有渐进式的特点，如果项目较简单，页面的数量也较少，可以直接通过内容分发网络（Content Delivery Network，CDN）或本地引入 Vue.js 文件；如果项目较复杂，需要使用 Vue 框架的更多功能，如组件、路由、状态管理等，就可以使用 Vue CLI 等工具来创建一个功能更为丰富的 Vue 项目。

二、分析项目目录与文件

在开发工具（如 VS Code 等）中打开“co_site_vue”项目文件夹，项目目录结构如下。

```
node_modules
├─── vue
├─── babel-loader
├─── vue-router
└─── ...
public
├─── index.html
└─── favicon.ico
src
├─── assets
│    └─── logo.png
├─── components
│    └─── HelloWorld.vue
├─── router
│    └─── index.js
├─── views
│    ├─── AboutView.vue
│    └─── HomeView.vue
├─── App.vue
├─── main.js
.browserslistrc
```

```
.gitignore
babel.config.js
jsconfig.json
package.json
package-lock.json
README.md
vue.config.js
```

其中，各目录和文件的简介如下。

1.“node_modules”目录

```
node_modules
├── vue
├── babel-loader
├── vue-router
└── ...
```

“node_modules”是项目依赖模块目录，通常用于存放 Node.js 项目的依赖模块。当使用 npm 或 yarn 等包管理器安装项目的依赖模块时，这些依赖模块将会被下载并存放在“node_modules”目录下。

2.“public”目录

```
public
├── index.html
└── favicon.ico
```

“public”是静态文件资源目录，用于存放静态资源文件，如“index.html”“favicon.ico”和一些全局资源。与其他文件夹相比，“public”目录中的文件在构建项目时会被直接拷贝到构建目录中，而不会经过 webpack 的处理。

对“public”目录中文件内容的展开说明如下。

（1）“index.html”文件

“index.html”文件是 Vue.js 应用程序的入口 HTML 文件，它负责定义页面的基本结构，加载 Vue.js 相关的文件，并挂载 Vue 实例。

在“index.html”文件中定义了图标文件链接，具体代码如下。

```
<link rel="icon" href="<%= BASE_URL %>favicon.ico">
```

以上代码使用 <%=BASE_URL%> 指向项目的基本 URL。它在 Vue 配置文件“vue.config.js”中定义，通常用于构建和部署阶段。在默认情况下，BASE_URL 是一个空字符串，默认指向根目录，可以根据具体项目要求在“vue.config.js”文件中配置需要的 BASE_URL。

在“index.html”文件中定义了页面标题链接，具体代码如下。

```
<title><%= htmlWebpackPlugin.options.title %></title>
```

在以上代码中，htmlWebpackPlugin.options.title 的值取决于其在项目信息配置文件“package.json”中定义的值，默认为创建项目时的项目名称。若需要修改自定义的页面标题，可以修改“package.json”文件中 name 字段的值，然后重新编译项目。

在“index.html”文件中定义了 Vue 根容器，具体代码如下。

```
<div id="app"></div>
```

根容器指 Vue 实例挂载的根元素，它是 Vue.js 应用的顶层容器，Vue 将会控制和管理这个容器中的内容。

在典型的 Vue.js 应用中，定义一个通用的块级容器 div 节点，通过指定其 id 属性为 app，可为其创建一个唯一的标识符，以便在 JavaScript 中将 Vue 实例挂载到它上面。根据具体项目需求，也可以使用 <section>、<main> 或其他 HTML 元素作为根容器。

小提示：

在 Vue 项目的入口文件“main.js”中，会通过 id 选择器 #app 来指定在“index.html”文件中定义的根容器，并将创建的 Vue 实例挂载在其之上。

（2）“favicon.ico”文件

“favicon.ico”是网站的图标文件，显示在浏览器的标签页和书签中，其显示效果如图 6-2-11 所示。

若需要使用自定义网站图标，则可以替换“favicon.ico”文件或在“index.html”文件中修改图标文件链接，然后刷新页面即可。

（3）其他文件

根据项目需要，可以将其他静态资源放在“public”目录中，如第三方的 JavaScript 库、CSS 样式表或字体文件等。

图 6-2-11　网站图标显示效果

3. “src” 目录

```
src
├── assets
│   └── logo.png
├── components
│   └── HelloWorld.vue
├── router
│   └── index.js
├── views
│   ├── AboutView.vue
│   └── HomeView.vue
├── App.vue
├── main.js
```

“src” 是项目的源代码目录，用于存放原始代码文件，其文件内容的展开说明如下。

（1）“assets” 目录

“assets” 目录用于存放静态资源文件，如图片、样式表、字体文件等。在 “assets” 目录下可以创建 “images” “ styles” “fonts” 等子目录来存放不同类型的静态资源文件。

（2）“components” 目录

“components” 目录用于存放 Vue 组件文件，可以更好地组织和管理组件，并能更轻松地进行引用和导入。当需要在 Vue 模板中使用某个组件时，只需简单地从 “components” 目录中导入，并通过标签形式在模板中使用。

本项目将定义多个组件（如页头、页脚等），并在需要的地方调用它们。Vue 组件使开发人员能够以模块化和可复用的方式来构建应用程序，提高了代码的可维护性和可复用性。组合和嵌套多个组件，可以构建出复杂的用户界面，并且每个组件都可以独立于其他组件进行开发和测试。

（3）“router”目录

“router”目录用于存放与路由相关的文件，如路由配置、路由守卫和路由组件等。在初始化项目后，此目录中会默认创建一个“index.js”文件，该文件定义了默认的路由配置数据，开发人员可按照项目的需求进行自定义设置。

“index.js”文件的原始代码如下。

```
1   import { createRouter, createWebHashHistory } from 'vue-router'
2   import HomeView from '../views/HomeView.vue'
3   const routes = [
4       {
5           path: '/',
6           name: 'home',
7           component: HomeView
8       },
9       {
10          path: '/about',
11          name: 'about',
12          component: () => import('../views/AboutView.vue')
13      }
14  ]
15  const router = createRouter({
16      history: createWebHashHistory(),
17      routes
18  })
19  export default router
```

上述代码的具体说明如下。

1）第 1 行代码通过 import 语句从 vue-router 中引入了 createRouter() 和 createWebHashHistory()

函数。

2）第 2 行代码引入 Home 视图组件，并将其命名为 HomeView。

3）第 3 ~ 14 行代码定义一个 routes 数组，其中包含了各个路由的配置项。每个路由对象都包含 path、name 和 component 属性，path 表示路由的访问路径，name 为该路由的名称，component 为该路由对应的视图组件。

Home 组件应直接通过 import 方式进行导入，About 组件则使用懒加载方式（lazy-loaded），即只有对应路由被访问时才执行加载。

4）第 15 ~ 18 行代码使用 createRouter( ) 函数创建一个路由实例，由于本项目选择不使用历史模式，而是使用 Hash 模式，所以此时的 history 选项值为 createWebHashHistory( ) 函数。这样，配置的路由实例可以使用浏览器的历史记录实现路由导航。

5）第 19 行代码将路由实例通过 export default 导出，以便在应用程序的入口文件中导入并使用该实例。

（4）"views" 目录

"views" 目录通常用于存放页面级别的组件，即应用程序的视图组件。这些视图组件通常用于展示具体的页面内容，它们可能由多个在 "components" 目录中定义的组件组成，以实现特定的页面布局和交互逻辑。

Vue CLI 在创建项目时，默认生成 "HomeView.vue" 和 "AboutView.vue" 两个页面组件。开发人员可根据项目需求在 "views" 目录中创建和管理自己需要的页面。

（5）"App.vue" 文件

"App.vue" 是 Vue.js 项目中的根组件，也是单文件组件，它被用于定义应用程序的整体结构和布局，可以包含模板标签 <template>、样式标签 <style> 和脚本标签 <script>。

默认创建的 "App.vue" 文件的代码如下。

```
<template>
    <nav>
        <router-link to="/">Home</router-link> |
        <router-link to="/about">About</router-link>
    </nav>
    <router-view/>
</template>
<style>
```

```
9    #app {
10       font-family: Avenir, Helvetica, Arial, sans-serif;
11       -webkit-font-smoothing: antialiased;
12       -moz-osx-font-smoothing: grayscale;
13       text-align: center;
14       color: #2c3e50;
15   }
16   nav {
17     padding: 30px;
18   }
19   nav a {
20     font-weight: bold;
21     color: #2c3e50;
22   }
23   nav a.router-link-exact-active {
24     color: #42b983;
25   }
26   </style>
```

上述代码的具体说明如下。

1）第 1 ~ 7 行代码的模板标签 <template> 中，包含一个 <nav>HTML5 导航标签，<nav> 标签中定义了使用 <router-link> 组件创建的 Home 与 About 两个链接。<router-link> 组件是一个用于在 Vue.js 项目中定义导航链接的特殊组件，它通过路由的方式实现页面之间的切换和导航。

2）第 6 行代码写入了一个 <router-view> 标签，它是一个通过使用 Vue Router 插件提供的功能来实现的特殊标签，用于在 Vue.js 项目中渲染当前活动路由组件。当用户访问 Home 链接时，<router-view> 标签的内容就显示 Home 组件对应的内容。同理，当用户访问 About 链接时就显示 About 组件对应的内容。

3）第 8 ~ 26 行代码的样式标签 <style> 中，设置了一些公用的基础样式，以及 <nav> 标签的 a 链接样式。其中，nav a.router-link-exact-active 是 Vue Router 提供的一个特殊的 CSS 类名，用于设置当前激活路由的样式。

（6）“main.js”文件

“main.js”文件是应用程序的入口文件，在该文件中可进行全局配置和初始化等操作。文件原始代码如下。

```
1 import { createApp } from 'vue'
2 import App from './App.vue'
3 import router from './router'
4 createApp(App).use(router).mount('#app')
```

上述代码的具体说明如下。

1）第 1 ~ 3 行代码导入 Vue 所需的组件和插件。

2）第 4 行代码使用 createApp(App) 创建一个应用实例，然后使用 use(router) 将路由插件添加到应用程序实例中，并使用 mount('#app') 将应用程序实例挂载到 id 为 app 的 DOM 元素上（该 DOM 元素在“public”目录下的“index.html”文件中已被定义）。

4. “.browserslistrc”文件

“.browserslistrc”是用于指定项目目标浏览器的配置文件，文件原始代码如下。

```
> 1%
last 2 versions
not dead
not ie 11
```

其中，>1% 表示支持全球使用率超过 1% 的浏览器，last 2 versions 表示支持最近的两个浏览器版本，not dead 表示排除那些已经停止维护和开发的浏览器版本，如旧版本的 Internet Explorer（IE）等，not ie 11 表示排除 IE11 浏览器。

5. “.gitignore”文件

“.gitignore”是用于指定 Git 忽略哪些文件和文件夹的配置文件。在提交代码时，Git 会根据“.gitignore”文件中的规则来决定哪些文件将被忽略，不纳入版本控制。“.gitignore”文件的格式简单，每行表示一个规则，内容可以是文件路径、文件夹路径、匹配模式等，其中，以“/”开头表示根目录，以“/”结尾表示文件夹路径。

6. “babel.config.js”文件

“babel.config.js”是 Babel 的配置文件，用于指定 Babel 的转译规则和插件。

7. “jsconfig.json”文件

“jsconfig.json”是用于配置 JavaScript 项目的 .json 格式的文件，它提供了用于 JavaScript 项目中的语言服务功能和编译选项的配置。通常在一个大型 JavaScript 项目中，使用编辑器来提供智能代码补全、语法检查、导航等功能是非常有用的。“jsconfig.json”文件可以帮助编辑器了解项目结构和配置信息，并提供更好的智能工具支持。

8. “package.json”文件

“package.json”文件用于描述 JavaScript 项目的元数据和依赖项信息，它是 Node.js 项目管理的重要文件之一，包含项目的名称、版本号、脚本命令和依赖项等信息。

9. “package-lock.json”文件

“package-lock.json”是一个由 npm 自动生成的文件。当使用 npm install 命令安装依赖包时，npm 会根据“package.json”文件中的依赖信息下载并安装所需的包，并生成一个“package-lock.json”文件。

“package-lock.json”文件用于确保在不同的环境中安装相同版本的依赖项，它位于项目的根目录下，记录了当前项目中所有依赖模块的精确版本和依赖关系树，通常不建议直接手动编辑它。若需要更新依赖项的版本，应在“package.json”文件中手动修改版本号，并运行 npm install 命令来生成新的“package-lock.json”文件。

10. “vue.config.js”文件

“vue.config.js”是用于 Vue.js 项目的配置文件，它可以自定义 Vue CLI 的配置。

三、创建自定义页面

根据本项目需求，为创建首页、“产品介绍”页面和“联系我们”页面，在“views”目录下分别创建 3 个单文件组件，在这 3 个文件中，先写入模板标签 <template> 和对应的页面名称，在后续的开发工作中，再根据需要加入脚本标签 <script> 和样式标签 <style>。

1. 创建“IndexView.vue”文件

在“views”目录下创建“IndexView.vue”文件，具体代码如下。

```
<template>
    <h1> 首页 </h1>
</template>
```

2. 创建“ProductsView.vue”文件

在“views”目录下创建“ProductsView.vue”文件，具体代码如下。

```
<template>
    <h1> 产品介绍页面 </h1>
</template>
```

3. 创建“ContactView.vue”文件

在“views”目录下创建“ContactView.vue”文件，具体代码如下。

```
<template>
    <h1> 联系我们页面 </h1>
</template>
```

4. 整理“views”目录

在 3 个文件创建完成后，将“views”目录中由 Vue CLI 自动创建的“HomeView.vue”与“AboutView.vue”两个文件删除，最后得到“views”目录，如图 6-2-12 所示。

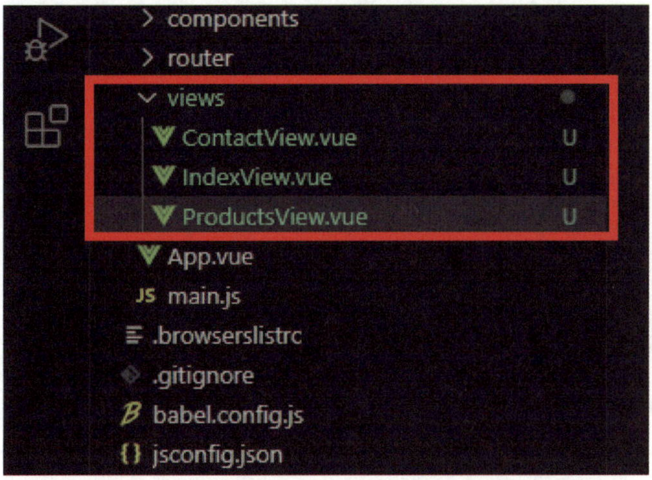

图 6-2-12　删除两个文件后的“views”目录

四、配置自定义路由

在创建项目时，Vue CLI 自动创建了 Home 和 About 两个页面组件，并自动在 Router 中创建了这两个组件对应的路由。因此，在删除这两个页面组件后，要对 Router 路由配置进行相应修改。

打开“router”目录下的“index.js”文件，文件的原始代码如下。

```
1   import { createRouter, createWebHashHistory } from 'vue-router'
2   import HomeView from '../views/HomeView.vue'
3   const routes = [
4       {
5           path: '/',
6           name: 'home',
7           component: HomeView
8       },
9       {
10          path: '/about',
11          name: 'about',
12          component: ( ) => import('../views/AboutView.vue')
13      }
14  ]
15  const router = createRouter({
16      history: createWebHashHistory( ),
17      routes
18  })
19  export default router
```

1. 修改导入的组件

将第 2 行代码中导入“HomeView.vue”组件的代码修改为导入“IndexView.vue”组件，并将其命名为 IndexView，作为默认首页使用。

2. 修改路由数组 routes

（1）将默认首页的 '/' 指向“IndexView”组件，并定义 name 为“'index'”。

（2）删除“'/about'”路径元素。

（3）新增“'/products'”“'/contact'”两个路径元素，使用懒加载方式引入组件。

修改后的“index.js”文件的具体代码如下。

```
import { createRouter, createWebHashHistory } from 'vue-router'
import IndexView from '../views/IndexView.vue'
const routes = [
    {
        path: '/',
        name: 'index',
        component: IndexView
    },
    {
        path: '/products',
        name: 'products',
        component: ( ) => import('../views/ProductsView.vue')
    },
    {
        path: '/contact',
        name: 'contact',
        component: ( ) => import('../views/ContactView.vue')
    }
]
const router = createRouter({
    history: createWebHashHistory( ),
    routes
})
export default router
```

五、更新“App.vue”文件

在完成项目页面组件定义并配置好相应路由后，即可在“App.vue”文件中将 <router-link> 标签修改为指向对应页面的组件。

打开“App.vue”文件，修改 <nav> 标签中的导航链接，具体代码如下。

```
1  <template>
2      <nav>
3          <router-link to="/"> 首页 </router-link> |
4          <router-link to="/products"> 产品介绍 </router-link> |
5          <router-link to="/contact"> 联系我们 </router-link>
6      </nav>
7      <router-view/>
8  </template>
```

在上述代码的第 3 ~ 5 行，分别将 3 个 <router-link> 标签设置为指向 3 个页面组件的链接。

六、刷新并访问项目

重新启动或刷新项目后，访问 http://localhost:8080/ 或 http://192.168.0.103:8080/，在浏览器中显示的首页内容如图 6-2-13 所示。

图 6-2-13　浏览器中显示的首页内容

单击“产品介绍”链接和“联系我们”链接，浏览器中显示的内容分别如图 6-2-14 和图 6-2-15 所示。

图 6-2-14　“产品介绍”链接对应网页内容

图 6-2-15　“联系我们”链接对应网页内容

任务 3　定义与使用 Vue 组件

学习目标

1. 熟悉 Vue 组件。
2. 了解 Vue Setup 语法糖。
3. 能创建和使用自定义组件。

任务描述

本任务主要内容是根据项目需求创建所有页面共用的页脚组件，并在根组件“App.vue”文件中使用该组件。

相关知识

一、Vue 组件

组件（component）是 Vue 框架最强大的功能之一。组件的作用是封装可复用的代码，它允许人们将界面划分为独立的、可复用的部分，并且可以对每部分进行单独的处理。通常一个组件就是一个功能体，可以很方便地在多个地方调用这个功能体。

Vue 组件和嵌套 HTML 元素的方式类似，开发人员可以在每个组件内封装自定义内容与逻辑，Vue 能很好地配合原生 WebComponent。

1. 组件的定义

一般情况下，Vue 组件会定义在一个单独的“*.vue”文件中，此文件被称为单文件组件。

【例 6-3-1】定义一个计数器组件，并将其保存在“ButtonCounter.vue”文件中。

参考代码如下。

```
<template>
    <button @click="count++">You clicked me {{ count }} times.</button>
</template>
<script setup>
    import { ref } from 'vue'
    const count = ref(0)
</script>
```

2. 组件的使用

若在父组件中导入上述例题中的计数器组件，这个组件将会以默认导出的形式被暴露给外部，具体代码如下。

```
<script setup>
    import ButtonCounter from './ButtonCounter.vue'
</script>
<template>
    <h1>Here is a child component!</h1>
    <ButtonCounter />
</template>
```

组件可以被复用任意次，具体代码如下。

```
<template>
<h1>Here is a child component!</h1>
<ButtonCounter />
<ButtonCounter />
<ButtonCounter />
</template>
```

在上述代码中，每当单击不同的按钮时，各个组件都维护着自己的状态，是不同的 counter，这是因为每使用一个组件就创建了一个新的实例。

3. Props 属性的传递

如果开发人员正在构建一个博客，可能需要一个表示博客文章的组件。开发人员希望所有的博客文章共享相同的视觉布局，但包含不同的内容。要实现这样的效果，必须向组件中传递数据，如每篇文章的标题和内容。这时，就会使用到 Props。

Props 是一种特别的属性，它可以在组件上声明注册。若要传递给博客文章组件一个标题，则必须在组件的 Props 列表中声明它。这里要用到 defineProps 宏，其具体代码如下。

```
<script setup>
    defineProps(['title'])
</script>
```

```
<template>
    <h4>{{ title }}</h4>
</template>
```

defineProps 是一个仅 <script setup> 语法中可用的编译宏命令，并不需要被显式地导入。一个组件可以有任意多个 Props，在默认情况下，Props 都接受任意类型的值，声明的 Props 会被自动暴露给模板。defineProps 宏会返回一个对象，其中包含了可以传递给组件的所有 Props，具体代码如下。

```
const props = defineProps(['title'])
```

当 Props 被注册后，可以按自定义属性的形式传递数据给它，具体代码如下。

```
<template>
<BlogPost title="My journey with Vue" />
<BlogPost title="Blogging with Vue" />
<BlogPost title="Why Vue is so fun" />
</template>
```

二、Setup 语法糖

Vue 框架中的 <script setup> 语法是在单文件组件中使用组合式 API 的编译时语法糖（Syntactic sugar）。当同时使用单文件组件与组合式 API 时，默认推荐该语法。相比于普通的 <script> 语法，< script setup > 语法糖具有以下优势。

（1）更少的样板内容，更简洁的代码。

（2）能够使用纯 TypeScript 声明 Props 和自定义事件。

（3）更好的运行时性能（其模板会被编译成同一作用域内的渲染函数，避免了上下文代理对象的渲染）。

（4）良好的 IDE 类型推导性能（减少服务器从代码中抽取类型的工作）。

小提示：

语法糖是英国计算机科学家彼得·约翰·兰达（Peter J. Landin）发明的术语，指计算机语言中添加的一种对底层语法进行封装和简化的语法。语法糖对语言的功能没有影响，但更便于程序员使用，并能提高代码的可读性和编程效率。

1. 基本语法

要启用该语法，需要在 <script> 代码块上添加 setup 属性，具体代码如下。

```
<script setup>
    console.log('hello script setup')
</script>
```

2. 顶层绑定的使用

当使用 <script setup> 语法时，任何在 <script setup> 标签内声明的顶层绑定（包括变量、函数声明，以及 import 导入的内容）都能在模板中直接被使用，具体代码如下。

```
<script setup>
    const msg = 'Hello!'          // 变量
    function log( ) {             // 函数
        console.log(msg)
    }
</script>
<template>
    <button @click="log">{{ msg }}</button>
</template>
```

3. 响应式

响应式状态需要明确使用响应式 API 来创建。与 setup( ) 函数的返回值一样，在模板中使用 ref 时会自动解包，具体代码如下。

```
<script setup>
    import { ref } from 'vue'
    const count = ref(0)
</script>
<template>
    <button @click="count++">{{ count }}</button>
</template>
```

4. 组件的使用

<script setup> 标签内的值也能被直接作为自定义组件的标签名使用，具体代码如下。

```
<script setup>
    import MyComponent from './MyComponent.vue'
</script>
<template>
    <MyComponent />
</template>
```

任务实施

一、导入项目图片资源

1. 导入网站图标

将素材文件夹中的“con_icon.ico”图标复制到项目的“public”目录中，并删除该目录中创建项目时自动添加的“favicon.ico”文件，图标导入后的“public”目录结构和新图标预览效果如图 6–3–1 所示。

打开“public”目录下的“index.html”文件，将标签上的 rel="icon" 属性的值指向新图标，具体代码如下。

```
<link rel="icon"  href="<%= BASE_URL %>co_icon.ico">
```

在刷新页面后，网站图标就自动修改为导入的“*.ico”文件，效果如图 6–3–2 所示。

2. 导入项目 Logo 图片

本项目网站在页面中使用特定的 Logo 图片，在“public”目录中新建“images”目录，然后将素材文件夹中的“co_logo.png”图片复制到项目的“images”目录中，图片导入后的“public”目录结构和新 Logo 预览效果如图 6–3–3 所示。

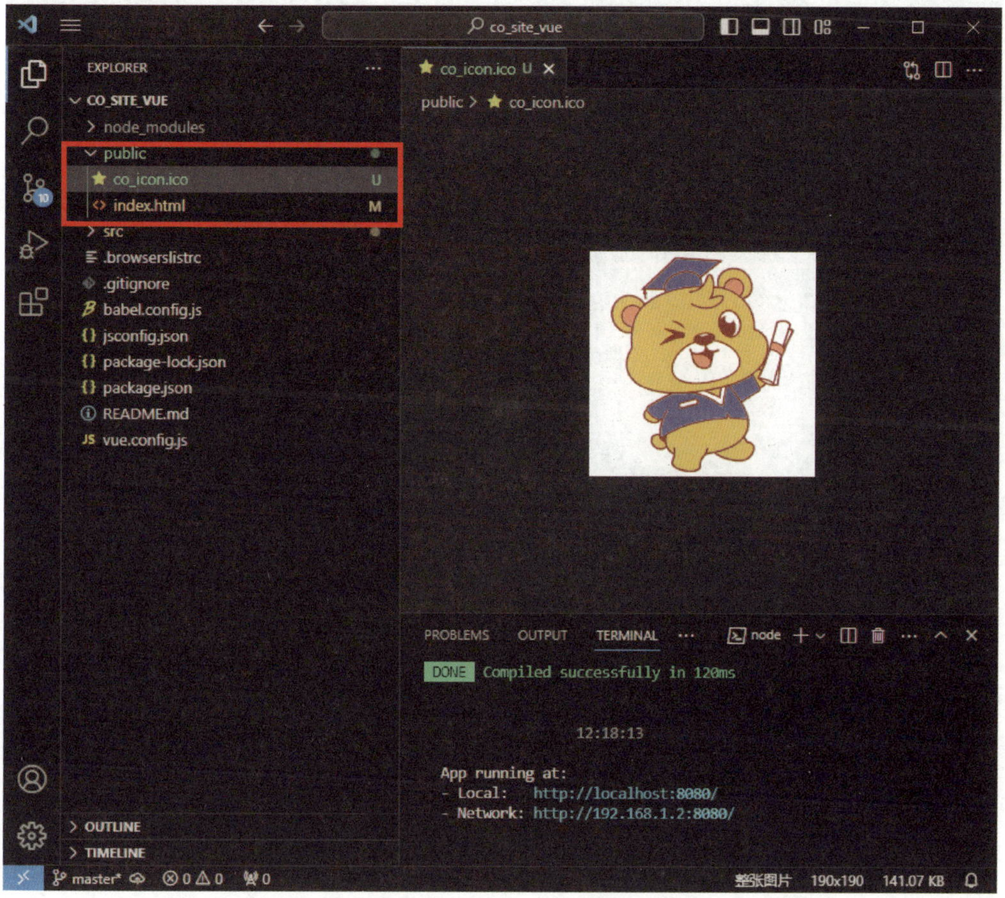

图 6-3-1　图标导入后的“public”目录结构和新图标预览效果

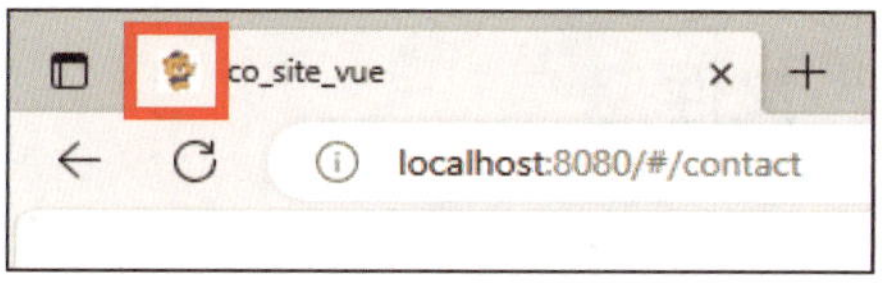

图 6-3-2　网站图标效果

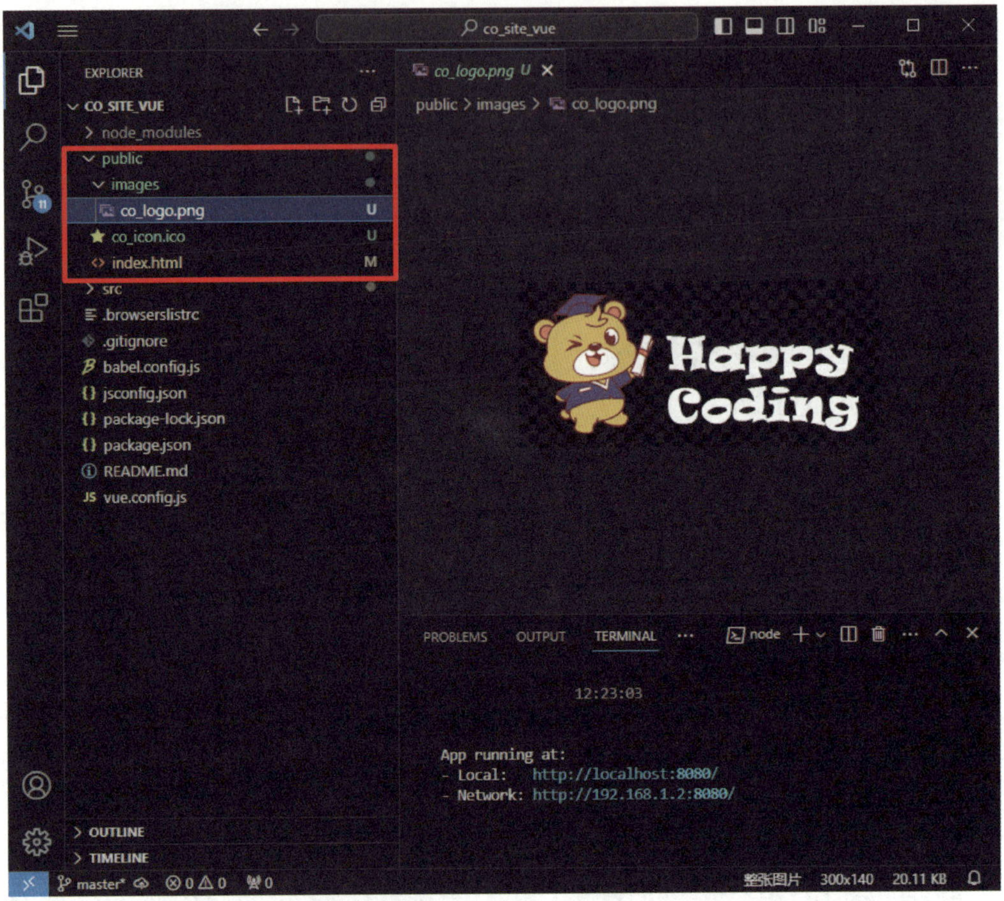

图 6-3-3　图片导入后的“public”目录结构和新 Logo 预览效果

二、制作页面导航

1. 打开“App.vue”文件

“App.vue”文件是 Vue.js 项目的根组件，它被用于定义应用程序的整体结构和布局。本项目的 3 个页面都在“App.vue”文件中生成，然后通过 Router 切换不同的路由来调用相应的子组件内容。基于此特点，3 个页面中的相同内容（如页头、页脚等）都可以写在“App.vue”文件中，各页面的主体内容则分别写在 3 个页面各自对应的页面组件中。

2. 修改模板

在“App.vue”文件模板 <template> 的 <nav> 标签中，添加一个显示 Logo 的图片文件，并将三个路由链接（router-link 标签）放在同一个 div 节点内，以便下一步样式的设置，修改后的 <template> 具体代码如下。

```
<template>
    <nav>
        <img src="/images/co_logo.png" >
        <div>
            <router-link to="/"> 首页 </router-link>
            <router-link to="/products"> 产品介绍 </router-link>
            <router-link to="/contact"> 联系我们 </router-link>
        </div>
    </nav>
    <router-view/>
</template>
```

3. 修改样式

根据项目设计要求设置对应元素的样式，其中，导航标签 <nav> 对应样式的具体代码如下。

```
nav {
    background-color: #1b1e53;
    padding: 10px 10% 10px 2%;
    display: flex;
    justify-content: space-between;
    align-items: center;
}
nav img{
    height: 80px;
}
nav a {
    padding: 0 30px;
```

```
        text-decoration: none;
        color: #999999;
    }
    nav a.router-link-exact-active {
        font-weight: bold;
        color: #FFFFFF;
    }
```

以上代码修改了 a 链接样式 <nav a> 和当前激活的路由样式 <nav a.router-link-exact-active>。假设当前网页页面显示的是“产品介绍”页面，即当前激活的路由为 http://localhost:8080/#/products，则本段代码会将“产品介绍”的样式设置为指定的样式（字体加粗，文字颜色为 #FFFFFF）。

4. 预览页面效果

重启或刷新项目后，访问 http://localhost:8080，首页将会显示正确的页头导航布局，且首页链接将会显示为激活路由的样式，效果如图 6-3-4 所示。

图 6-3-4　首页效果

单击“产品介绍”链接，该链接将会显示为激活路由的样式，效果如图 6-3-5 所示。

图 6-3-5　“产品介绍”页面效果

单击“联系我们”链接，该链接将会显示为激活路由的样式，效果如图 6-3-6 所示。

图 6-3-6　“联系我们”页面效果

三、制作页脚组件

在本项目中，每个页面都有相同的页脚布局，如图 6-3-7 所示。封装一个页脚组件，在组件内封装自定义内容与逻辑，即可在 3 个页面中直接导入和使用。

图 6-3-7　页脚布局

1. 创建“CompFooter.vue”文件

在“components”组件目录下新建一个“CompFooter.vue”文件，并删除该目录中创建项目时自动生成的“HelloWorld.vue”文件。修改后的“components”目录结构如图 6-3-8 所示。

2. 编写 CompFooter 组件内容

在“CompFooter.vue”文件中，按照设计效果图的内容编写模板 <template> 中的布局与样式代码。

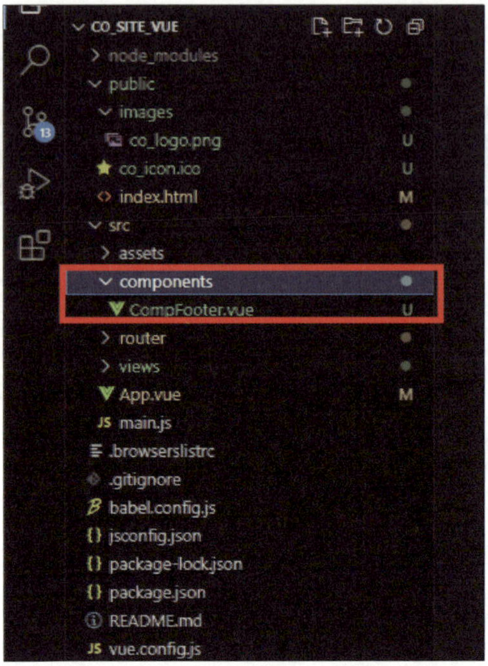

图 6-3-8　修改后的“components”目录结构

小提示：

在开发过程中，除非确定是在定义全局组件的样式，否则一般建议在每个单文件组件的样式 <style> 中分别添加 scoped 属性，这表示该组件中的所有样式只作用于当前组件（即 CompFooter 组件）中的元素，而对其他组件中的元素没有影响。这体现了模块化开发的优势：在单页面组件中的样式实现私有化，组件之间互不污染，更不会对全局样式形成污染。

四、使用页脚组件

由于“App.vue”文件是根组件，而本项目中的所有页面都需要使用 CompFooter 页脚组件，所以只需要在“App.vue”文件中调用 CompFooter 组件，就可以自动在所有页面上都添加该组件。

1. 引入 CompFooter 组件

在“App.vue”文件中先添加脚本 <script> 标签，并引入 CompFooter 组件。

```
<script setup>
    import comp_footer from "./components/CompFooter.vue";
</script>
```

在 <script> 标签中加入了 setup 属性，这是在单文件组件中使用组合式 API 编译时的语法糖。

在 import 导入语句中，使用 from 定位了从哪个“*.vue”文件中导入组件，并将其命名为 comp_footer（组件自定义的名称）。

2. 使用 CompFooter 组件

在“App.vue”文件的模板 <template> 中直接引入 CompFooter 组件即可，具体代码如下。

```
1   <template>
2       <nav>
3           <img src="/images/co_logo.png" >
4           <div>
5               <router-link to="/"> 首页 </router-link>
6               <router-link to="/products"> 产品介绍 </router-link>
7               <router-link to="/contact"> 联系我们 </router-link>
8           </div>
9       </nav>
10      <router-view />
11      <comp_footer />
12  </template>
```

上述代码的第 11 行将页脚组件作为一个标签 <comp_footer /> 加入了模板 <template> 中，因此可直接使用该组件。现在，页面可自动调用页脚组件内容，并将其显示在 <router-view/> 中的内容之下。

3. 预览各页面效果

重启或刷新项目后，访问 http://localhost:8080 及各链接地址，可以看见所有页面都自动加上了 CompFooter 组件，效果如图 6-3-9 至图 6-3-11 所示。

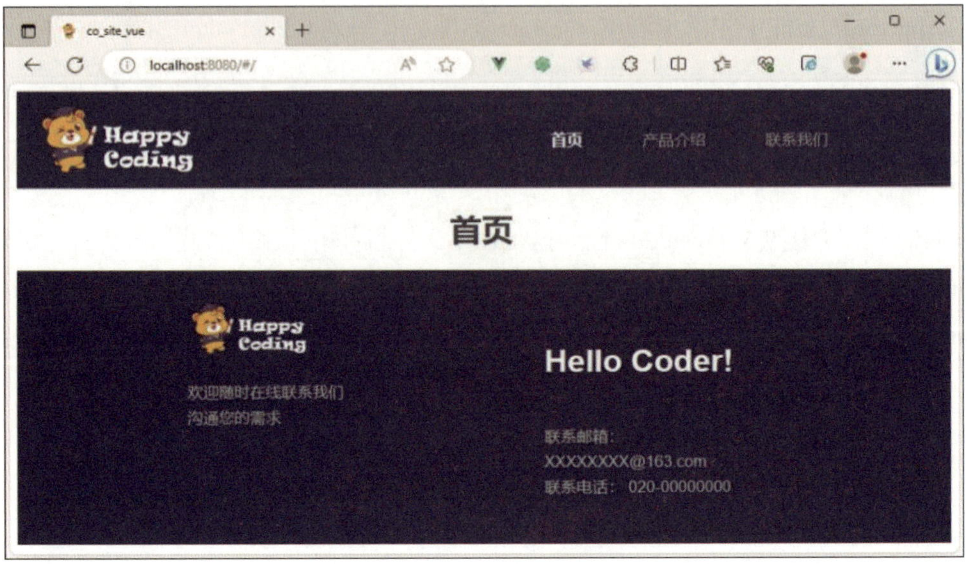

图 6-3-9　首页效果

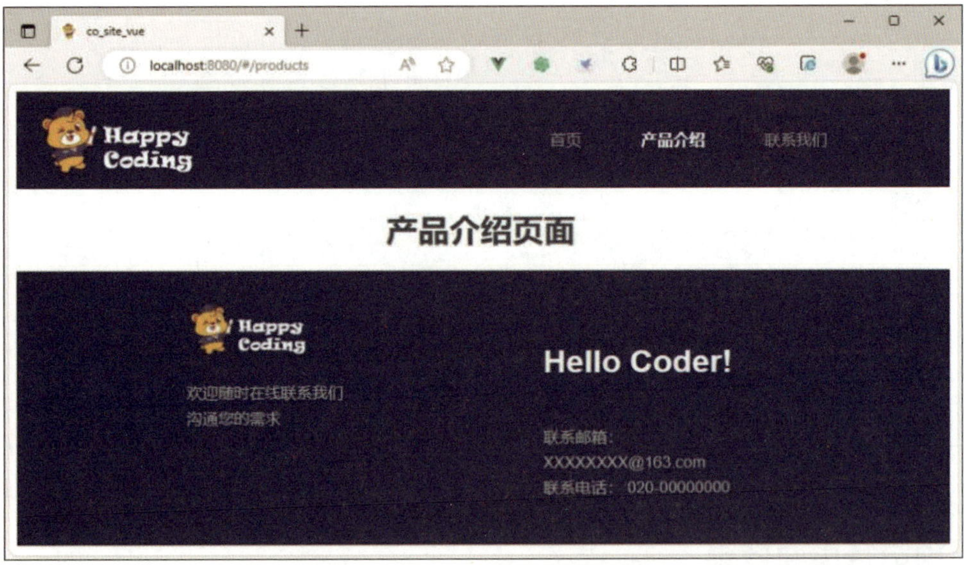

图 6-3-10　“产品介绍”页面效果

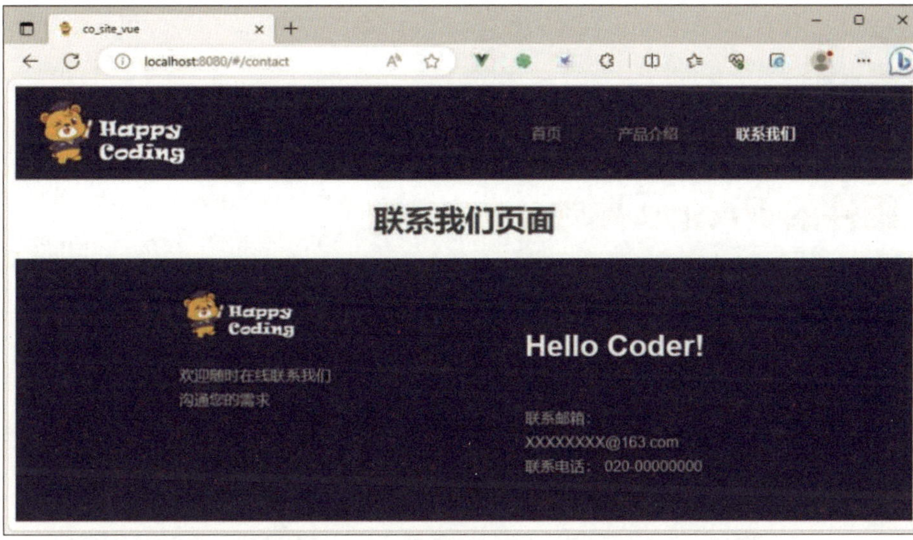

图 6-3-11　“联系我们”页面效果

任务 4　开发首页页面

学习目标

1. 了解组件 Props 的属性。
2. 了解 v-bind 指令。
3. 能使用 Props 进行组件传值。

任务描述

本任务主要内容是按照图 6-0-1 所示的首页设计效果进行开发，完整的首页页面包括页头、页脚、页面主体上方的 Banner、“特色服务”“最新资讯”和“服务流程”模块等部分。

相关知识

一、组件的 Props 属性

Props 是一种特别的属性，可以在子组件上声明注册。父组件在调用子组件时，可以通过 Props 属性将需要的值传递给子组件。

1. Props 的声明

需要组件显式声明它所接受的 Props，Vue 才能确定在外部传入的参数中，哪些是 Props，哪些是透传属性（如 class、style 或 id）。

在使用 <script setup> 标签的单文件组件中，Props 可以使用 defineProps( ) 宏来进行声明，具体代码如下。

```
<script setup>
    const props = defineProps(['foo'])
    console.log(props.foo)
</script>
```

除了使用字符串数组来声明 Props 外，还可以使用对象的形式来声明，具体代码如下。

```
defineProps({
    title: String,
    likes: Number
})
```

在以对象形式声明的 Props 中，key 是 Prop 的名称，而值则是该 Prop 预期类型的构造函数。如要求一个 Prop 的值是 Number 类型，则可使用 Number 构造函数作为其声明的值。

以对象形式声明的 Props 不仅可以在一定程度上作为组件的文档，如果其他开发人员在使用组件时传递了错误的类型，它还会在浏览器控制台中抛出警告信息。

2. 值的传递

任何类型的值都可以作为 Props 的值被传递，包括 Number、Boolean、Array 和 Object 等。

3. 单向数据流

所有的 Props 都遵循单向绑定原则，Props 因父组件的更新而变化，自然地将新的状态传递至子组件，而不会逆向传递。在每次父组件更新后，所有的子组件中的 Props 都会被更新到最新值，这意味着不应在子组件中去更改一个 Prop，如果这么做，Vue 会在控制台上抛出警告信息。

二、v-bind 指令

v-bind 是 Vue 框架的内置指令之一，它的作用是动态地绑定一个或多个属性，也可以绑定组件的 Prop。

v-bind 指令的常见用法是将 Vue 实例中的数据或计算属性绑定到 HTML 元素的属性上。通过这种方式，HTML 元素的属性值（如 class、style、src、href 等）可以根据数据的变化而自动更新，从而实现响应式的界面。

1. 指令的语法

由于 v-bind 指令可以绑定元素的各种属性，它在 Vue 项目中较为常用，Vue 官方为 v-bind:attribute 提供了特定的简写语法“:attribute”。

v-bind 指令可以加入修饰符，包括 .camel（将短横线命名的属性转变为驼峰式命名）、.prop（强制绑定为 DOM property）、.attr（强制绑定为 DOM attribute）等。

v-bind 指令语法及其缩写代码示例如下。

```
<img v-bind:src="imageSrc" />
<img :src="imageSrc" />
<button v-bind:[key]="value"></button>
<button :[key]="value"></button>
<div :class="{ red: isRed }"></div>
<div :style="{ fontSize: size + 'px' }"></div>
<div :style="[styleObjectA, styleObjectB]"></div>
```

2. 指令的用途

当 v-bind 指令被用于绑定 class 或 style attribute 时，v-bind 指令支持额外的类型（如数组或对象）；当 v-bind 指令被用于组件 Props 绑定时，被绑定的 Props 必须在子组件中已被正确声明。

任务实施

一、导入图片资源

将素材文件夹中的图片素材复制到“public/images”目录中，导入完成后的“public”目录结构如图 6-4-1 所示。

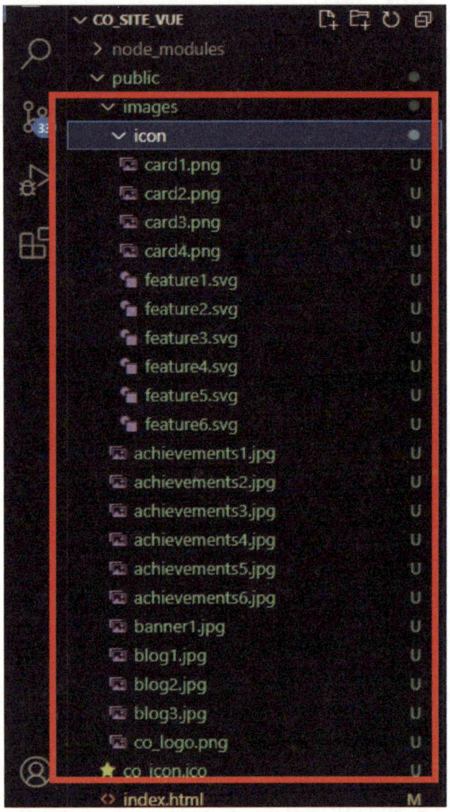

图 6-4-1　导入完成后的“public”目录结构

二、制作上方的 Banner 内容

1. 编写 Banner 模板代码

打开“views”文件夹中首页的单文件组件“IndexView.vue”，在模板 <template> 中添加页面上方的 Banner 布局，具体代码如下。

```
1   <template>
2       <div class="topBanner">
3           <div class="topLeft">
4               <div class="slogen">IT 服务 </div>
5               <div class="slogen"> 助力您的企业前行 </div>
6               <div> 为您提供全方位的技术支持，让您轻松应对各种技术挑战，专注于您的事业发展 </div>
7               <router-link to="/products"  class="btnView" > 产品介绍 </router-link>
8           </div>
9           <img src="/images/banner1.jpg">
10      </div>
11  </template>
```

上述代码的第 7 行在模板中添加了一个文字内容为“产品介绍”的 <router-link> 标签，在页面上单击该标签，页面将会自动跳转到“产品介绍”页面。

完成模板 <template> 中内容的编写后，按照 UI 设计效果图要求编写样式 <style> 中的内容。

2. 预览和测试链接跳转

在重启或刷新项目后，访问 http://localhost:8080，添加上方 Banner 后首页显示的内容如图 6-4-2 所示。单击“产品介绍”链接，浏览器将跳转到“产品介绍”页面。

图 6-4-2　首页显示的内容

三、制作“特色服务”模块布局内容

通过分析设计效果图中首页“特色服务”模块的布局（图 6-4-3）可知，该模块包含 6 个相同的子布局内容。因此，可以利用 Vue 组件高复用性的特点，定义一个可复用的子组件。

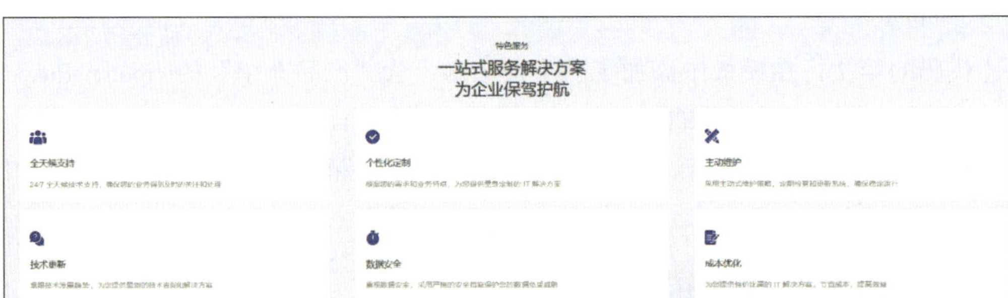

图 6-4-3　首页“特色服务”模块的布局

首先，定义一个名为 CompItemFeatures 的子组件，然后，在首页中多次调用该组件，并通过 Props 属性为每个子组件传入不同的值，从而实现子组件重复调用且生成不同内容的布局。

1. 创建“特色服务”组件

在“components”组件目录下新建一个“CompItemFeatures.vue”单文件组件。

2. 编写组件脚本

虽然 6 个组件的布局和样式相同，但每个组件的图片路径和显示的内容不同，因此，可在 CompItemFeatures 组件中使用 defineProps( ) 宏来定义需要接收的参数，在父页面调用该组件时，传入每个子组件对应的图片路径和内容的 Props 值，从而实现各子组件显示各自特定内容的需求。

在“CompItemFeatures.vue”中编写脚本 <script> 标签，具体代码如下。

```
<script setup>
    defineProps(['iconUrl', 'strTitle', 'strContent']);
</script>
```

上述代码定义了 CompItemFeatures 组件将接收父组件调用时传入的 iconUrl、strTitle 和 strContent 3 个 Props 属性。

3. 编写组件模板

在“CompItemFeatures.vue”中编写模板 <template> 中的内容，具体代码如下。

```
1  <template>
2      <div class="compItemFeatures">
3          <img :src="iconUrl">
4          <p class="itemTitle">{{ strTitle }}</p>
5          <p class="itemContent">{{ strContent }}</p>
6      </div>
7  </template>
```

在上述代码的第 3 行，图片 <img> 标签元素使用 :src 来绑定图片的 src 属性，它会解析传入的 iconUrl 值，并将该地址对应的图片渲染在 DOM 中。:src 是一个简写的语法，其完整的写法如下。

```
<img v-bind:src="iconName">
```

如果传入的 iconUrl 值是 null 或 undefined，那么 <img> 标签元素的 src 属性将会从渲染的图片元素上被移除。

第 4 行和第 5 行代码分别使用文本插值的方法动态显示接收到的 strTitle 和 strContent 的值。

4. 编写组件样式

在组件样式 <style> 中按照设计效果图的要求编写样式代码。

5. 在首页调用组件

在完成 CompItemFeatures 组件的定义后，即可在首页“IndexView.vue”文件中对其进行调用。首先，在“IndexView.vue”的脚本 <script> 标签中引入 CompItemFeatures 组件，具体代码如下。

```
<script setup>
    import CompItemFeatures from "../components/CompItemFeatures.vue"
</script>
```

然后，在模板中加入“特色服务”布局内容，在类样式为 listFeatures 的 div 节点中调用 CompItemFeatures 组件 6 次，每次调用均传入不同的图标文件路径和文字，具体代码如下。

```
<div class="divFeatures">
    <div> 特色服务 </div>
    <div class="inTitle"> 一站式服务解决方案 <br> 为企业保驾护航 </div>
    <div class="listFeatures">
        <CompItemFeatures
            iconUrl = "/images/icon/feature1.svg"
            strTitle=" 全天候支持 "
            strContent="24/7 全天候技术支持，确保您的业务得到及时的关注和
处理 "/>
        <CompItemFeatures
            iconUrl = "/images/icon/feature2.svg"
            strTitle=" 个性化定制 "
            strContent=" 根据您的需求和业务特点，为您提供量身定制的 IT 解决
方案 "/>
        <CompItemFeatures
            iconUrl = "/images/icon/feature3.svg"
            strTitle=" 主动维护 "
```

```
            strContent=" 采用主动式维护策略，定期检查和更新系统，确保稳定运行 "/>
        <CompItemFeatures
            iconUrl = "/images/icon/feature4.svg"
            strTitle=" 技术更新 "
            strContent=" 紧跟技术发展趋势，为您提供最新的技术咨询和解决方案 "/>
        <CompItemFeatures
            iconUrl = "/images/icon/feature5.svg"
            strTitle=" 数据安全 "
            strContent=" 重视数据安全，采用严格的安全措施保护您的数据免受威胁 "/>
        <CompItemFeatures
            iconUrl = "/images/icon/feature6.svg"
            strTitle=" 成本优化 "
            strContent=" 为您提供性价比高的 IT 解决方案，节省成本，提高效益 "/>
    </div>
</div>
```

在上述代码中，使用 <CompItemFeatures /> 标签在模板中加入 CompItemFeatures 组件，并为每个组件传入 iconUrl、strTitle、strContent 3 个 Props 属性，每个组件将根据自身接收到的 Props 值分别渲染显示对应的图片、标题和文字内容。

6. 在首页定义样式

在“IndexView.vue”的样式 <style> 中，根据设计效果图编写“特色服务”布局相应的样式代码。

7. 预览布局效果

在重启或刷新项目后，访问 http://localhost:8080，新增了“特色服务”内容的首页效果如图 6–4–4 所示。

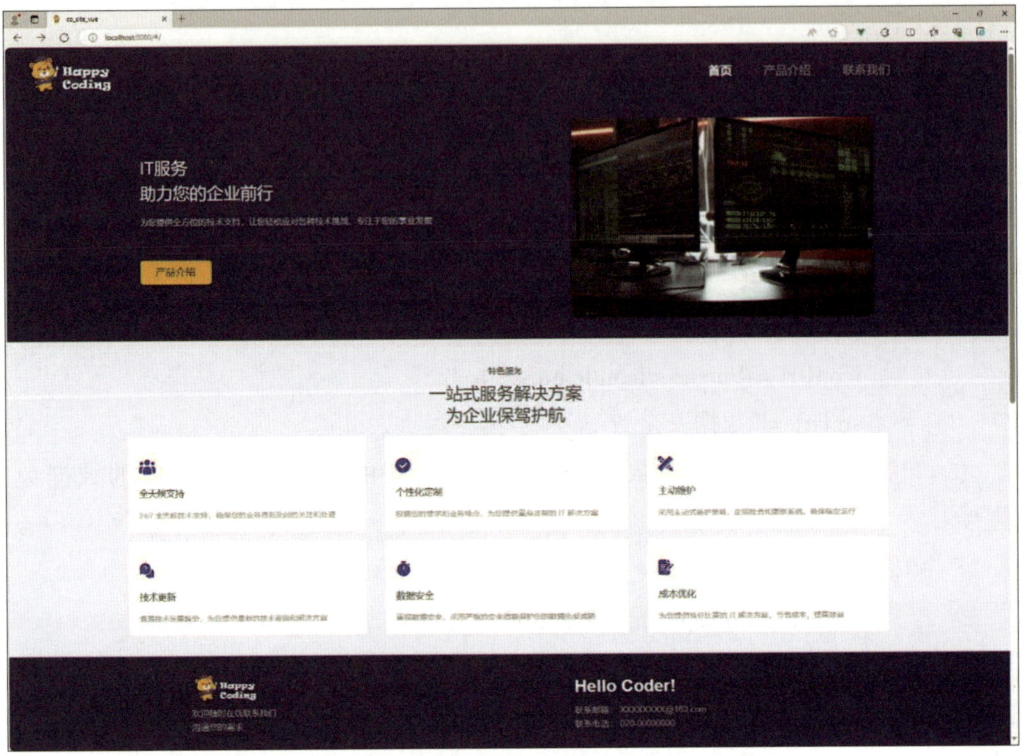

图 6-4-4　新增了“特色服务”内容的首页效果

四、制作“最新资讯”模块布局内容

使用如上实现方式在首页中添加“最新资讯”模块布局内容。

1. 创建“最新资讯”组件

在“components”组件目录下新建一个“CompItemOurBlog.vue”单文件组件。

2. 编写组件脚本

```
<script setup>
    defineProps(['imgUrl', 'strDate', 'strTitle', 'strContent']);
</script>
```

CompItemOurBlog 组件将接收父组件调用时传入的 imgUrl、strDate、strTitle 和 strContent 4 个 Props 属性。

3. 编写组件模板

在“CompItemOurBlog.vue”中编写模板 <template> 中的内容，具体代码如下。

```
<template>
    <div class="compItemOurBlog">
        <img :src="imgUrl">
        <p class="itemDate">{{ strDate }}</p>
        <p class="itemTitle">{{ strTitle }}</p>
        <p class="itemContent">{{ strContent }}</p>
    </div>
</template>
```

4. 编写组件样式

在组件样式 <style> 中按照 UI 设计效果图的要求编写样式代码。

5. 在首页调用组件

首先，在“IndexView.vue”的脚本 <script> 标签中引入 CompItemOurBlog 组件，具体代码如下。

```
import CompItemOurBlog from "../components/CompItemOurBlog.vue";
```

然后，在模板中加入“最新资讯”布局内容，手动调用 3 次 CompItemOurBlog 组件，每次调用均传入 imgUrl、strDate、strTitle 和 strContent 4 个 Props 属性值。

6. 在首页定义样式

在“IndexView.vue”的样式 <style> 中，根据设计效果图编写“最新资讯”布局相应的样式代码。

7. 预览布局效果

在重启或刷新项目后，访问 http://localhost:8080，新增了“最新资讯”内容的首页效果如图 6-4-5 所示。

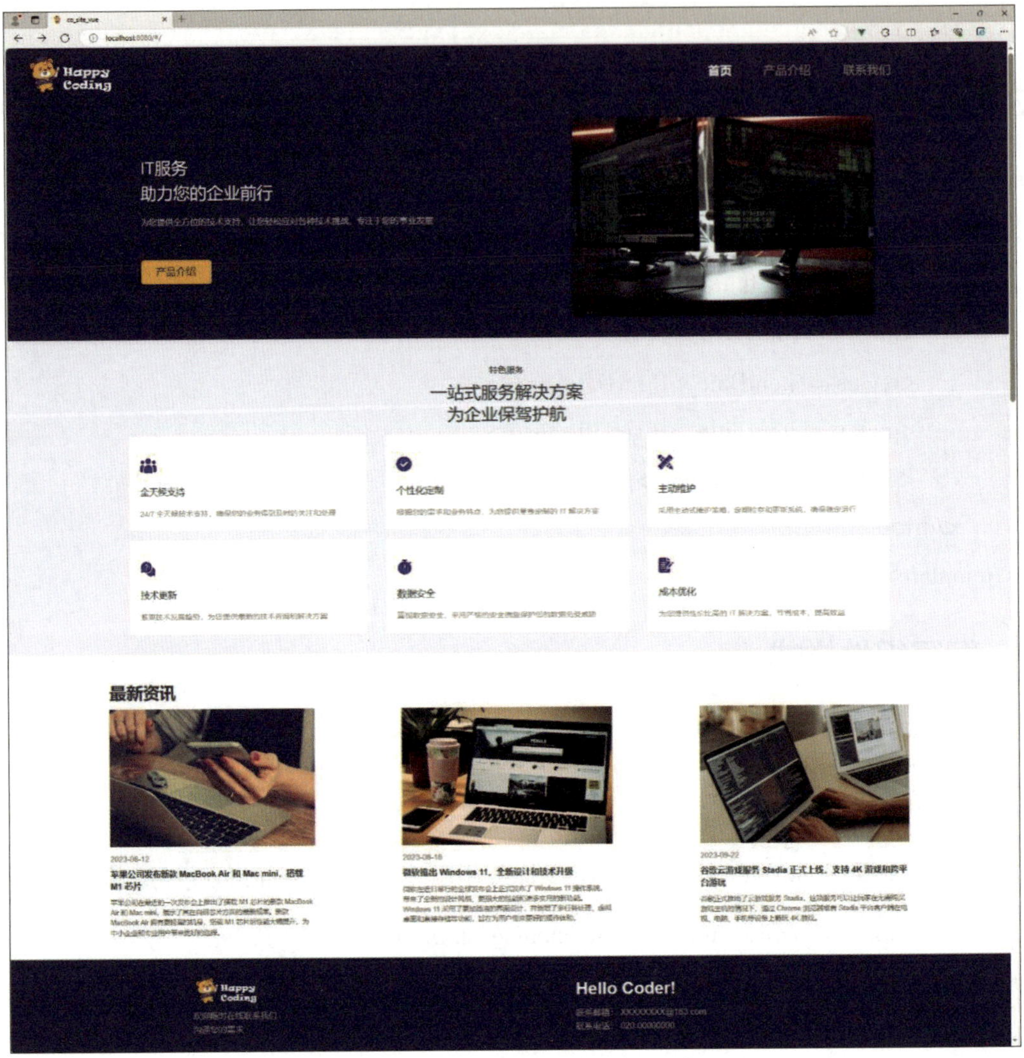

图 6-4-5　新增了“最新资讯”内容的首页效果

五、制作“服务流程”模块布局内容

“服务流程”模块的开发方法与“特色服务”“最新资讯”模块类似，主要过程如下，读者可自行探索：

（1）创建服务流程组件。在组件目录“components”下新建一个“CompItemHowWeWork.vue”单文件组件。

（2）编写“服务流程”组件的脚本、模板与样式。

（3）在首页中调用“服务流程”组件并编写相应的布局与样式代码。

在开发完“服务流程”模块后，所有的首页开发任务全部完成，页面显示内容如图 6–0–1 所示。

任务 5　开发“产品介绍”页面

学习目标

1. 能使用 v-for 指令进行列表渲染。
2. 能熟练在脚本 <script> 中定义对象数组。

任务描述

本任务主要内容是按照图 6–0–2 所示的“产品介绍”页面设计效果进行开发，定义一个产品案例数组，并使用 v–for 指令实现动态列表渲染。

相关知识

v–for 指令是 Vue 框架的内置指令之一，它的作用是基于原始数据多次渲染元素或模板块。在 Vue 项目中，常常使用 v–for 指令基于一个数组来渲染一个列表或遍历一个对象的所有属性。

一、v–for 指令的语法

v–for 指令的值需要使用 item in items 形式的特殊语法，其中，items 是源数据的数组，而 item 是正在迭代的元素别名。

使用 v–for 指令的示例代码如下。

```
<script setup>
    const items = [{ message: 'MSG1' }, { message: 'MSG2' }];
</script>
<template>
    <li v-for="item in items">
        {{ item. message }}
    </li>
</template>
```

运行以上代码，页面显示的运行结果如图 6–5–1 所示。

图 6–5–1　运行结果

v–for 指令的默认运行方式是尝试就地更新元素而不移动它们。若要强制其重新排列元素，则需要用特殊属性 key 来提供一个排序提示，具体代码如下。

```
<div v-for="item in items"  :key="item.id">
    {{ item.text }}
</div>
```

二、v–for 指令的作用域

在 v–for 指令中，可以完整地访问父作用域内的属性和变量。v–for 指令也支持使用可选的第二个参数来表示当前项的位置索引。

若在上述代码示例中，在脚本 <script> 标签中再定义一个变量 parentMessage，则具体代码如下。

```
<script setup>
    const parentMessage = 'ParentMSG';
    const items = [{ message: 'MSG1' }, { message: 'MSG2' }];
</script >
<template>
    <li v-for="(item, index) in items">
        {{ parentMessage }} – {{ index }} – {{ item.message }}
    </li>
</template>
```

运行以上代码，页面显示的运行结果如图 6-5-2 所示。

- ParentMSG - 0 - MSG1
- ParentMSG - 1 - MSG2

图 6-5-2　运行结果

三、使用 v-for 指令遍历对象

可以使用 v-for 指令来遍历一个对象的所有属性，遍历的顺序会基于对该对象调用 Object.keys( ) 函数的返回值来决定。

使用 v-for 指令遍历对象的具体代码如下。

```
<script setup>
    const myObject = reactive({
    title: 'How to do lists in Vue',
    author: 'Jane Doe',
    publishedAt: '2016-04-10'
    })
</script>
<template>
    <ul>
```

```
        <li v-for="(value, key, index) in myObject">
            {{ index }}. {{ key }}: {{ value }}
        </li>
    </ul>
</template>
```

任务实施

一、制作上方标题内容

按照“产品介绍”页面的设计效果图制作页面上方的“产品案例”内容，制作完成后页面显示内容如图 6-5-3 所示。

图 6-5-3 “产品介绍”页面显示内容

二、创建“产品案例”组件

分析“产品案例”模块的设计效果图可知，每一个案例的子布局都是相同的，可以定义一个案例子组件，在“产品介绍”页面中多次调用该子组件，并分别传入不同的图片和文字内容。

与首页组件调用和实现方式不同的是，本页面将采用 v-for 列表循环语法，根据脚本 <script> 中定义的数组内容动态加入和渲染产品案例组件。

1. 创建组件文件

在“components”组件目录下新建一个“CompItemAchievements.vue”单文件组件。

2. 编写组件脚本

在“CompItemAchievements.vue”组件的脚本标签 <script> 中定义将接收的 3 个 Props 属性，分别为 imgUrl、strName 和 strContent，具体代码如下。

```
<script setup>
    defineProps(['imgUrl', 'strName', 'strContent']);
</script>
```

3. 编写组件模板

在“CompItemAchievements.vue”中编写模板 <template> 中的内容，具体代码如下。

```
<template>
    <div class="compItemAchievements">
        <div class="divImg">
            <img :src="imgUrl">
        </div>
        <p class="itemName">{{ strName }}</p>
        <p class="itemContent">{{ strContent }}</p>
    </div>
</template>
```

4. 编写组件样式

在组件样式 <style> 中按照设计效果图的要求编写样式代码。

三、引入“产品案例”组件

在首页页面的开发过程中，主要是根据子组件的数量（如 CompItemFeatures 的子组件有 6 个，CompItemOurBlog 的子组件有 3 个），在首页模板 <template> 中写入多行的组件元素，并分别为每个组件定义传入的 Props 值。而在“产品介绍”页面的开发过程中，将采用与首页不同的实现方式，具体步骤如下。

（1）在“产品介绍”页面的脚本 <script> 中定义数组 arrAchievements，以保存需要在页面中显示的产品数据。

（2）在 arrAchievements 数组中插入 6 个对象，在每个对象中指定 imgUrl、strName 和 strContent 属性对应的值。

（3）在“产品介绍”页面的模板 <template> 中使用 v-for 列表渲染语法，根据 arrAchievements 数组内容动态渲染多个子组件。

1. 引入组件

打开“ProductsView.vue”文件，在脚本 <script> 中添加 CompItemAchievements 组件，具体代码如下。

```
<script setup>
    Import CompItemAchievements from"../components/CompItemAchievements.vue";
</script>
```

2. 创建产品数据数组

在“ProductsView.vue”文件中创建 arrAchievements 数组，具体代码如下。

```
const arrAchievements = [
    {
        imgUrl:"/images/achievements1.jpg",
        strName:" 产品案例 1",
        strContent:"XXXX 公司 XXXXIT 系统服务产品案例 "
    },{
        imgUrl:"/images/achievements2.jpg",
        strName:" 产品案例 2",
        strContent:"XXXX 公司 XXXXIT 系统服务产品案例 "
    },{
        imgUrl:"/images/achievements3.jpg",
        strName:" 产品案例 3",
        strContent:"XXXX 公司 XXXXIT 系统服务产品案例 "
```

```
    },{
        imgUrl:"/images/achievements4.jpg",
        strName:" 产品案例 4",
        strContent:"XXXX 公司 XXXXIT 系统服务产品案例 "
    },{
        imgUrl:"/images/achievements5.jpg",
        strName:" 产品案例 5",
        strContent:"XXXX 公司 XXXXIT 系统服务产品案例 "
    },{
        imgUrl:"/images/achievements6.jpg",
        strName:" 产品案例 6",
        strContent:"XXXX 公司 XXXXIT 系统服务产品案例 "
    }
]
```

上述代码定义了一个常量数组 arrAchievements，该数组包含 6 个对象，每个对象都设置了对应的 imgUrl、strName 和 strContent 属性。

由于在脚本 <script> 中，顶层的导入、声明的变量和函数可在同一组件的模板中直接使用，因此，可以直接在模板文件中使用 v-for 语句遍历 arrAchievements 数据，然后根据数组中的每个元素调用 CompItemAchievements 组件，自动生成需要的布局内容。

3. 渲染数据列表

在"ProductsView.vue"文件的模板 <template> 中添加 Achievements 内容相关的布局，具体代码如下。

```
<!-- Achievements 内容 -->
<div class="listAchievements">
    <CompItemAchievements
        v-for="item in arrAchievements"
        :imgUrl="item.imgUrl"
        :strName="item.strName"
        :strContent="item.strContent"/>
</div>
```

上述代码使用 v-for 语句遍历在脚本 <script> 中定义的 arrAchievements 数组，将迭代项（即每次遍历获取到的元素）设置别名为 item。

之后，使用 :attribute 将 CompItemAchievements 子组件的 imgUrl、strName 和 strContent 3 个 Props 属性分别绑定为迭代项对应的属性，即 item.imgUrl、item.strName 和 item.strContent。

4. 编写组件样式

在组件样式 <style> 中按照设计效果图的要求编写样式代码。

四、预览“产品介绍”页面

在重启或刷新项目后，访问“产品介绍”页面（http://localhost:8080/#/products），“产品介绍”页面效果如图 6-5-4 所示。

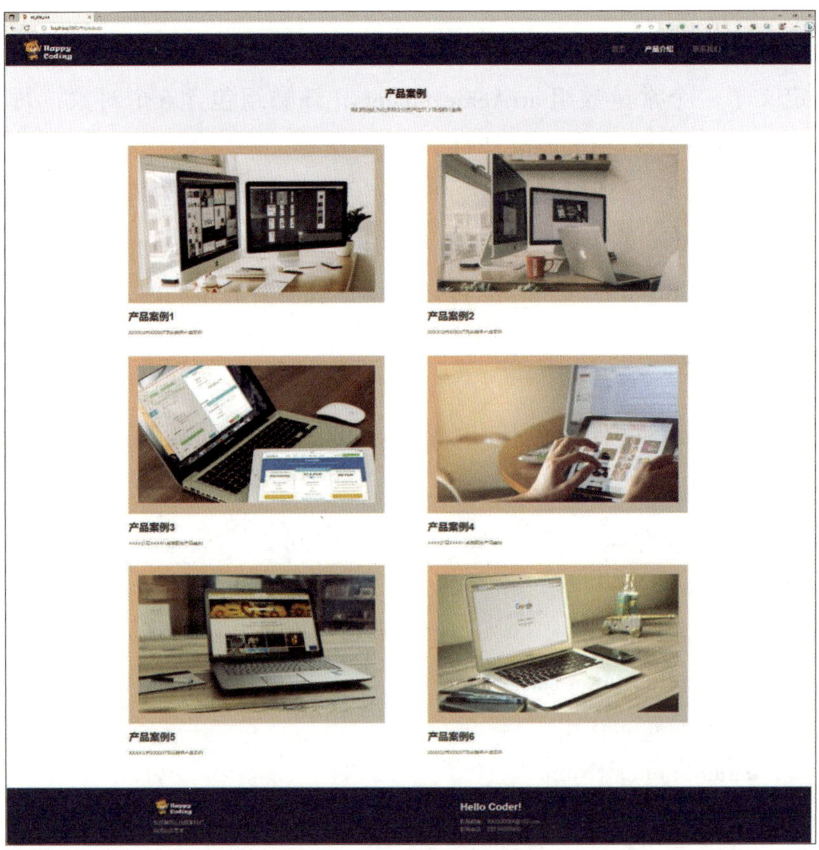

图 6-5-4 “产品介绍”页面效果

任务 6　开发“联系我们”页面

学习目标

1. 了解响应式系统。
2. 能使用 v-model 指令绑定数据。
3. 能使用 v-on 指令监听并处理 DOM 事件。

任务描述

本任务主要内容是按照图 6-0-3 所示的“联系我们”页面设计效果进行开发。

相关知识

一、响应式系统

Vue 最具标志性的功能就是其低侵入性的响应式系统，组件状态都是由响应式的 JavaScript 对象组成的，当更改它们时，视图会随即自动更新。

Vue 的响应式系统基本是基于运行时的，追踪和触发都是在浏览器中运行时进行的。运行时响应的优点是它可以在没有构建步骤的情况下工作，且边界情况较少；缺点是这使它受到了 JavaScript 语法的制约，需要使用一些如 Vue ref 这样的值的容器。

1. ref( ) 函数

ref( ) 函数接受一个内部值，返回一个响应式的、可更改的 ref 对象，此对象只有一个指向其内部值的属性 .value。在组合式 API 中，推荐使用 ref( ) 函数来声明响应式状态。

ref 对象是可更改的，即可以为 .value 赋予新的值，它也是响应式的，即所有对 .value 的操作都将被追踪，且写操作会触发与之相关的响应。

2. 响应式示例代码

响应式系统的工作过程为：

在脚本 <script> 中先使用 import 导入 ref( ) 函数，然后分别定义两个变量 count（数值型）和 str（字符串型），变量通过 ref( ) 接收参数，并将其包裹在一个带有 .value 属性的 ref 对象中返回，具体代码如下。

```
<script setup>
    import { ref } from 'vue';
    const count = ref(88);
    const str = ref('Hello');
</script>
```

若是在模板 <template> 中，可以直接使用变量的值，具体代码如下。

```
<template>
    <div>count 变量的值为：{{ count }}</div>
    <div>str 变量的值为：{{ str }}</div>
</template>
```

测试并运行上述代码，两种类型的变量均可被正常调用和显示，显示内容如图 6–6–1 所示。

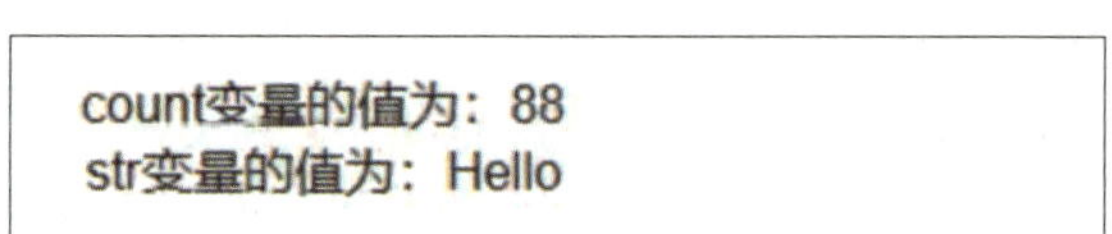

图 6-6-1　显示内容

若想在脚本 <script> 中引用 ref 变量的值，则需要使用 .value 来返回变量的值，否则会直接返回 ref 对象本身。在脚本 <script> 中添加输出语句代码，测试并调用两种类型的变量，具体代码如下。

```
<script setup>
    import { ref } from 'vue';
    const count = ref(88);
    const str = ref('Hello');
    console.log(" 输出 count", count);
    console.log(" 输出 count.value", count.value);
    console.log(" 输出 str", str);
    console.log(" 输出 str.value", str.value);
</script>
```

运行以上代码，在浏览器控制台中输出的内容如图 6-6-2 所示

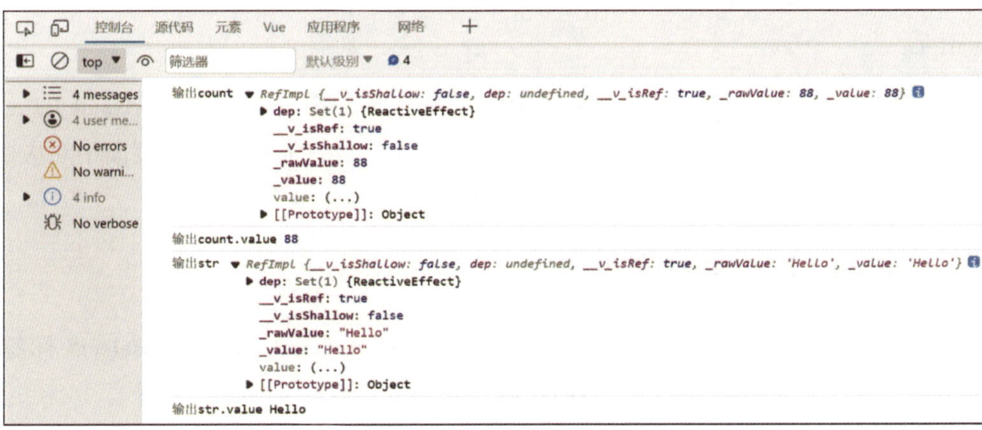

图 6-6-2　在浏览器控制台中输出的内容

由上图可以看出，若直接输出 count 或 str，其类型为对象（Object），且都有一个 value 属性，分别为数值 88 与字符串“Hello”；若输出 count.value 或 str.value，则可直接获得其 value 属性的值。

二、v-model 指令

在前端处理表单时，常常需要将表单输入框中的内容同步至 JavaScript 相应的变量中。手动连接值绑定和更改事件监听器可能会很麻烦，Vue 框架提供了 v-model 指令，它可以在组件上使用，以实现双向绑定。

1. v-model 指令的使用

在脚本 <script> 中定义一个响应式变量（如 userName），并将其通过 v-model 指令绑定在元素上，就可以实现双向绑定，即无论在模板还是在脚本二者任何一个上改变响应式变量的值，都将导致另一个被同步改变。

假设页面表单中需要用户提交用户名（userName）字段，示例代码如下。

```
<template>
    <input v-model="userName"  placeholder=" 请输入用户名 "/>
</template>
<script>
    import { ref } from 'vue';
    const userName= ref("");
</script>
```

在上述代码中，当用户在 input 输入框中输入内容时，响应式变量 userName 的 .value 属性值也会随之改变，同样，当使用脚本改变 userName 的 .value 属性值时，页面中对应的 input 元素的显示值也会实时更新为最新的 .value 属性值。

2. v-model 指令的类型支持

v-model 指令还可以用于各种不同类型的输入，如 <textarea> 标签、<select> 标签元素。它会根据所使用的元素自动使用对应的 DOM 属性和事件组合，具体形式如下。

（1）文本类型的 <input> 标签和 <textarea> 标签元素会绑定 value 属性并侦听 input 事件。

（2）<input type="checkbox"> 和 <input type="radio"> 会绑定 checked 属性并侦听 change 事件。

（3）<select> 标签会绑定 value property 并侦听 change 事件。

v-model 指令会忽略任何表单元素上初始的 value、checked 或 selected 等，它始终将当前绑定的响应式变量视为数据的正确来源，所以应该在脚本 <script> 标签中定义该初始值。

三、v-on 指令

v-on 指令是 Vue 框架的内置指令之一，它的作用是为元素绑定事件监听器。一般情况下，v-on 指令被用来监听 DOM 事件，并在事件触发时执行对应的事件处理器（handler）。事件处理器包括内联事件处理器和方法事件处理器。

1. v-on 指令的语法

v-on 指令的语法为 v-on:click="handler"，可以将指令中的“v-on”去掉，直接简写为 @click="handler"。

（1）内联事件处理器

内联事件处理器在事件被触发时执行内联 JavaScript 语句（与 onclick 类似），示例代码如下。

```
<template>
    <p>Count is: {{ count }}</p>
    <button @click="count++">Add</button>
</template>
<script setup>
    const count = ref(0);
</script>
```

上述代码在脚本 <script> 中定义了一个响应式变量 count，在模板 <template> 中包含一个段落（用于显示 count 变量的值），以及一个按钮。按钮使用 @click 绑定了内联 JavaScript 语句“count++”，当按钮被单击时，会将响应式变量 count 的值加 1，页面自动刷新显示 count 最新的值。

（2）方法事件处理器

在上述代码中，也可将按钮单击事件修改为一个指向组件上定义的方法，修改后的具体代码如下。

```
<template>
    <p>Count is: {{ count }}</p>
    <button @click="doAdd">Add</button>
</template>
<script setup>
    const count = ref(0);
    function doAdd( ){
        count.value ++;
```

```
    }
</script>
```

也可以向方法中传入自定义参数，具体代码如下。

```
<template>
    <button @click="say('hello')">Say hello</button>
    <button @click="say('bye')">Say bye</button>
</template>
<script setup>
    function say(message) {
        alert(message)
    }
</script>
```

2. 事件修饰符

Vue 为 v-on 指令提供了用“.”表示的指令后缀作为事件修饰符，主要包含以下修饰符。

```
<!-- 单击事件将停止传递 -->
<a @click.stop="doThis"></a>
<!-- 提交事件将不再重新加载页面 -->
<form @submit.prevent="onSubmit"></form>
```

3. 按键修饰符

在监听键盘事件时，经常需要检查特定的按键，Vue 允许在 v-on（@）指令监听按键事件时添加按键修饰符。仅在 key 为 enter 时才调用 submit 事件处理的示例代码如下。

```
<input @keyup.enter="submit" />
```

4. 系统按键修饰符

使用系统按键修饰符可以触发鼠标或键盘事件监听器，只有当按键被按下时才会触发。系统按键修饰符包括 .ctrl、.alt、.shift 和 .meta。

5. 鼠标按键修饰符

鼠标按键修饰符包括 .left、.right 和 .middle，它们将处理程序限定为由特定鼠标按键触发的事件。

任务实施

一、定义响应式变量

打开“ContactView.vue”文件，在脚本 <script> 中引入 ref( ) 函数，并定义页面需要的 5 个响应式变量，具体代码如下。

```
<script setup>
    import { ref } from 'vue';
    const userName = ref("");
    const userEmail = ref("");
    const userPhone = ref("");
    const userSubject = ref("");
    const userMessage = ref("");
</script>
```

二、绑定响应式变量

打开“ContactView.vue”文件，在模板 <template> 中写入页面布局内容，并在每个对应元素上使用 v-model 指令来将 DOM 元素与响应式变量进行双向绑定，表单部分的具体代码如下。

```
<div class="divForm">
    <div class="divFormRow">
        <div class="divFromItem">
```

```
            <div class="itemLabel"> 姓名 </div>
            <input type="text"  v-model="userName"  placeholder=" 请输入您的姓名 ">
        </div>
        <div class="divFromItem">
            <div class="itemLabel"> 邮箱 </div>
            <input type="text" v-model="userEmail" placeholder=" 请输入您的电子邮箱 ">
        </div>
    </div>
    <div class="divFormRow">
        <div class="divFromItem">
            <div class="itemLabel"> 电话 </div>
            <input type="text" v-model="userPhone" placeholder=" 请输入您的电话 ">
        </div>
        <div class="divFromItem">
            <div class="itemLabel"> 主题 </div>
            <input type="text" v-model="userSubject" placeholder=" 请输入主题 ">
        </div>
    </div>
    <div class="divFormRow">
        <div class="divFromItem" style="width: 100%; ">
            <div class="itemLabel"> 详情 </div>
            <textarea cols="100" rows="10" v-model="userMessage" />
        </div>
    </div>
    <div class="btnSendMsg" @click="onBtnSendMsg"> 发    送 </div>
</div>
```

上述代码将 4 个 input 元素和 1 个 textarea 元素分别与脚本 <script> 中定义的 5 个响应式变量进行了双向绑定。若用户在页面中输入了内容，则对应的变量值会自动更新为最新的内容；反之，若用户在脚本 <script> 中修改了上述某一变量的值，则其对应的 DOM 元素内容也将实时改变。

三、添加按钮并监听单击事件

在“ContactView.vue”文件的模板 <template> 中添加“发送”按钮，并使用 v-on（@）指令来监听按钮的单击事件，在单击事件被触发时执行对应的方法事件处理器 onBtnSendMsg，具体代码如下。

```
<div class="btnSendMsg" @click="onBtnSendMsg"> 发    送 </div>
```

在脚本 <script> 中定义方法事件处理器 onBtnSendMsg() 函数，具体代码如下。

```
function onBtnSendMsg( ){
    alert(
        " 用户填写的资料如下：" 
        + " \n Name:" + userName.value
        + " \n Email:" + userEmail.value
        + " \n Phone:" + userPhone.value
        + " \n Subject:" + userSubject.value
        +" \n Message:" + userMessage.value);
}
```

上述代码仅获取了 5 个响应式变量的值并通过 alert 弹窗将内容显示在页面中。在实际项目开发中，可以在对用户输入的内容进行合法性判断之后，将数据提交至服务器后台。

四、添加样式 style 代码

在“ContactView.vue”文件中按照设计效果图的要求编写样式代码。

五、测试“联系我们”页面

在重启或刷新项目后，访问“联系我们”页面（http://localhost:8080/#/contact），在页面中输入测试内容后单击“发送”按钮进行测试，“联系我们”页面测试结果如图 6-6-3 所示。

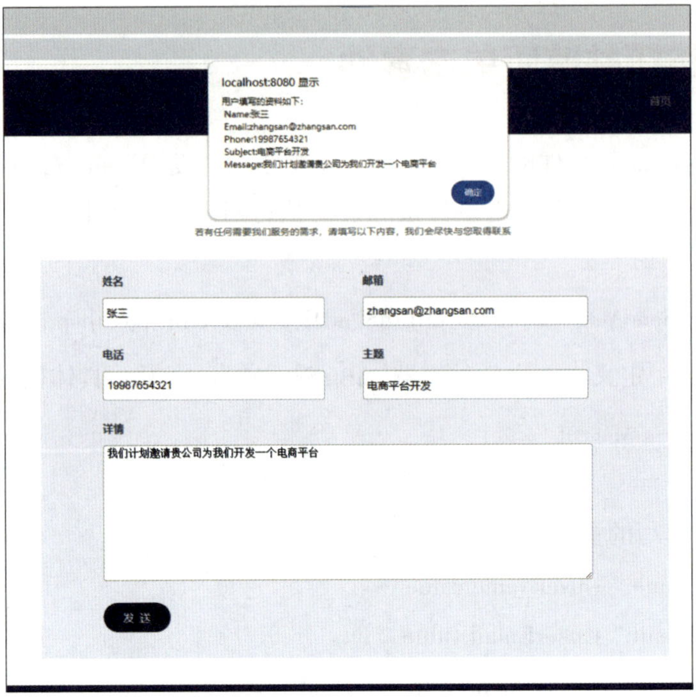

图 6-6-3 “联系我们”页面测试结果

六、项目测试与代码提交

在完成页面所有布局与功能的开发工作后，重启或刷新项目并进行整体测试，包括测试所有页面在不同浏览器中的显示是否正确，所有链接、按钮等元素是否能够正确响应交互，然后按照要求提交代码。

项目七　使用 Vue 框架开发电商网站

假设你是某科技公司的前端开发工程师，该科技公司负责手表电商网站的开发项目。该网站的技术实现要求为：使用 Vue 框架开发前端网站，使用 PHP 和 MySQL 开发后台接口与数据库。该网站的 UI 效果图已经完成，网站的首页、“商品列表”“商品详情”和“购物车”等页面的设计效果如图 7-0-1 至图 7-0-4 所示。需要你根据项目需求与 UI 效果图，自行搭建本地测试后台，使用 Vue 框架开发前端网站，并在测试完成后将代码提交至 Git 仓库。

图 7-0-1　首页的设计效果

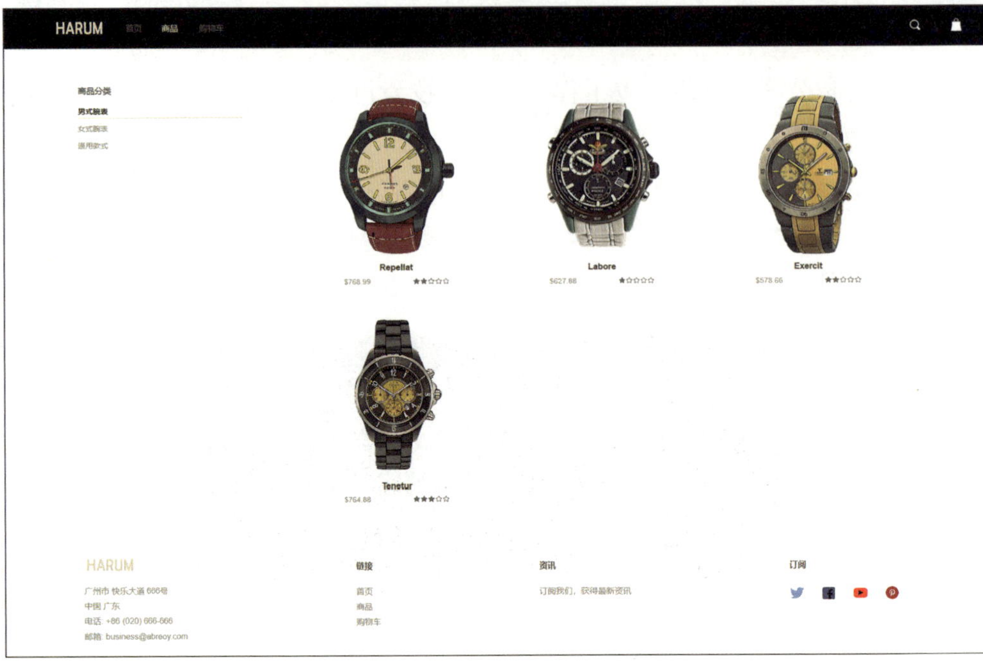

图 7-0-2 “商品列表”页面的设计效果

图 7-0-3 “商品详情”页面的设计效果

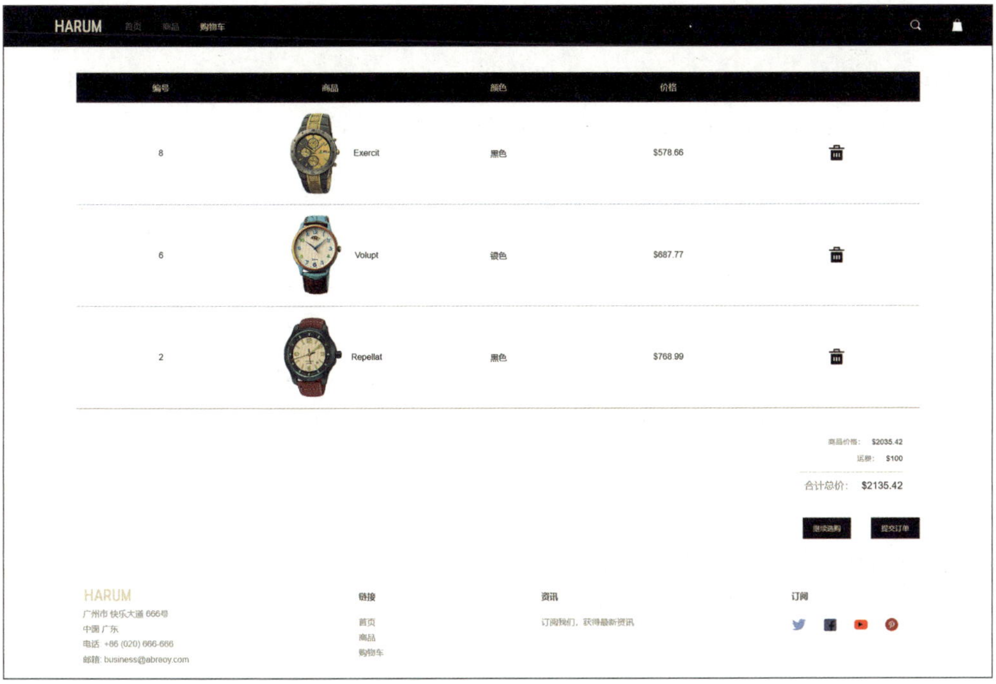

图 7-0-4 “购物车”页面的设计效果

网站首页“热门商品”版块显示从后台返回的商品列表数据，“商品列表”页面分类显示商品信息，单击商品后跳转至对应的“商品详情”页面，在“商品详情”页面中单击“加入购物车”按钮可将商品加入“购物车”，并自动跳转至“购物车”页面。“购物车”页面将自动列出已加入“购物车”的全部商品，用户可将指定商品移出“购物车”，或单击“继续选购”“提交订单”等按钮进行交互。

通过分析项目需求和 UI 效果图可知，本项目包含四个内容和功能较为复杂的页面，存在多个需要重复调用的组件，而且各页面还需与后台接口通信，以实现数据的请求和提交功能。因此，本项目将使用 Vue 框架技术进行开发，利用框架的组件化编程模型实现快速、标准的页面内容展示，并使用 Axios 插件实现前端页面与后台接口的数据通信。

本项目将通过搭建后台接口环境，创建 Vue 项目与公共组件，开发首页，开发“商品列表”“商品详情”“购物车”页面等任务，开发电商网站。其中，需要实现的用户交互功能包括以下内容。

（1）在任务 1 中，使用后台测试接口 PHP 代码与 MySQL 数据库脚本文件，在开发环境中搭建后台接口环境，为电商网站提供后台数据接口。

（2）在任务 2 中，创建 Vue 项目，使用 Vue Router 进行页面路由管理，并使用 Vuex 进行页面间数据交互状态管理。

（3）在任务 3 中，按照图 7-0-1 所示的首页设计效果进行开发，首页内容包括上方版块、“热门商品”版块、中部广告 Banner 版块、“资讯”版块与页脚版块。

（4）在任务 4 中，按照图 7-0-2 所示的“商品列表”页面设计效果进行开发，页面内容包括页头、页脚、“商品分类”和“商品列表”等版块。

（5）在任务 5 中，按照图 7-0-3 所示的“商品详情”页面设计效果进行开发，页面内容包括页头、页脚、“商品参数”和“商品说明”等版块。

（6）在任务 6 中，按照图 7-0-4 所示的“购物车”页面设计效果进行开发，页面内容包括页头、页脚、“购物车列表”“价格统计”和“功能按钮”版块。

任务 1 搭建后台接口环境

学习目标

1. 了解 PHP 和 MySQL 的基础知识。
2. 了解常用 HTTP 请求方法。
3. 能搭建 PHP+MySQL 开发环境。
4. 能进行后台接口测试。

任务描述

本任务主要内容是使用后台测试接口 PHP 代码与 MySQL 数据库脚本文件，在开发环境中搭建后台接口环境，为电商网站提供后台数据接口。

相关知识

一、页面超文本预处理器（PHP）

页面超文本预处理器（Page Hypertext Preprocessor，PHP）是在服务器端执行的脚本语言，适用于 Web 开发并可嵌入 HTML。

PHP 语法学习了 C 语言，吸纳了 Java 和 Perl 等多种语言的特色，发展出自己的特色语法，并根据其他语言的长项持续改进和提升自己。随着 PHP-CLI 相关组件的快速发展和完善，PHP 已经可以应用于 TCP/UDP 服务、高性能 Web、WebSocket 服务、物联网、实时通信、游戏和微服务等非 Web 领域的系统研发。

1. PHP 文件

PHP 文件的默认文件扩展名是“.php”，文件内容包含文本、HTML、JavaScript 代码和 PHP 代码。PHP 代码在服务器上执行，其结果以纯 HTML 形式返回给浏览器。

2. PHP 的功能

PHP 可以生成动态页面内容，且不局限于输出 HTML，还可以输出图像、PDF 文件，以及 XHTML 和 XML 等文本内容。在数据交互方面，PHP 可以加密数据、根据规则限制用户访问网站页面、收集表单数据，以及发送和接收 Cookies；在文件操作方面，PHP 可以创建、打开、读取、写入和关闭服务器上的文件；在数据库操作方面，PHP 可以对数据库进行查询、添加、删除和修改等一系列操作。

3. PHP 的优点

PHP 是免费的、开源的，且跨平台性强。它是运行在服务器端的脚本语言，可以在不同的平台上运行（如 Windows、Linux、UNIX、MacOS 等），且 PHP 与目前绝大部分市面上的服务器相兼容（如 Apache、IIS 等）。同时，相对其他的后端语言，PHP 消耗的系统资源明显较少。

二、Apache 软件

PHP 作为服务器端脚本语言，需要在服务器环境中运行。Apache HTTP Server（简称

Apache）是一个开源 Web 服务器，它支持多种操作系统，并且以其跨平台兼容性和安全性而闻名，快速、可靠，可通过简单的 API 扩展将多种解释器编译进去。

三、MySQL 数据库管理系统

MySQL 是最流行的关系型数据库管理系统之一，属于 Oracle 旗下产品。它将数据保存在不同的表中，而不是将所有数据放在一个大仓库内，处理速度快、灵活性强。MySQL 所使用的 SQL 是用于访问数据库的最常用标准化语言。

四、超文本传输协议（HTTP）请求

超文本传输协议（Hyper Text Transfer Protocol，HTTP）是一套计算机通过网络进行通信的规则。客户端（如 Web 浏览器）向服务器提交 HTTP 请求，服务器向客户端返回响应，这就构成了一套包含请求和应答的 HTTP 连接。

HTTP 中的 8 种常用 HTTP 请求方法见表 7-1-1。

表 7-1-1　8 种常用 HTTP 请求方法

序号	方法	说明
1	GET	请求指定的页面信息，并返回实体主体
2	HEAD	获取报头，返回的响应中没有具体内容
3	POST	向指定资源提交数据，处理请求
4	PUT	从客户端向服务器传送数据取代指定的内容
5	DELETE	请求服务器删除指定的内容
6	CONNECT	协议中预留给能够将连接改为管道方式的代理服务器
7	OPTIONS	允许客户端查看服务器的性能
8	TRACE	回显服务器收到的请求，主要用于测试或诊断

任务实施

一、安装 PHP+MySQL 开发环境

成熟的 PHP 服务器组件有许多，如 XAMPP、AppServ、phpStudy、phpnow 等。本项目以 XAMPP 为例，下载和安装 PHP+MySQL 开发环境。

在 XAMPP 官方网站（https://www.apachefriends.org/）下载并安装与操作系统对应的 XAMPP 软件。XAMPP 官方网站首页如图 7–1–1 所示。

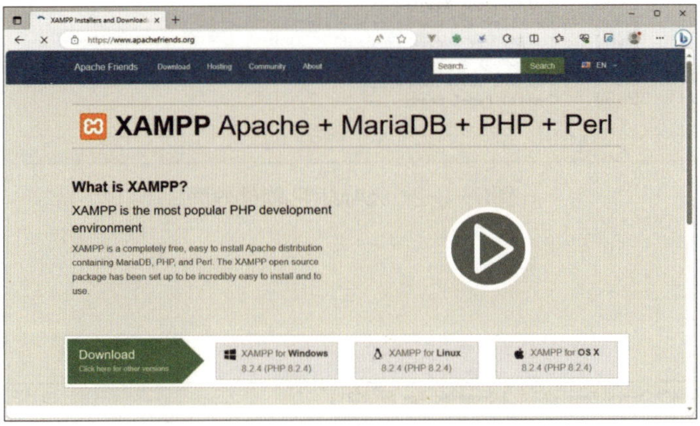

图 7–1–1 XAMPP 官方网站首页

二、启动 XAMPP

启动 XAMPP，其软件界面如图 7–1–2 所示。

分别单击 Apache 和 MySQL 对应的“Start”按钮，启动 PHP 运行的服务器软件 Apache 和数据库 MySQL，启动成功后界面如图 7–1–3 所示。界面的“Port(s)”中展示了模块对应的端口，如 Apache 使用默认的 80 端口和 443 端口，MySQL 使用默认的 3306 端口。

成功启动 Apache 和 MySQL 之后，可使用浏览器来测试访问本地 Apache 服务器。在浏览器中输入 http://localhost:80 或 http://localhost（80 端口是默认端口，可以省略），页面如图 7–1–4 所示。

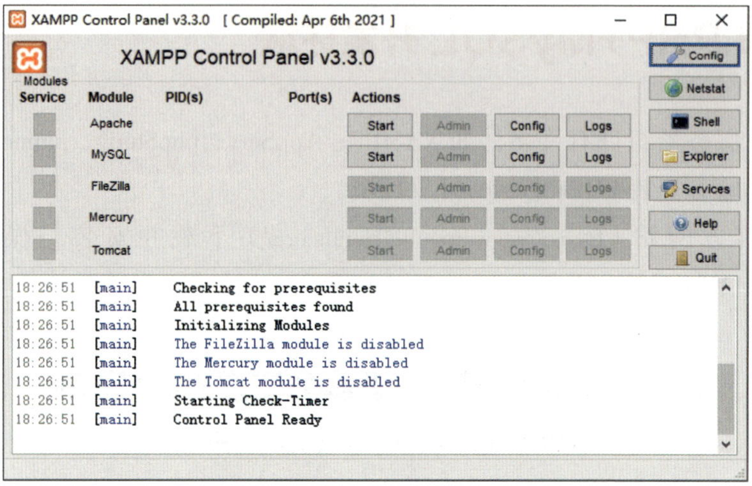

图 7-1-2　XAMPP 软件界面

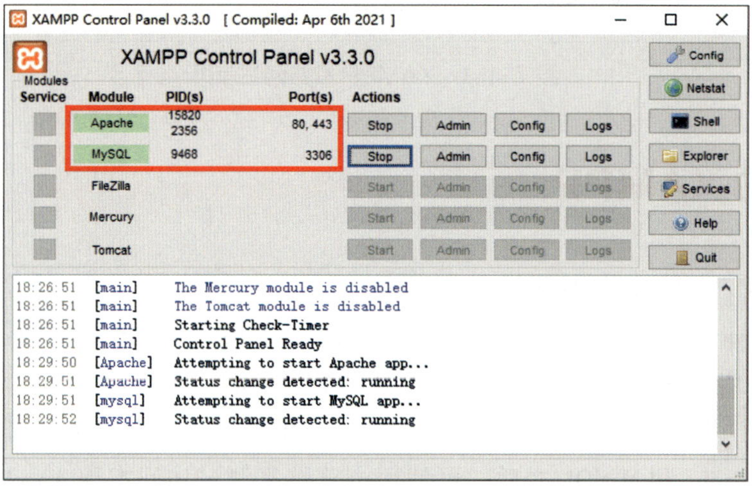

图 7-1-3　XAMPP 软件模块启动成功后的界面

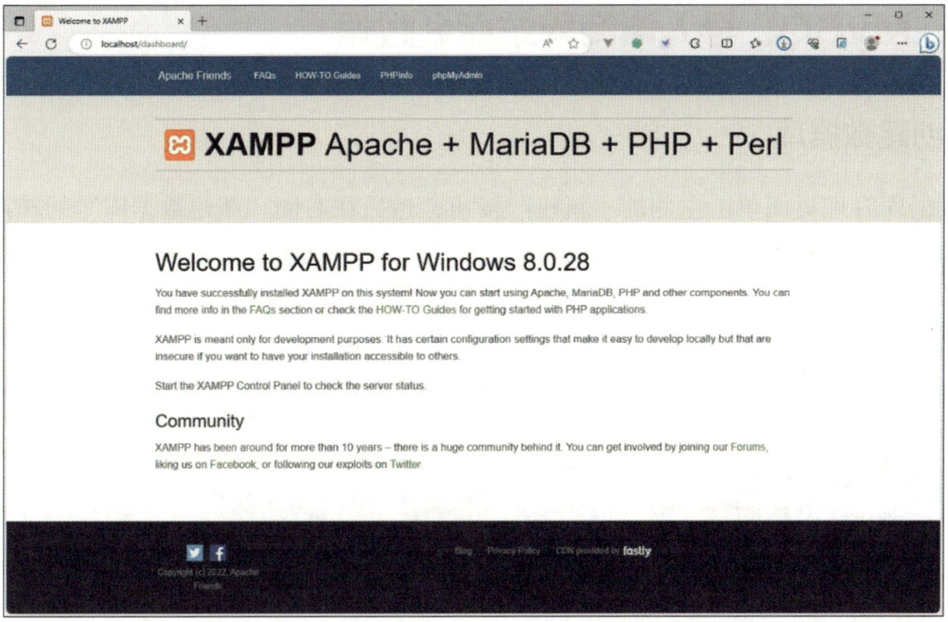

图 7-1-4　localhost 页面

单击页面上方的“phpMyAdmin”链接，可跳转到数据库管理页面，如图 7-1-5 所示。

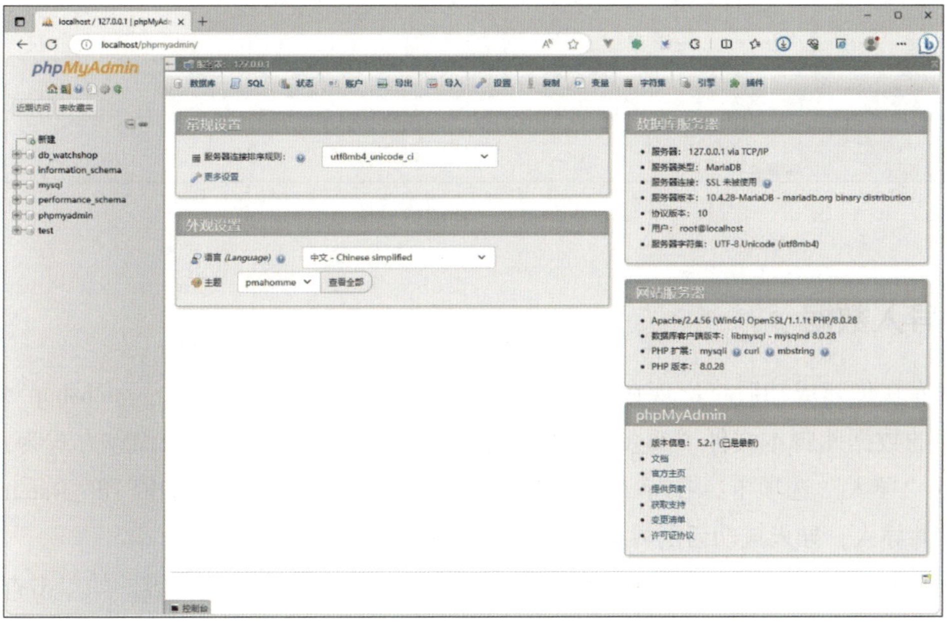

图 7-1-5　数据库管理页面

三、MySQL 导入电商网站后台数据

1. 创建数据库

在数据库管理页面单击左侧的“新建”按钮，然后在右侧“新建数据库”的输入框中输入新建的数据库名“db_watchshop”并单击“创建”按钮，如图 7-1-6 所示。

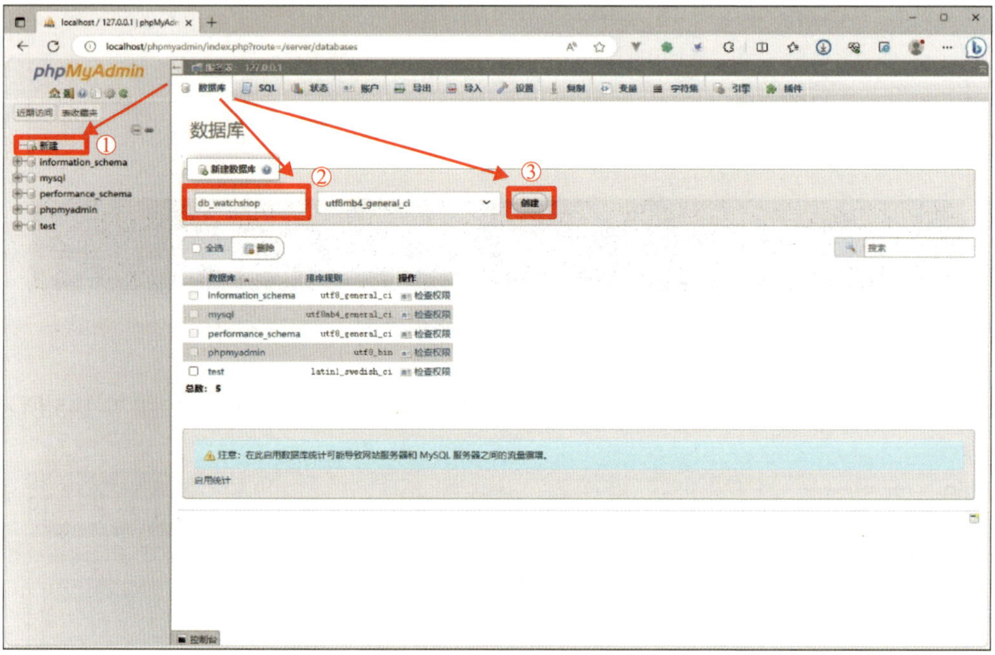

图 7-1-6　创建数据库

2. 导入数据

数据库在创建成功后将出现在页面左边的数据库列表中，选择“db_watchshop”数据库，将素材中的数据库脚本文件“db_watchshop.sql”导入该数据库。具体的操作方式为：单击页面上方的“导入”选项卡，在导入界面中单击“选择文件”按钮，选中“db_watchshop.sql”脚本文件并导入，导入成功后的界面如图 7-1-7 所示。

在页面左侧新建的数据库表中，可单击任意一张表来查看其详细内容。如单击查看“tbl_watches”表，则其详情页面如图 7-1-8 所示。

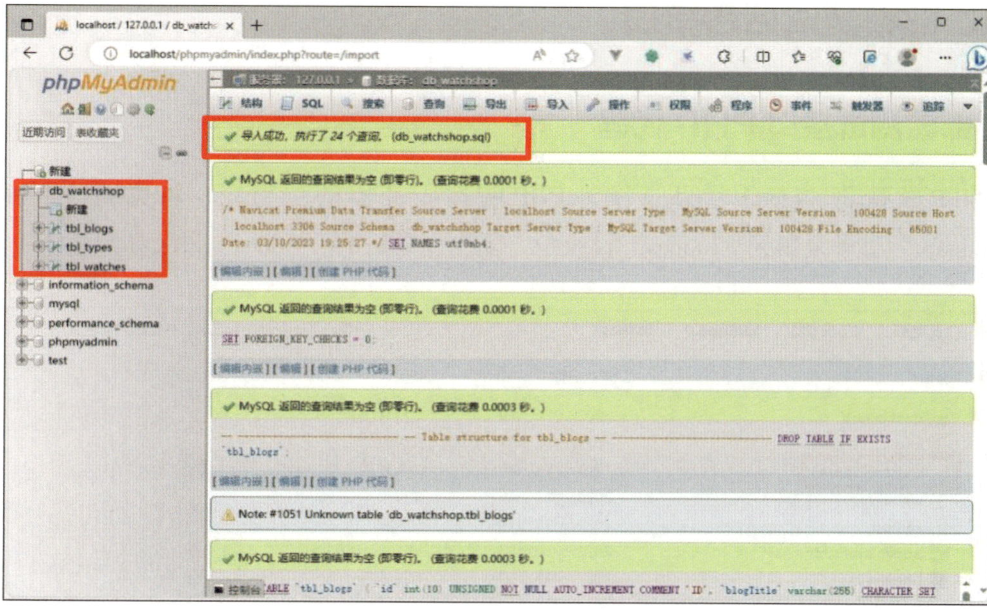

图 7-1-7　脚本文件导入成功后的界面

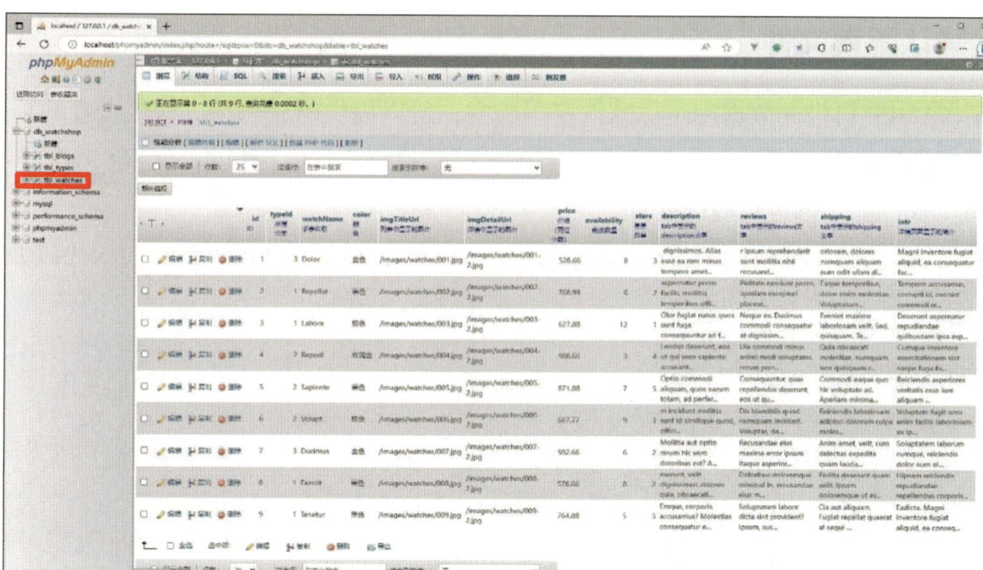

图 7-1-8　“tbl_watches”表的详情页面

四、部署测试后台接口

1. 部署测试接口 PHP 代码

XAMPP 默认将“htdocs”目录作为 PHP 网站服务器的主目录，将素材文件夹中的“watchshopapi”目录复制到“htdocs”目录中，复制完成后的“htdocs”目录如图 7-1-9 所示。

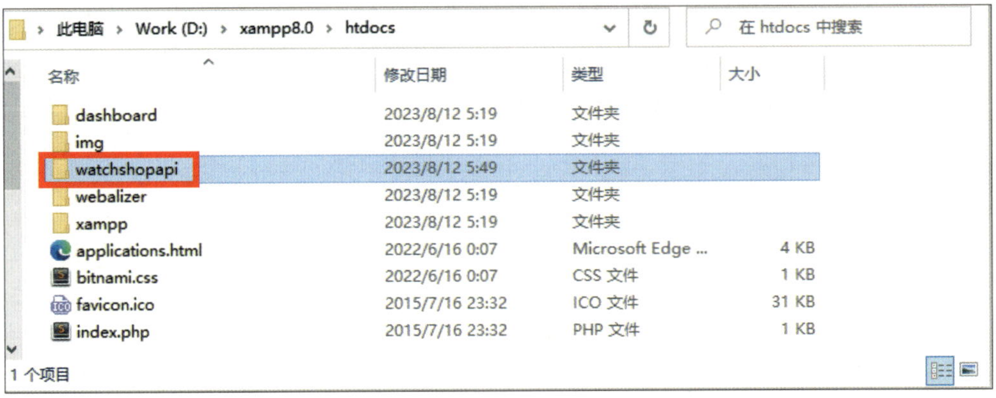

图 7-1-9　复制完成后的“htdocs”目录

2. 确认配置文件

由于 XAMPP 自带的数据库组件默认密码为空，所以提供的后台接口默认设置的数据库密码为空。若使用的数据库地址、用户名或密码与默认设置不同，可以打开后台 PHP 连接配置文件“db_conn.php”修改对应的变量。

“db_conn.php”文件位于“watch_shop\watchshopapi\include”目录中，其初始代码如下。

```
<?php
$serverName = "127.0.0.1";
$username = "root";
$password = "";
$dbName = "db_watchshop";
$conn = mysqli_connect($serverName,$username,$password);
$link = mysqli_connect($serverName,$username,$password) or die("Unable to connect to the MySQL Server");
```

```
mysqli_query($conn, "SET NAMES 'UTF8'");
mysqli_select_db($conn,$dbName) or die("Unable to connect to the DB: " .$dbName);
class RetData{
    public $code;
    public $msg;
}
$retData = new RetData( );
```

在上述代码中各变量的说明如下。

（1）$serverName：后台 IP 地址或 URL 地址。

（2）$username：连接数据库的用户名。

（3）$password：连接数据库的密码。

（4）$dbName：查询的数据库名。

3. 访问后台接口首页

后台接口代码提供了入口文件“index.html”。使用浏览器访问后台接口首页 http://localhost/watchshopapi/，可查看接口的链接及说明，其页面如图 7-1-10 所示。

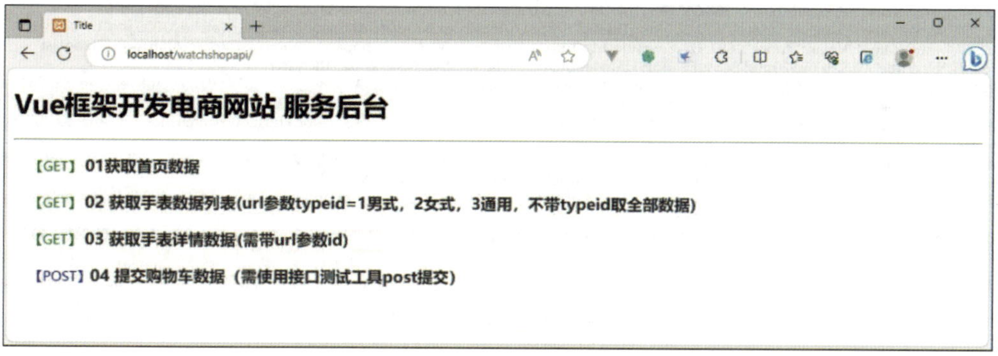

图 7-1-10　接口的链接及说明页面

上图显示后台提供了 4 个接口，前 3 个为 GET 请求接口，第 4 个为 POST 请求接口。GET 请求接口可以通过使用浏览器访问相应的 URL 进行接口测试，而 POST 请求接口则需要用接口测试工具提交相应格式的数据才能得到预期的返回结果。

小提示：

接口测试的全称是应用程序编程接口（API）测试，是模拟客户端向服务器端发送请求，然后检查能否获得正确的返回信息。接口测试用于测试 RESTful API 和 SOAP Web 服务，这些服务可以通过 HTTP、HTTPS、JMS（Java Message Service，Java 消息服务）和 MQ（Message Queue，消息队列）发送。

五、GET 接口测试

1. 首页数据接口测试

在后台接口首页中单击“[01 获取首页数据]”链接（URL 地址为 http://localhost/watchshopapi/getIndexPageData.php），若请求成功，则会返回首页渲染所需的相关数据，如图 7-1-11 所示。

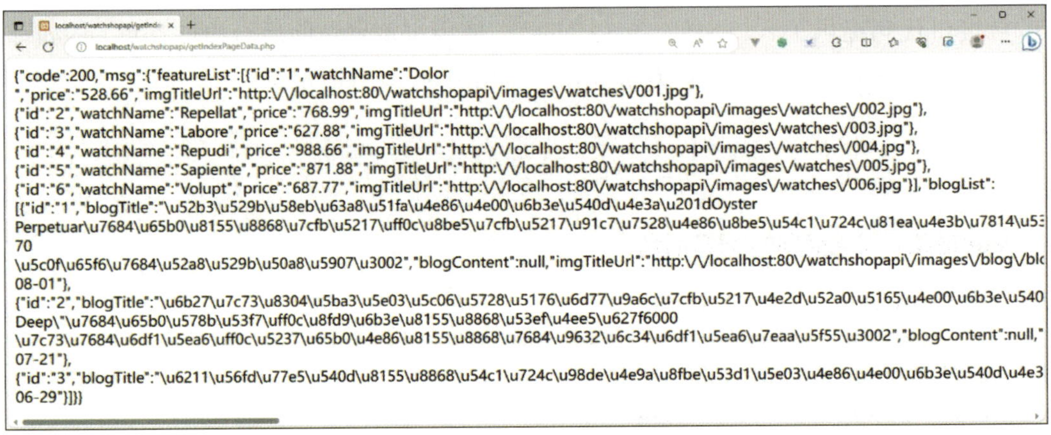

图 7-1-11　获取首页数据

可以看出，若请求成功，则返回数据对象的 code 属性值为 200，msg 属性值是完整的页面数据对象。

2.“手表列表”数据接口测试

在后台接口首页中单击“[02 获取手表数据列表]”链接（URL 地址为 http://localhost/watchshopapi/getWatchList.php?typeid=1），若请求成功，则返回的数据如图 7-1-12 所示。

图 7-1-12　获取“手表列表”数据

此接口可选参数为 typeid，当 typeid 为 1 时返回男式手表（Men Watches）数据，当 typeid 为 2 时返回女式手表（Women Watches）数据，当 typeid 为 3 时返回通用手表（Unisex Watches）数据。若请求时不带 typeid，则获取全部手表数据。

3. “手表详情”数据接口测试

在后台接口首页中单击“[03 获取手表详情数据]”链接（URL 地址为 http://localhost/watchshopapi/getWatchDetail.php?id=1），请求此接口必须提交 id 作为参数，当 id 为空或不合法时，将返回报错信息。若请求成功，则返回的数据如图 7-1-13 所示。

图 7-1-13　获取“手表详情”数据

六、POST 接口测试

第 4 个接口为“[04 提交购物车数据]”，该接口用于前端向服务器提交用户在“购物车”中的数据，所以需要使用 POST 提交数据。

本项目以常用的 Postman 软件为例测试提交“购物车”数据，在 Postman 中访问“[04 提交购物车数据]”接口（URL 地址为 http://localhost/watchshopapi/postCartData.php），配置请求类型为 POST，配置测试请求提交的 Body 内容为 { "idList": [3,5,6] }，然后单击“Send”按钮提交请求，若请求成功，则显示内容如图 7-1-14 所示。

后台返回的数据为 Unicode 格式，使用任一转码工具将其转换为中文后，显示内容如图 7-1-15 所示。返回的数据表示后台测试接口已成功接收到提交的 idList 数据，并将数组中列出的手表 id 信息返回给前端。

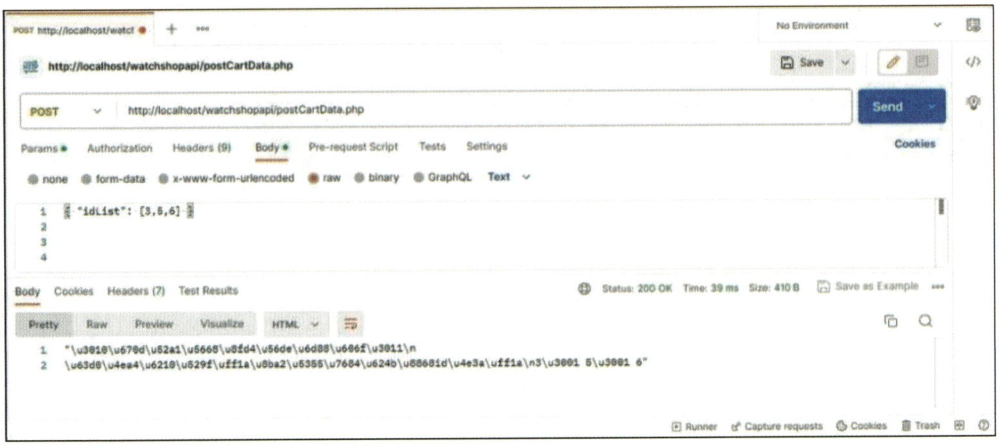

图 7-1-14　提交“购物车”数据

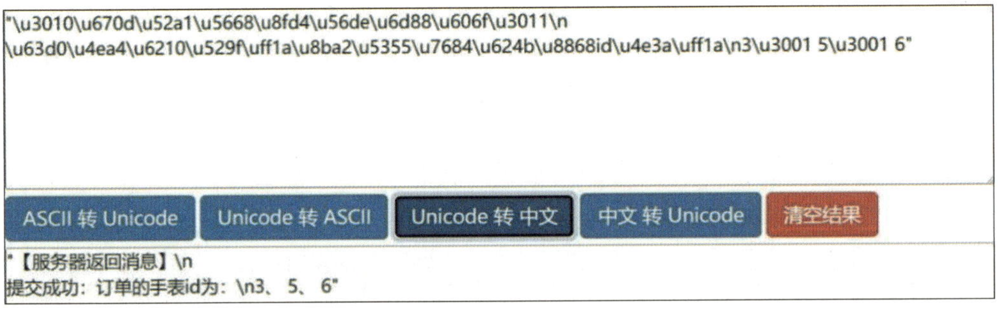

图 7-1-15　数据转换为中文后的显示内容

任务 2　创建 Vue 项目与公共组件

学习目标

1. 了解 Vuex 状态管理。
2. 能根据项目需求配置 Vue CLI 插件。
3. 能熟练创建并使用组件。

任务描述

本任务主要内容是按照项目设计需求创建 Vue 项目，使用 Vue Router 进行页面路由管理，并使用 Vuex 进行页面间数据交互状态管理。

相关知识

一、Vuex 简介

Vuex 是一个专为 Vue.js 应用程序开发的状态管理模式和库。它采用集中式存储的方式管理应用的所有组件状态，并以相应的规则保证状态变化的可预测性。

当应用遇到多个组件共享状态时，易破坏单向数据流的简洁性。因此，Vuex 将组件的共享状态抽取出来，以一个全局单例模式进行管理，在此模式下，任何组件都能获取状态或触发行为。它通过定义和隔离状态管理中的各种概念并以强制规则维持视图和状态间的独立性实现代码的结构化，让应用更易维护。

二、Vuex 核心概念

1. State

State 提供全局唯一的公共数据源，所有共享的数据统一在 Vuex Store 的 State 中存储。Vuex 通过 Vue 的插件系统将 Store 实例从根组件中“注入”到所有的子组件中。

2. Getter

Vuex 允许开发人员在 Store 中定义 Getter（Store 的计算属性）。Getter 会被暴露为 store.getters 对象，可使用属性的形式访问这些值。

3. Mutation

更改 Vuex 中 Store 状态的唯一方法是提交 Mutation（Mutation 须是同步函数）。开发人员不能直接调用 Mutation 处理函数。若要唤醒 Mutation 处理函数，需要以相应的类型调用 store.commit( ) 方法。

4. Action

Action 类似于 Mutation，不同之处在于 Action 可以包含异步操作。

5. Module

由于使用单一状态树时，应用的所有状态会集中到一个比较大的对象中，所以当应用较为复杂时，Store 对象可能变得较为“臃肿”。为了解决此问题，Vuex 允许将 Store 分割成模块（Module）。每个模块拥有自己的 State、Getter、Mutation 和 Action，甚至是嵌套子模块。

任务实施

一、分析项目需求

在正式启动开发之前，需要对项目的设计效果图进行分析，寻找每个页面在布局和功能上的相同点与不同点，对项目形成整体性的概念，从而保障开发的效率与最终软件产品的质量。

在本项目的开发过程中需要注意的三个关键因素如下。

1. 分析页头组件特点

通过分析 4 个页面的设计效果图可知，所有页面页头的整体布局内容是相似的，唯一的不同点在于：首页页头的底色为透明，其余页面页头的底色为黑色。因此，可以制作一个通用的页头组件，将其底色默认设置为黑色，在所有页面中均调用该组件，然后在首页中将页头组件的底色设置为透明。

4 个页面的页头组件设计样式如图 7-2-1 至图 7-2-4 所示。

图 7-2-1　首页页头组件设计样式

图 7-2-2　“商品列表”页面页头组件设计样式

图 7-2-3　“商品详情”页面页头组件设计样式

图 7-2-4　“购物车”页面页头组件设计样式

2. 分析页脚组件特点

4 个页面页脚的布局与功能完全相同（图 7-2-5），因此，只需要创建一个通用的页脚组件，在根组件“App.vue”中直接调用，即可为所有页面实现统一的页脚内容布局。

图 7-2-5　页脚组件的布局与功能

3. 分析购物流程

根据本项目的需求，用户选择商品操作的交互流程如下。

（1）用户在“商品列表”页面中单击商品，将自动跳转到该商品的详情页面。

（2）在该商品的详情页面中单击“加入购物车”按钮，会将该商品添加到“购物车”中，并自动跳转到“购物车”页面。

（3）“购物车”页面自动更新显示用户已加入“购物车”的全部商品。

从以上流程可知，用户在“商品列表”页面中单击商品后，在跳转到“商品详情”页面时需传递该商品的 id。在“商品详情”页面中，需要使用 Vue 的路由管理功能来获取传入的商品 id，并根据该 id 向服务器请求对应的商品详情数据。

用户在“商品详情”页面单击“加入购物车”按钮后，程序需要自动更新本地保存的“购物车”数据并跳转到“购物车”页面。在“购物车”页面中取出最新的“购物车”数据并动态渲染显示。

为了实现以上交互功能，需要使用 Vuex 的状态管理模式。在“商品详情”页面中单击“加入购物车”按钮后，更新在 Vuex 的 State 中保存的“购物车”数据；在跳转到“购物车”页面后，从 Vuex 的 State 中取出最新的“购物车”数据，动态渲染“购物车”页面。因此，在创建项目配置时，需要选中 Vuex 插件。

二、创建 Vue 项目

1. 执行创建 Vue 项目命令

在开发目录下执行创建 Vue 项目的命令，项目名称为“watch_shop_vue”，具体代码如下。

```
vue create watch_shop_vue
```

2. 配置项目选项

在项目预设选择界面（图 7-2-6）中，选中 Manually select features 并按 Enter 键确认，进入配置选择界面。

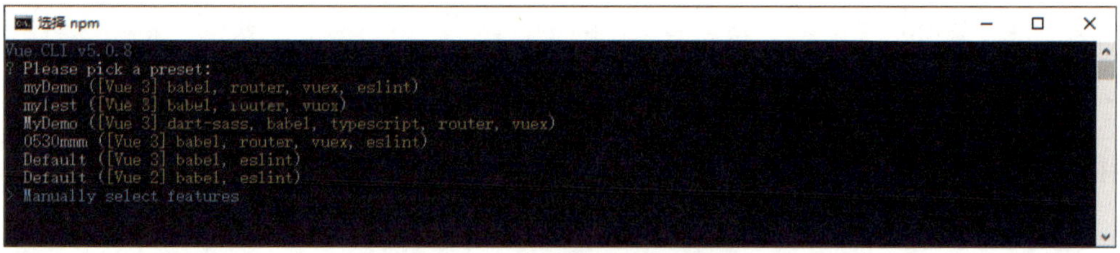

图 7-2-6　项目预设选择界面

在项目配置选择界面中，选择 Babel、Router 和 Vuex 选项，如图 7-2-7 所示。

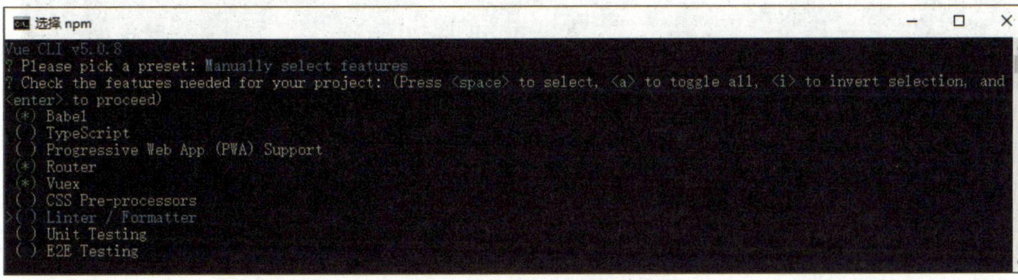

图 7-2-7　项目配置选择界面

在选择 Vue.js 版本界面中，选择使用 Vue3.x 的版本，如图 7-2-8 所示。

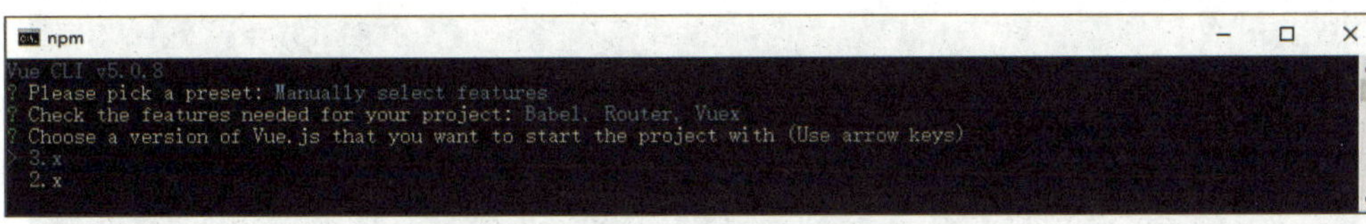

图 7-2-8　选择 Vue.js 版本界面

在选择历史模式界面中设置不使用历史模式，如图 7-2-9 所示。

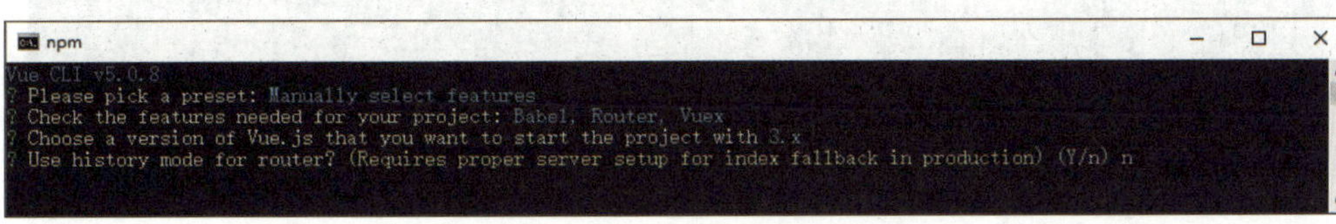

图 7-2-9　选择历史模式界面

在设置 Babel、ESLint 配置文件保存方式的界面中，选择默认的选项“In dedicated config files”，将配置写在专用的配置文件中，如图 7-2-10 所示。

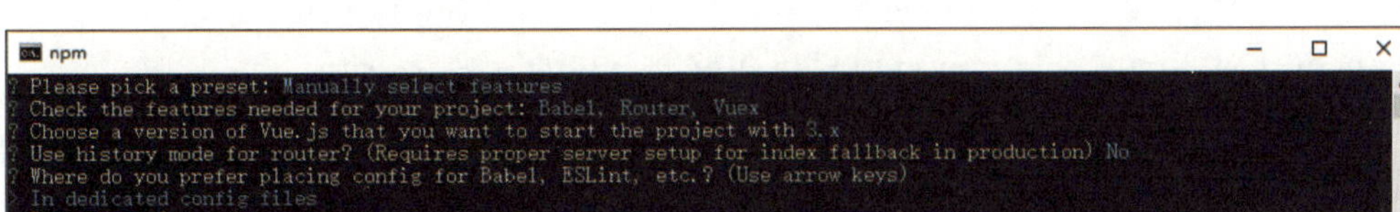

图 7-2-10　设置项目配置文件界面

在选择是否保存预设界面中，直接按 Enter 键，选择默认的“N”选项以确认不保存预设，如图 7-2-11 所示。

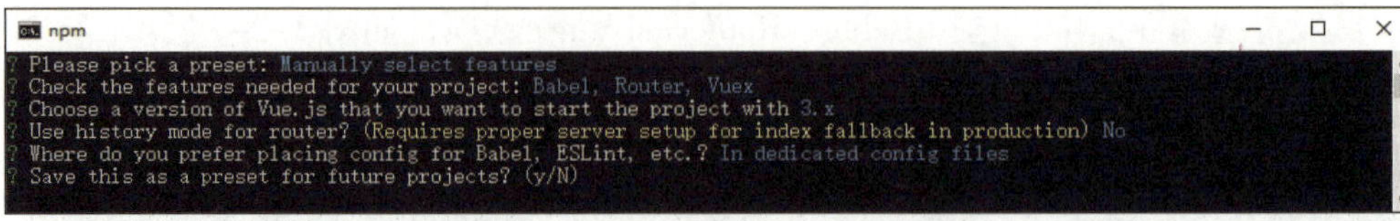

图 7-2-11　选择是否保存预设界面

3. 启动项目

在项目创建完成后，会显示项目创建完成界面，进入新创建的项目目录，使用 npm 命令启动项目，如图 7-2-12 所示。

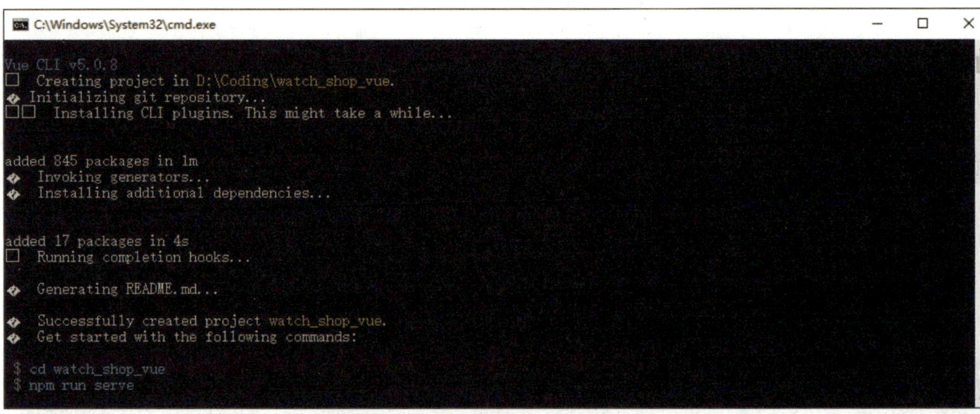

图 7-2-12　项目创建完成界面

进入“watch_shop_vue”目录，具体代码如下。

```
cd watch_shop_vue
```

使用 npm 命令启动项目，具体代码如下。

```
npm run serve
```

在项目启动成功后，会显示项目启动成功界面，如图 7-2-13 所示。

图 7-2-13　项目启动成功界面

4. 访问项目

使用浏览器访问 http://localhost:8080/，显示的内容如图 7-2-14 所示。页面中的“Installed CLI Plugins”部分显示了已经安装的插件有 Babel、Router 和 Vuex。

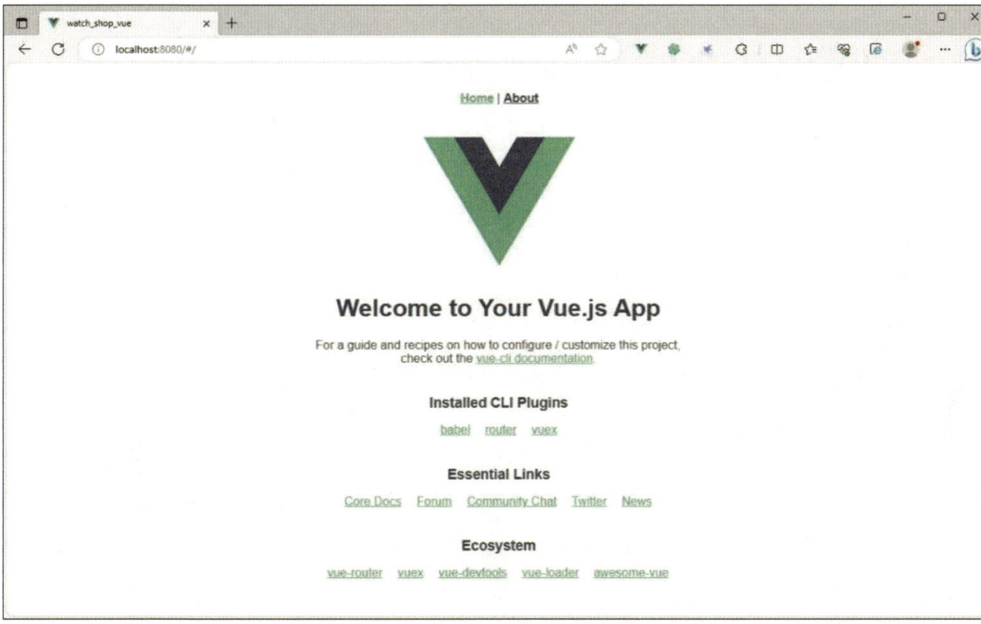

图 7-2-14　项目在浏览器中显示的内容

三、创建自定义页面

根据项目需求，在“watch_shop_vue/src/views”目录下创建以下 4 个单文件组件，4 个文件分别对应首页、“商品列表”页面、“商品详情”页面和“购物车”页面，在每个页面的模板 <template> 中暂时写入对应内容，后续将根据需求对其逐一进行修改。

1. “IndexView.vue”文件

```
<template>
    <h1> 首页 </h1>
</template>
```

2. “ProductsView.vue”文件

```
<template>
    <h1> 商品列表 </h1>
</template>
```

3. “ProductDetailView.vue”文件

```
<template>
    <h1> 商品详情 </h1>
</template>
```

4. “CartView.vue”文件

```
<template>
    <h1> 购物车 </h1>
</template>
```

将 Vue CLI 自动创建的“HomeView.vue”与“AboutView.vue”两个文件删除，最后得到“views”目录，如图 7-2-15 所示。

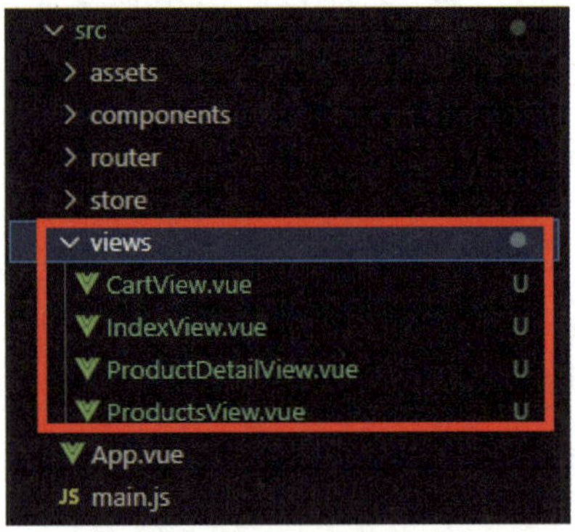

图 7-2-15 “views”目录

四、配置自定义路由

修改“watch_shop_vue/src/router/index.js”文件，具体代码如下。

```
import { createRouter, createWebHashHistory } from 'vue-router'
import IndexView from '../views/IndexView.vue'
const routes = [
    {
        path: '/',
        name: 'index',
        component: IndexView
    },
    {
        path: '/products',
        name: 'products',
        component: ( ) => import('../views/ProductsView.vue')
    },
    {
        path: '/productdetail',
        name: 'productdetail',
        component: ( ) => import('../views/ProductDetailView.vue')
    },
    {
        path: '/cart',
        name: 'cart',
        component: ( ) => import('../views/CartView.vue')
    }
]
const router = createRouter({
    history: createWebHashHistory( ),
```

```
    routes
})
export default router
```

上述代码进行了以下三部分内容的配置。

（1）将默认首页指向 IndexView 组件，并定义 name 为“'index'”。

（2）删除“'/about'”路径元素。

（3）除首页外，新增 3 个路径元素，分别为“/products”“/productdetail/”和“/cart”，均使用懒加载方式引入组件。

五、修改“App.vue”文件

打开“src/App.vue”文件，将 <router-link> 标签修改为指向对应页面的组件。修改 <nav> 中的导航链接，具体代码如下。

```
<template>
    <nav>
        <router-link to="/"> 首页 </router-link> |
        <router-link to="/products"> 商品列表 </router-link> |
        <router-link to="/productdetail"> 商品详情 </router-link> |
        <router-link to="/cart"> 购物车 </router-link>
    </nav>
    <router-view/>
</template>
```

六、启动并测试项目

重新启动项目后，访问 http://localhost:8080/ 或 http://192.168.0.103:8080/，在浏览器中各页面显示的内容如图 7-2-16 至图 7-2-19 所示。

图 7-2-16 首页显示的内容

图 7-2-17 “商品列表”页面显示的内容

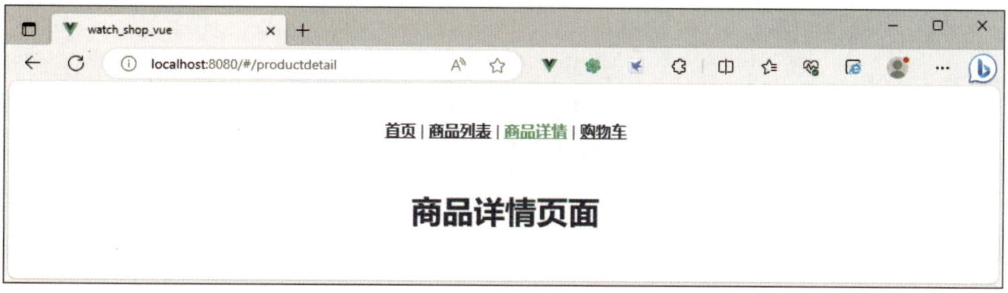

图 7-2-18 “商品详情”页面显示的内容

图 7-2-19 “购物车”页面显示的内容

七、导入图片资源

在“public”目录中创建“images”目录，然后将素材文件夹中的图片素材复制到“images”目录下。

八、创建公共组件

1. 创建页头文件

在“components”组件目录下，新建一个“CompHeader.vue”文件，并删除目录中创建项目时自动生成的“HelloWorld.vue”文件。

根据设计效果图的要求，在“CompHeader.vue”文件的模板 <template> 中布局 3 个路由链接（<router-link> 标签），分别指向首页、“商品列表”页面和“购物车”页面。

在样式 <style> 中，定义整个头部组件的背景色为黑色，同时使用 a.router-link-exact-active 样式定义当前激活路由的字体颜色，从而标识出当前页面所属的路由。

2. 创建页脚组件

在“components”组件目录下，新建一个“CompFooter.vue”文件。在“CompFooter.vue”文件中根据设计效果图的要求，编写模板 <template> 与样式 <style> 中对应的代码。

九、引入公共组件

由于页头组件在不同页面中的显示不同，所以在每个页面中单独引入页头组件。而页脚组件在每个页面中的显示均相同，所以仅需在“App.vue”文件（Vue.js 项目的根组件）中统一引入页脚组件即可。

打开“App.vue”文件，删除 <nav> 标签的布局内容与对应的样式代码，创建脚本 <script> 标签并引入页脚组件，在 <router-view/> 标签下方引入页脚组件。修改后的“App.vue”文件的具体代码如下。

```
<template>
    <router-view/>
```

```
    <CompFooter />
</template>
<script setup>
    import CompFooter from "./components/CompFooter.vue";
</script>
<style>
*{
    margin: 0;
    padding: 0;
}
#app {
    font-family: Avenir, Helvetica, Arial, sans-serif;
    -webkit-font-smoothing: antialiased;
    -moz-osx-font-smoothing: grayscale;
    text-align: center;
    color: #2c3e50;
}
</style>
```

重启或刷新项目后，访问项目首页，效果如图 7-2-20 所示。

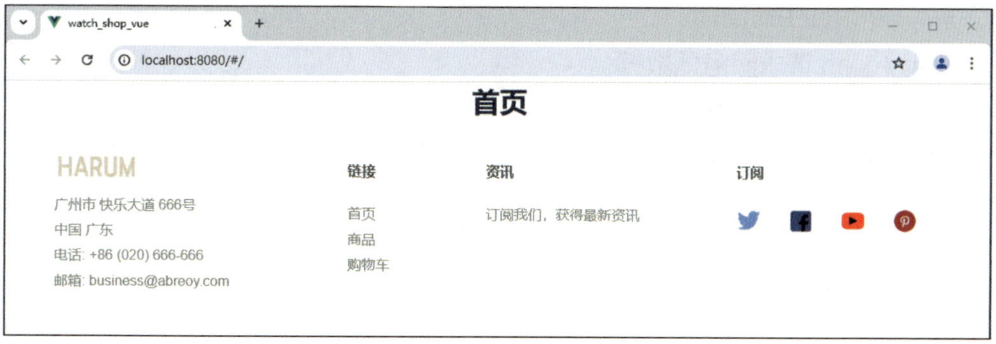

图 7-2-20　首页效果

由于在“App.vue”文件中删除了 <nav> 标签内容，所以无法通过单击链接跳转至其他页面，此时，可以在浏览器地址栏中输入其他页面对应的 URL 地址来进行预览。访问 http://

localhost:8080/#/products 地址可以预览“商品列表”页面，效果如图 7-2-21 所示。“商品详情”页面对应地址为 http://localhost:8080/#/productdetail，“购物车”页面对应地址为 http://localhost:8080/#/cart，可自行预览测试。

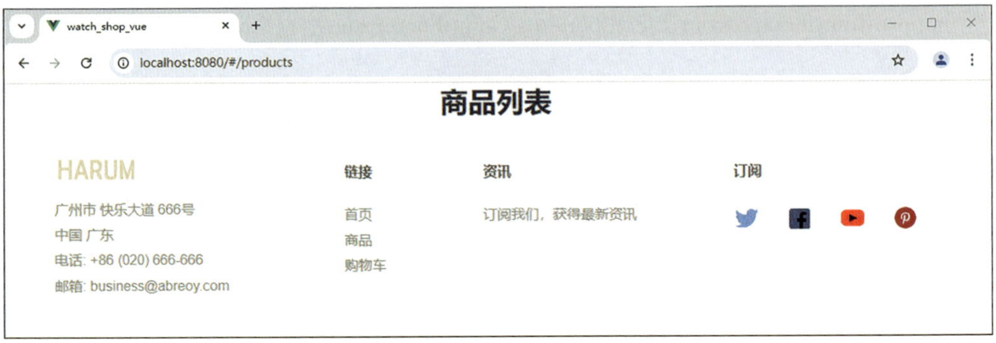

图 7-2-21 “商品列表”页面效果

任务 3 开发首页页面

学习目标

1. 了解 Vue 组件生命周期。
2. 能使用 Axios 请求服务器数据。
3. 能使用 Proxy 解决跨域问题。
4. 能使用 Props 向子组件传值。

任务描述

本任务主要内容是按照图 7-0-1 所示的首页设计效果进行开发，首页内容包括上方版块、

“热门商品”版块、中部广告 Banner 版块、“资讯”版块与页脚版块。其中，上方版块的布局包括页头组件布局，页面中的“热门商品”版块与“资讯”版块将根据后台服务器接口返回的数据动态渲染。

相关知识

一、Vue 组件生命周期

1. Vue 组件生命周期介绍

每个 Vue 组件实例在创建时都需要经历一系列的初始化步骤，如设置数据侦听、编译模板，将 DOM 挂载到实例，在数据改变时更新 DOM 等。在此过程中，它也会运行被称为生命周期钩子的函数，让开发人员有机会在特定阶段运行自己的代码。Vue 组件生命周期的整体过程如图 7-3-1 所示。

2. 生命周期钩子

生命周期钩子属于组合式 API，各生命周期钩子的说明如下。

（1）onMounted( )：在组件挂载完成后执行。组件在其所有同步子组件都已经被挂载后，或其自身的 DOM 树已经创建完成并插入了父容器后，被视为已挂载。

（2）onUpdated( )：组件在因为响应式状态变更而更新其 DOM 树之后调用。父组件的更新钩子将在其子组件的更新钩子之后调用。注意不要在 updated 钩子中更改组件的状态，否则可能会导致无限更新循环。

（3）onUnmounted( )：在组件实例被卸载之后调用。开发人员可以在此钩子中进行必要的手动清理，如计时器、DOM 事件监听器或与服务器的连接等。

（4）onBeforeMount( )：在组件被挂载之前调用。

（5）onBeforeUpdate( )：在组件即将更新之前调用。

（6）onBeforeUnmount( )：在组件实例被卸载之前调用。

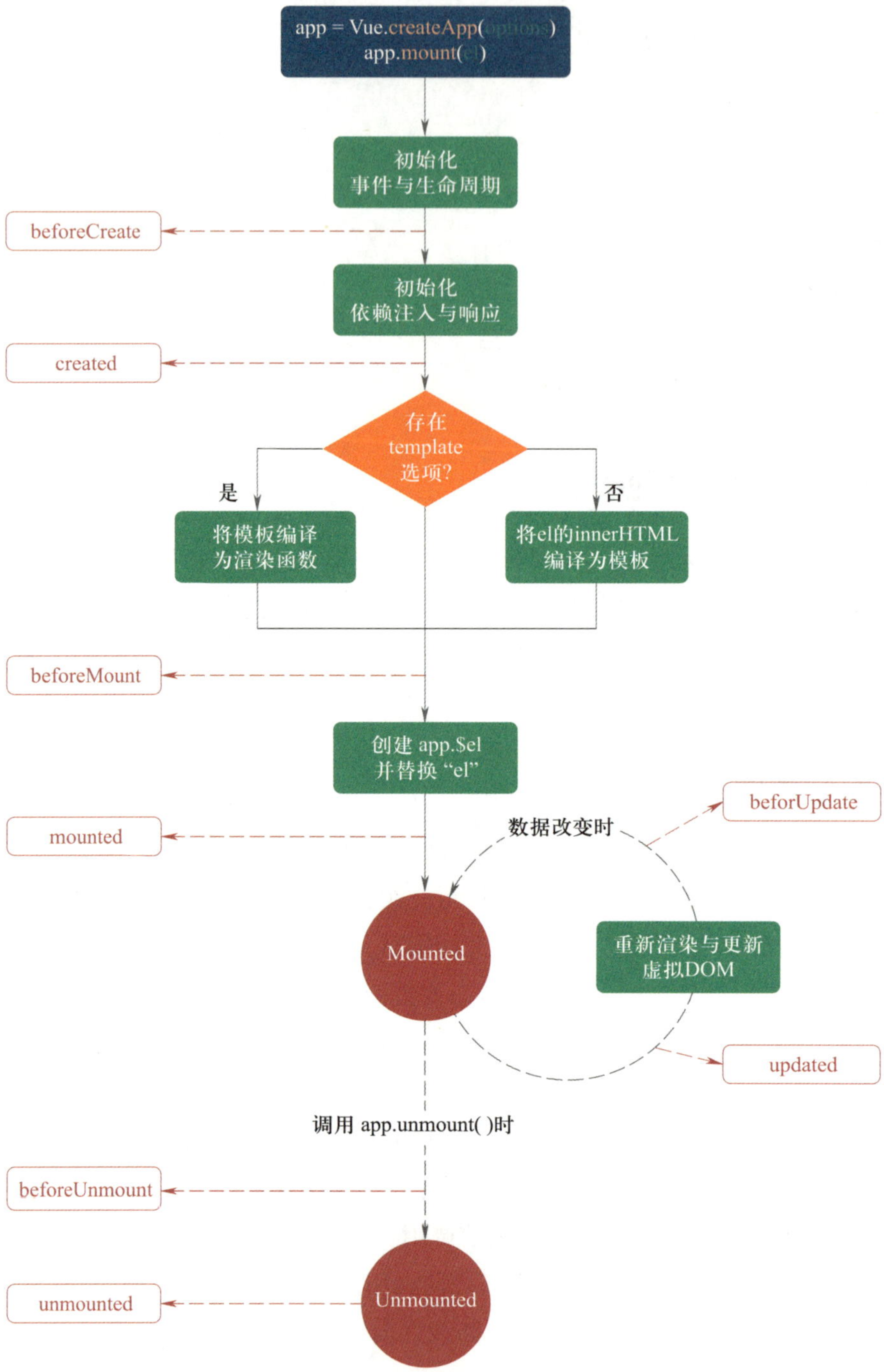

图 7-3-1　Vue 组件生命周期的整体过程

二、Axios 网络请求

1. Axios 介绍

Axios 是一个基于 Promise 异步请求的 HTTP 库，它可以用在浏览器和“node.js”中。Axios 本质上是对原生 XML HTTP Request（简称 XHR）的封装，只不过它是 Promise 的实现版本，符合最新的 ES 规范。

2. Axios 请求

（1）GET 请求

执行 GET 请求的具体代码如下。

```
axios.get('/user?ID=12345')
    .then(function (response) {
        console.log(response);
    })
    .catch(function (error) {
        console.log(error);
    });
```

（2）POST 请求

执行 POST 请求的具体代码如下。

```
axios.post('/user', {
        firstName: 'Fred',
        lastName: 'Flintstone'
    })
    .then(function (response) {
        console.log(response);
    })
    .catch(function (error) {
        console.log(error);
    });
```

3. Axios API

可以通过向 Axios 传递相关配置来创建请求，具体代码如下。

```
// 发送 POST 请求
axios({
    method: 'post',
    url: '/user/12345',
    data: {
        firstName: 'Fred',
        lastName: 'Flintstone'
    }
});
```

三、跨域请求

1. 跨域请求介绍

同源策略（Same Origin Policy）是一种约定，它是浏览器最核心、最基本的安全功能。出于安全考虑，浏览器限制从 JavaScript 脚本发起的跨域 HTTP 请求。

跨域请求（Cross-Origin Request）是指当前发起请求的域与该请求指向的资源所在的域不同，包括两者的协议、域名和端口号中任意一个存在不同，则视为跨域。只有两者的协议、域名和端口号均相同时才是同域。

2. 跨域问题解决方案

（1）后端解决跨域

方案一：CORS（Cross Origin Resource Sharing，跨域资源共享）是一种由 W3C 标准化的跨域解决方案，它可以让服务器支持跨域请求，并在响应头中添加相关信息。

方案二：JSONP（JSON with Padding）是一种利用 <script> 标签实现跨域请求的方法。它在 PHP 后端中通过动态生成一个 JavaScript 函数调用，并返回给前端，实现跨域请求。

（2）前端解决跨域

方案：Proxy（代理）是指当前端浏览器发出连接请求后，将原本应该直接发送至后台服务器的请求发送至代理服务器中，由代理服务器将请求传送给后台服务器，并接收后台服务器返回的数据，再将数据返回给前端浏览器，即以代理服务作为网络通信的中转站。

任务实施

根据本项目设计需求，首页的“热门商品”与“资讯”版块需要向后台服务器请求数据，并根据返回的内容动态显示页面。因此，本项目需要安装 Axios 插件以实现此功能。

一、安装 Axios

在本项目目录中使用 npm 命令安装 vue-axios。

```
npm install --save axios vue-axios
```

Axios 安装成功后的提示界面如图 7-3-2 所示。

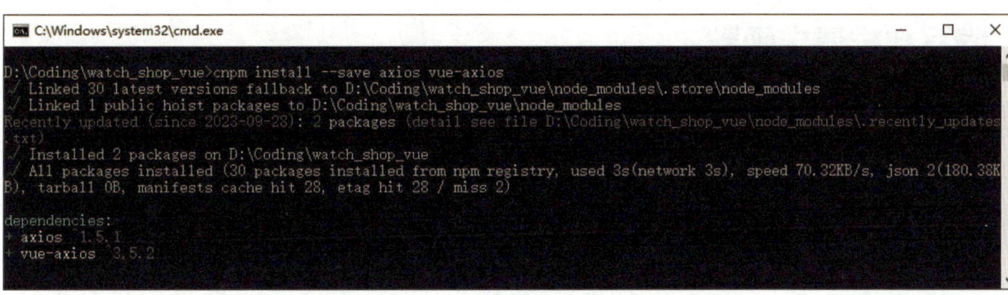

图 7-3-2　Axios 安装成功后的提示界面

二、请求页面数据

1. 定义本地响应式变量

打开“src/views/IndexView.vue”文件，在脚本 <script> 中引入 ref 函数，然后定义两个响应式数组变量 featureList 和 blogList，分别用于存储服务器请求返回的“热门商品”和“资讯”版块数据，具体代码如下。在模板 <template> 中将以上两个数组的内容分别使用 v-for 语句进行列表渲染。

```
<script setup>
    import { ref } from "vue";
    const featureList = ref([]);
    const blogList = ref([]);
</script>
```

2. 注册生命周期回调

为了提高用户体验，可在首页的组件挂载完成后，再向服务器请求数据。在“indexView.vue”文件的脚本 <script> 中引入 onMounted( ) 函数，接着注册 onMounted( ) 回调函数，在该函数中调用自定义 getPageData( ) 函数向测试接口请求数据，对应的具体代码如下。

```
import { onMounted, ref } from "vue";
onMounted(( )=>{
    getPageData( );
})
```

3. 编写数据请求函数

在脚本 <script> 中引入 Axios，然后定义函数 getPageData( )，在函数中使用 Axios 向后台服务器首页数据的接口发起 get( ) 请求，获得服务器返回的数据后，在浏览器控制台中使用 console.log( ) 方法输出，具体代码如下。

```
import axios from "axios";
function getPageData( ){
    axios.get( "http://localhost/watchshopapi/getIndexPageData.php")
        .then(res=>{
            console.log(res)
        })
        .catch(err=>{
            console.log(err)
        })
}
```

在刷新项目后访问首页（http://localhost:8080），由于尚未处理跨域请求问题，所以浏览器控制台中将会显示报错信息，如图 7-3-3 所示。

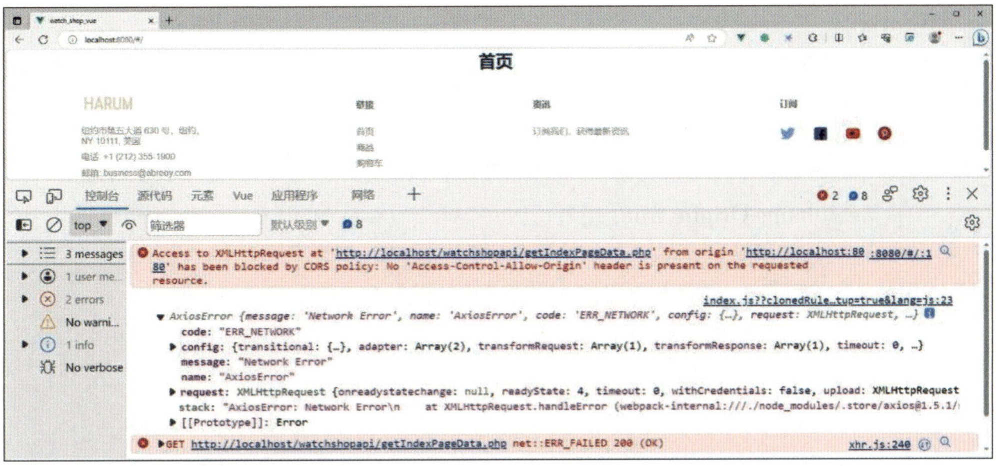

图 7-3-3　浏览器控制台显示的报错信息

出现上述报错的原因是发起请求的域与该请求指向的资源所在的域不同。前端 Vue 首页发起请求的域为 http://localhost:8080/，而请求指向的后端 PHP 接口域为 http://localhost/，虽然前后端两者协议相同（均为 HTTP），域名也相同（均为 localhost），但是两者的端口号不同，前端使用的端口号为 8080，后端则未指定端口号，而是使用服务器侦听网页客户端请求的默认 80 端口。在同源策略约定中，只有前后端两者的协议、域名和端口号均相同才是同域，因而此处产生了跨域请求错误，所以浏览器控制台显示错误提示“has been blocked by CORS policy”。

4. 处理跨域请求问题

本项目采用前端 Proxy 的方案解决跨域请求问题。具体的方式为在 Vue 项目根目录下的配置文件“vue.config.js”中配置 Proxy，从而实现当项目中所有组件向服务器发起 Axios 请求时都将通过代理服务器进行转发，并由代理服务器在接收到后台返回的数据后将其返回给前端请求。

打开“vue.config.js”文件（若项目根目录下没有该文件，可自行手动创建），在 defineConfig( )（定义配置）中加入 devServer（开发服务器）属性，并配置其 Proxy，修改后的具体代码如下。

```
const { defineConfig } = require('@vue/cli-service')
```

```
module.exports = defineConfig({
    transpileDependencies: true,
    devServer:{
        proxy:{
            '/api':{
                target:'http://localhost/watchshopapi',
                changeOrigin: true,
                pathRewrite:{
                    '^/api': ''
                }
            }
        }
    }
})
```

在上述代码中，Proxy 各项配置的说明如下。

（1）“/api”：需要代理的 API 地址。

（2）target：代理到目标服务器的地址。

（3）changeOrigin：是否需要改变原有的请求目标。

（4）pathRewrite：将“/api”及其之前的字符替换为空字符串。

在此配置下，当前端与 target 域名下的接口进行数据交互时，可以使用“/api”来表示 http://localhost/watchshopapi 这段目标地址（即 target 属性的值），只需在“/api”后加上具体的请求接口名称即可。

例如，当前端页面要向服务器请求首页数据接口时，其原始的 URL 地址为 http://localhost/watchshopapi/getIndexPageData.php，现在直接写为 /api/getIndexPageData.php 即可。代理服务器会将请求转发至原始 URL 地址，也会将服务器返回的数据转发回前端页面。

5. 修改请求服务器数据函数

由于设置了 Proxy，所以在“IndexView.vue”文件中将 getPageData( ) 函数中 Axios 请求地址的“http://localhost/watchshopapi”部分使用“/api”代替，修改后 getPageData( ) 函数的具体代码如下。

```
function getPageData( ){
    axios.get( "/api/getIndexPageData.php")
        .then(res=>{
            console.log(res)
        })
        .catch(err=>{
            console.log(err)
        })
}
```

6. 重启 Vue 项目

由于“vue.config.js”文件是整个 Vue 项目的配置文件，所以修改该文件后必须重新启动项目才能生效。在启动项目的命令行窗口中按 Ctrl+C 组合键，窗口将提示是否终止批处理操作，界面如图 7-3-4 所示。

图 7-3-4　终止批处理操作界面

在上述界面中输入“Y”，然后按 Enter 键确认，项目将被终止。此时在浏览器中访问项目 URL（http://localhost:8080/#/）将提示无法访问此页面，如图 7-3-5 所示。

7. 测试获取数据

在重新启动项目后访问项目首页，在控制台打印出服务器成功返回的数据内容，如图 7-3-6 所示，其中，blogList 与 featureList 两个数组即为首页需要显示的“资讯”和“热门商品”两个版块对应的数据。

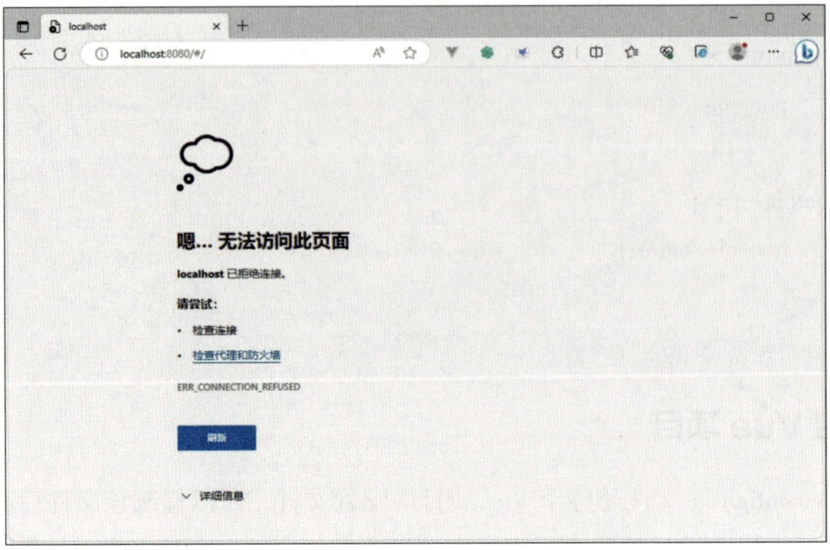

图 7-3-5　终止项目后提示无法访问此页面

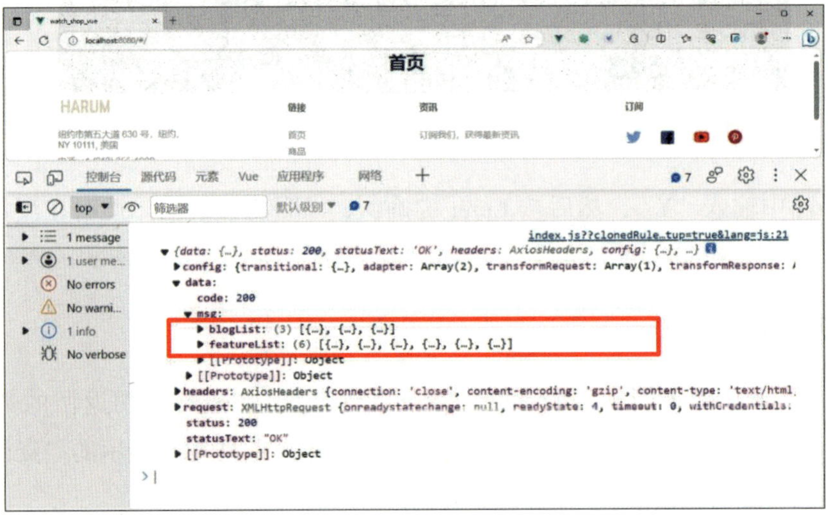

图 7-3-6　控制台打印服务器成功返回的数据内容

8. 本地变量保存数据

在“IndexView.vue”文件的服务器数据函数 getPageData( ) 中，将服务器返回的 featureList 与 blogList 两个数组分别保存在之前定义好的两个响应式变量中，具体代码如下。

```
function getPageData( ){
    axios.get( "/ap:/getIndexPageData.php")
        .then(res=>{
            featureList.value = res.data.msg.featureList;
            blogList.value = res.data.msg.blogList
        })
        .catch(err=>{
            console.log(err)
        })
}
```

小提示：

在真实企业项目开发中，一般会将 Axios 根据项目的具体情况进行封装，以满足项目定制化的需求。本书从入门学习的角度出发，不进行封装而是直接调用，以最直截了当的方式帮助读者了解 Axios 的开发技术。

三、开发首页上方布局

首页上方布局内容如图 7-3-7 所示，其中，顶部 Banner 被置于最底层，因此使用相对布局来分层放置元素。商品类别模块布局与顶部 Banner 存在错位，可通过设置其 margin-top 的值为负值来实现。

页头组件的底色默认为黑色，在首页页面引入页头组件后，要在样式 <style> 中将其底色设置为透明色。

1. 引入页头组件

在 <script> 中引入页头组件。

图 7-3-7　首页上方布局内容

2. 开发模板布局

在模板 <template> 中加入一个 div 节点作为整个主体内容布局的容器，定义其样式为 divIndexView。在容器中加入页面上方内容布局，包括顶部 Banner 和商品类别模块两个部分，同时在顶部 Banner 中嵌入页头组件 CompHeader。

3. 定义样式

在样式 <style> 中，按照设计效果图要求写入各元素的样式。

四、开发“热门商品”版块

1. 分析版块设计效果图

分析“热门商品”版块 UI 设计内容（图 7-3-8）可知，该版块上方为子栏目标题布局，下方显示热门商品列表。在本任务“二、请求页面数据”中已使用 Axios 向服务器请求数据，并将热门商品数据保存在本地的响应式变量 featureList 中，此处可以直接使用 v-for 语句进行列表渲染。

2. 布局子栏目标题

在“IndexView.vue”文件的模板 <template> 内样式为 divIndexView 的主体内容布局容器 div 节点中加入子栏目标题布局，具体代码如下。

图 7-3-8 “热门商品”版块 UI 设计内容

```
<div class="inTitle">
    <p> 热门商品 </p>
    <div class="underLine"></div>
</div>
```

“热门商品”版块与下方“资讯”版块的子栏目标题样式完全相同，所以可以定义通用的子栏目标题样式，让两个版块共用此样式即可。在样式 <style> 中加入样式设置代码，具体代码如下。

```
.inTitle{
    display: inline-block;
    padding-top: 60px;
    font-size: 2rem;
    font-weight: bold;
}
.inTitle .underLine{
    margin: 20px auto;
    width: 70%;
    height: 4px;
    background-color: #f0e5ca;
}
```

3. 创建“热门商品”组件文件

在此版块的布局中，各产品的布局与样式均相同，只是显示的图片与文字内容不同。在此情况下，定义一个可复用的“热门商品”组件，然后使用 v-for 语句循环调用该组件进行列表渲染，这是一个非常高效的开发方式。为此，可在“components”组件目录中创建“热门商品”组件文件“CompItemFeature.vue”。

4. 定义“热门商品”组件 Props

在“CompItemFeature.vue”文件的脚本 <script> 中定义父组件在调用本组件时需要传入的 3 个属性，分别为图片 URL（imgTitleUrl）、名称 (watchName) 和价格 (price)，具体代码如下。

```
<script setup>
    defineProps(['imgTitleUrl', 'watchName', 'price'])
</script>
```

5. 编写“热门商品”组件模板

在组件模板 <template> 中写入布局，具体代码如下。

```
<template>
    <div class="compItemFeature">
        <img :src="imgTitleUrl">
        <p class="watchName">{{ watchName }}</p>
        <p>${{ price }}</p>
    </div>
</template>
```

其中，图片的 src 采用动态绑定的方式来引用传入的 imgTitleUrl 属性，名称和价格使用 Mustache 语法的文本插值来显示传入的 watchName 和 price 属性。

6. 编写“热门商品”组件样式

在样式 <style> 中，根据设计效果图要求编写组件的样式代码。

7. 首页调用“热门商品”组件

在“IndexView.vue”文件的脚本 <script> 中引入“热门商品”组件，具体代码如下。

```
import CompItemFeature from "../components/CompItemFeature.vue"
```

在主体内容布局容器 divIndexView 中定义一个样式名为 watchList 的 div 节点，在此 div 节点中使用 v-for 语句对 CompItemFeature 进行列表渲染，将迭代项的别名定义为 watch，每次迭代将迭代项的 imgTitleUrl、watchName 和 price 属性分别传入 CompItemFeature 子组件，子组件在接收到对应的属性后将自动进行渲染。在模板 <template> 中具体代码如下。

```
<div class="watchList">
    <CompItemFeature v-for="watch in featureList"
        :imgTitleUrl="watch.imgTitleUrl"
        :watchName="watch.watchName"
        :price="watch.price"/>
</div>
```

在样式 <style> 中定义列表容器 watchList 的样式，设定其宽度（width）和外边距（margin），同时将其布局（display）设定为弹性布局，且换行方式（flex-wrap）为自动换行，具体代码如下。

```
.watchList{
    width: 80%;
    margin: 40px auto;
    display: flex;
    flex-wrap: wrap;
}
```

8. 预览首页布局

在刷新项目后浏览首页，“热门商品”版块会根据 watchList 数组的内容自动调用 6 次 CompItemFeature 子组件进行列表渲染，并在每个子组件中分别显示其对应的内容，显示内容如图 7-3-9 所示。

图 7-3-9　首页增加“热门商品”版块后的显示内容

五、开发广告 Banner 版块

广告 Banner 布局为静态的图片，分别在模板 <template> 中的主体内容布局容器与样式 <style> 中加入对应的布局与样式代码即可。

六、开发“资讯”版块

1. 分析版块设计效果图

分析“资讯”版块 UI 设计内容（图 7-3-10）可知，该版块布局结构与“热门商品”版块类似，数据也已请求回来并被保存在本地的响应式变量 blogList 中，可以直接使用 v-for 语句进行列表渲染。

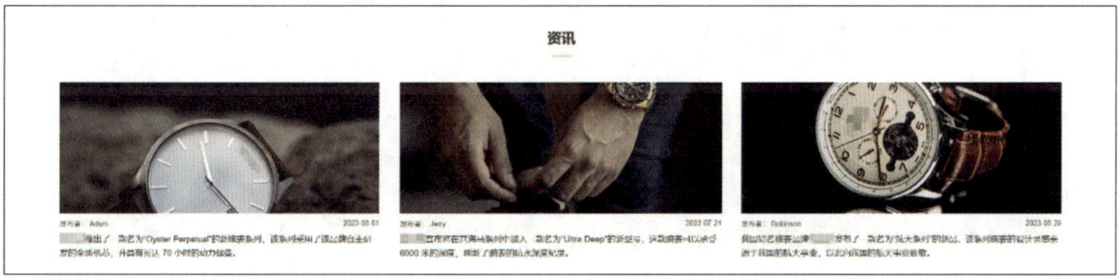

图 7-3-10　“资讯”版块 UI 设计内容

2. 布局子栏目标题

在“IndexView.vue”文件的模板 <template> 内样式为 divIndexView 的主体内容布局容器 div 节点中加入子栏目标题布局，具体代码如下。

```
<div class="inTitle">
    <p> 资讯 </p>
    <div class="underLine"></div>
</div>
```

由于子栏目标题采用与“热门商品”版块相同的样式，所以此时不需要再编写任何样式代码。

3. 创建“资讯”组件文件

与“热门商品”版块类似，在“components”组件目录中创建“资讯”组件文件“CompItemBlog.vue”，定义一个可以复用的 CompItemBlog 组件，然后使用 v-for 语句循环调用该组件进行列表渲染。

4. 定义“资讯”组件 Props

在“CompItemBlog.vue”文件的脚本 <script> 中定义父组件在调用本组件时需要传入的 4 个属性，分别为图片 URL（imgTitleUrl）、作者（writer）、日期（date）和标题（blogTitle），具体代码如下。

```
<script setup>
    defineProps(['imgTitleUrl', 'writer', 'date', 'blogTitle'])
</script>
```

5. 编写“资讯”组件模板

在组件模板 <template> 中写入布局，具体代码如下。

```
<template>
    <div class="compItemBlog">
        <img :src="imgTitleUrl">
        <div class="blogInfo">
            <div> 发布者 : {{ writer }}</div>
            <div>{{ date }}</div>
        </div>
        <div class="blogTitle">{{ blogTitle }}</div>
    </div>
</template>
```

其中，图片的 src 采用动态绑定的方式来引用传入的 imgTitleUrl 属性，作者、日期和标题使用 Mustache 语法的文本插值来显示传入的 writer、date 和 blogTitle 属性。

6. 编写“资讯”组件样式

在样式 <style> 中，根据设计效果图要求定义各元素的样式。

7. 首页调用“资讯”组件

在“IndexView.vue”的脚本 <script> 中引入“资讯”组件，具体代码如下。

```
import CompItemBlog from "../components/CompItemBlog.vue"
```

在主体内容布局容器中定义一个样式名为 blogList 的 div 节点，使用与“热门商品”版块类似的方式对 CompItemBlog 进行 v-for 语句列表渲染。在模板 <template> 中具体代码如下。

```
<div class="blogList">
    <CompItemBlog  v-for="blog in blogList"
        :imgTitleUrl="blog.imgTitleUrl"
        :writer="blog.writer"
        :date="blog.date"
        :blogTitle="blog.blogTitle"/>
</div>
```

最后，在样式 <style> 中加入列表容器 blogList 对应的样式。

8. 预览首页布局

在刷新项目后浏览首页，可以看见“资讯”版块会根据服务器返回的数据自动调用 3 次 CompItemBlog 子组件进行列表渲染，并在每个子组件中分别显示其对应的内容。

至此，首页的开发工作全部完成，首页的显示效果如图 7-0-1 所示。

任务 4 开发“商品列表”页面

学习目标

1. 能进行动态样式绑定。
2. 能进行条件渲染。
3. 能使用 Vue Router 编程式导航。

任务描述

本任务主要内容是按照图 7-0-2 所示的“商品列表”页面设计效果进行开发，页面内容包括页头、页脚、“商品分类”和“商品列表”等版块。其中，页头组件可直接引入并使用默认样式，页脚组件已在“App.vue”文件中统一引入。“商品分类”版块中列出 3 个不同的商品分类链接，并默认选中“男式腕表”分类，在选中分类后，将向后台服务器接口请求数据，并根据返回的数据动态渲染“商品列表”版块。

相关知识

一、动态样式绑定

数据绑定的一个常见需求场景是操纵元素的 CSS class 列表和内联样式。因为 class 和 style 都是元素的属性，所以可以和其他属性一样使用 v-bind 指令将它们和动态字符串绑定。但是，在处理比较复杂的绑定时，通过拼接生成字符串很麻烦且易出错。因此，Vue 专门为 class 和 style 的 v-bind 用法提供了特殊的功能增强，相关表达式的值除了字符串外，也可以是对象或数组。

1. 绑定对象

通过向 :class（v-bind:class 的缩写）传递一个对象来动态切换 class，示例代码如下。

```
<div:class="{ active: isActive }"></div>
```

在上述代码中，active 是否存在取决于数据属性 isActive 的值的真假。

可以在对象中写入多个字段来操作多个 class。此外，:class 指令也可以和一般的 class 属性共存。示例代码如下。

```
<template>
    <div
        class="static"
        :class="{ active: isActive, 'text-danger': hasError }">
```

```
    </div>
</template>
<script setup>
    const isActive = ref(true)
    const hasError = ref(false)
</script>
```

经过渲染后，最终的结果如下。

```
<div class="static active"></div>
```

当 isActive 或 hasError 改变时，class 列表会随之更新。举例来说，如果 hasError 的值变为 true，class 列表也会变成“static active text-danger”。

绑定的对象也可以为一个 Object，示例代码如下。

```
<template>
    <div :class="classObject"></div>
</template>
<script setup>
    const classObject = reactive({
        active: true,
        'text-danger': false
    })
</script>
```

2. 绑定数组

通过为 :class 绑定一个数组来渲染多个 CSS class，示例代码如下。

```
<template>
    const activeClass = ref('active')
    const errorClass = ref('text-danger')
</template>
<script setup>
    <div :class="[activeClass, errorClass]"></div>
</script>
```

渲染的结果如下。

```
<div class="active text-danger"></div>
```

若需要在数组中有条件地渲染某个 class，则可以使用三元表达式，示例代码如下。

```
<div :class="[isActive ? activeClass : '', errorClass]"></div>
```

errorClass 会一直存在，但 activeClass 只会在 isActive 的值为真时才存在。

然而，在有多个依赖条件的 class 的情况下，代码有些冗长。因此，可以在数组中嵌套对象，示例代码如下。

```
<div :class="[{ active: isActive }, errorClass]"></div>
```

二、条件渲染

1. v-if 指令

v-if 指令用于有条件性地渲染一块内容，这块内容只会在指令的表达式返回真值时才会被渲染，示例代码如下。

```
<h1 v-if="awesome">Vue is awesome!</h1>
```

2. v-else 指令

使用 v-else 指令会为 v-if 指令添加一个 else 区块，示例代码如下。

```
<h1 v-if="awesome">Vue is awesome!</h1>
<h1 v-else>Oh no</h1>
```

在上述代码中，当变量 awesome 为真值时，显示第一个 h1 的内容，否则显示第二个 h1 的内容。一个 v-else 元素必须跟在一个 v-if 元素或 v-else-if 元素后面，否则它将不会被识别。

3. v-else-if 指令

顾名思义，v-else-if 指令是为 v-if 指令添加一个 else-if 区块，它可以被连续多次使用，示例代码如下。

```
<div v-if="type === 'A' ">
    A
```

```
</div>
<div v-else-if="type === 'B' ">
    B
</div>
<div v-else-if="type === 'C' ">
    C
</div>
<div v-else>
    Not A/B/C
</div>
```

与 v-else 指令类似，一个使用 v-else-if 指令的元素必须紧跟在一个 v-if 指令或一个 v-else-if 指令后面。

4. <template> 上的 v-if 指令

v-if 指令必须依附于某个元素，在需要切换的元素不止一个的情况下，可以在一个 <template> 元素上使用 v-if 指令，这是一个不可见的包装器元素，最后渲染的结果并不会包含这个 <template> 元素，示例代码如下。

```
<template v-if="ok">
    <h1>Title</h1>
    <p>Paragraph 1</p>
    <p>Paragraph 2</p>
</template>
```

v-else 指令和 v-else-if 指令也可以在 <template> 上使用。

5. v-show 指令

另一个可以用于按条件显示一个元素的是 v-show 指令，示例代码如下。

```
<h1 v-show="ok">Hello!</h1>
```

v-show 指令与 v-if 指令的不同之处在于：v-show 指令会在 DOM 渲染中保留该元素，仅切换该元素上名为 display 的 CSS 属性。v-show 指令不支持在 <template> 元素上使用，也不能和 v-else 指令搭配使用。

6. v-if 指令与 v-show 指令的区别

v-if 指令是“真实地”按条件渲染，它确保了在切换时，条件区块内的事件监听器和子组件都会被销毁和重建。v-if 指令是惰性的，如果在初次渲染时条件值为 false，则不会做任何事。条件区块只有当条件首次变为 true 时才会被渲染。

相比之下，v-show 指令简单得多，无论元素初始条件如何，它始终会被渲染，只有 CSS display 属性会被切换。

总的来说，v-if 指令有更高的切换开销，而 v-show 指令有更高的初始渲染开销。因此，如果需要频繁切换，则使用 v-show 指令较好；如果在运行时绑定条件很少改变，则使用 v-if 指令会更合适。

三、Vue Router 编程式导航

除了使用 <router-link> 创建 a 标签来定义导航链接，还可以借助 router 的实例方法，通过编写代码来实现编程或导航。

1. 导航到指定的 URL

想要导航到指定的 URL，可以使用 router.push( ) 方法。该方法会向 history 栈添加一个新记录，当用户单击浏览器后退按钮时，会回到之前的 URL。

当单击 <router-link> 时，内部会调用此方法，所以单击 <router-link :to="..."> 相当于调用 router.push( )，其对应关系见表 7-4-1。

表 7-4-1　router.push( ) 方法的对应关系

声明式	编程式
<router-link :to="...">	router.push(...)

router.push( ) 方法的参数可以是一个字符串路径，或一个描述地址的对象，示例代码如下。

```
// 字符串路径
router.push('/users/eduardo')
// 带有路径的对象
router.push({ path: '/users/eduardo' })
```

```
// 命名的路由加上参数，让路由建立 URL
router.push({ name: 'user', params: { username: 'eduardo' } })
// 带查询参数，结果是 /register?plan=private
router.push({ path: '/register', query: { plan: 'private' } })
// 带 hash 值，结果是 /about#team
router.push({ path: '/about', hash: '#team' })
```

router.push( ) 方法和所有其他导航方法一样都会返回一个 Promise，提示导航结果是否成功。

2. 替换当前位置

router.replace( ) 方法的作用类似于 router.push( ) 方法，唯一不同的是，它在导航时不会向 history 栈添加新记录，而是取代了当前的条目，其对应关系见表 7–4–2。

表 7-4-2　router.replace( ) 方法的对应关系

声明式	编程式
<router–link :to="..." replace>	router.replace(...)

也可以直接在传递给 router.push( ) 方法的 routeLocation 中增加属性 replace:true，示例代码如下。

```
router.push({ path: '/home', replace: true })
// 相当于
router.replace({ path: '/home' })
```

3. 横跨历史

router.go( ) 方法采用一个整数作为参数，表示在 history 栈中前进或后退多少步，类似于 window.history.go(n)，示例代码如下。

```
// 向前移动 1 条记录，与 router.forward( ) 方法相同
router.go(1)
// 返回 1 条记录，与 router.back( ) 方法相同
router.go(–1)
// 向前移动 3 条记录
```

```
router.go(3)
// 如果没有那么多记录，则静默失败
router.go(-100)
router.go(100)
```

任务实施

一、引入页头组件

打开“ProductsView.vue”文件，在脚本 <script> 标签中引入页头组件，具体代码如下。

```
<script setup>
    import CompHeader from "../components/CompHeader.vue";
</script>
```

在模板 <template> 中写入布局，其中，在页面上方直接引入页头组件 CompHeader 并使用其默认样式，具体代码如下。

```
<template>
    <CompHeader />
</template>
```

刷新并访问“商品列表”页面（http://localhost:8080/#/products），显示内容如图 7-4-1 所示。

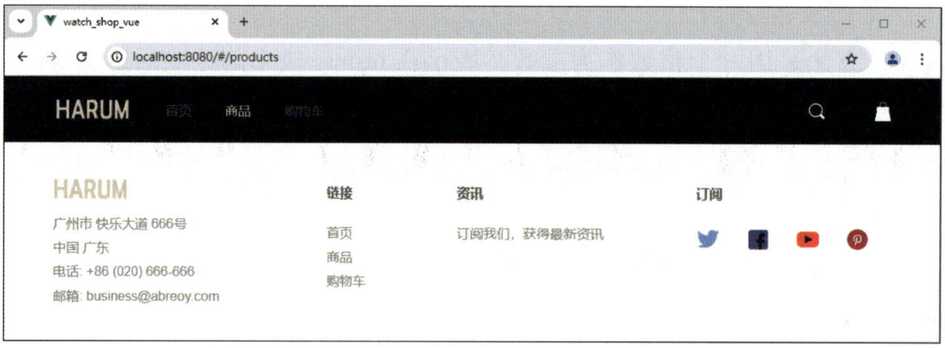

图 7-4-1 “商品列表”页面的显示内容

二、定义主体布局

在页头组件的下方，需要布局主体显示的内容，因此，在模板中写入一个 div 节点，定义其样式名为 divProducts，并将其设置为 flex 弹性布局，让内部的内容横向排列。然后，在 divProducts 内部放置两个 div 节点，左侧为“商品分类”布局（样式名为 divLeftTypes），右侧为“商品列表”布局（样式名为 goodsList），修改后的“ProductsView.vue”文件的模板 <template> 部分具体代码如下。

```
<template>
    <CompHeader />
    <!-- 商品布局 -->
    <div class="divProducts">
        <!-- 左侧：商品分类 -->
        <div class="divLeftTypes">
        </div>
        <!-- 右侧：商品列表 -->
        <div class="goodsList">
        </div>
    </div>
</template>
```

三、开发左侧“商品分类”布局

1. 开发基本布局

左侧“商品分类”布局的 UI 设计内容如图 7-4-2 所示。

此部分布局包括上方的子标题“商品分类”，以及下方的 3 个商品分类链接“男式腕表”“女式腕表”和“通用款式”。网页默认选中“男式腕表”分类，所以该分类显示为被选中的样式（字体加粗、颜色加深、显示下划线），其余两个分类未被选中，所以显示为分类链接的常规样式。

在“ProductsView.vue”文件的左侧“商品分类”布局 divLeftTypes 中写入子标题和 3 个常规样式的分类链接，divLeftTypes 相关的模板 <template> 与样式 <style> 部分的修改代码如下。

图 7-4-2 “商品分类”布局的 UI 设计内容

```
#<template> 部分
<div class="divLeftTypes">
    <div class="inTitle"> 商品分类 </div>
    <div class="itemType"> 男式腕表 </div>
    <div class="itemType"> 女式腕表 </div>
    <div class="itemType"> 通用款式 </div>
</div>

#<style> 部分
.divLeftTypes .itemType{
    font-size: 0.9rem;
    color: #999999;
    padding-bottom: 4px;
    margin-bottom: 10px;
    cursor: pointer;
}
```

此时预览“商品列表”页面，由于还未设置被选中的分类链接及其样式，所以此时左侧“商品分类”布局的显示内容如图 7-4-3 所示。

2. 绑定动态样式

在脚本 <script> 中定义一个响应式变量 typeId，设置其初始值为 1，表示第一个分类链接（“男式腕表”分类）被选中；当 typeId 的值为 2 或 3 时，分别表示第二个分类链接（“女式腕表”分类）或第三个分类链接（“通用款式”分类）被选中，具体代码如下。

图 7-4-3　“商品分类”布局的显示内容

```
import { ref } from "vue";
const typeId = ref(1);
```

在样式 <style> 中定义分类链接被选中的样式，具体代码如下。

```
.divLeftTypes .active{
    font-weight: bold;
    color: #333333;
    border-bottom: 1px solid #f0e5ca;
}
```

完成以上两个步骤后，在模板 <template> 中加入 3 个分类链接布局的动态样式绑定，具体代码如下。

```
<div class="itemType" :class="typeId==1? 'active':'' "> 男式腕表 </div>
<div class="itemType" :class="typeId==2? 'active':'' "> 女式腕表 </div>
<div class="itemType" :class="typeId==3? 'active':'' "> 通用款式 </div>
```

上述代码使用三元表达式分别为 3 个分类链接绑定动态样式。当 typeId 的值为 1 时，“男式腕表”分类链接满足动态绑定的条件，自动渲染为 active 样式；当 typeId 的值为 2 或 3 时，则“女式腕表”分类链接或“通用款式”分类链接对应满足动态绑定的条件。

此时预览“商品列表”页面，“男式腕表”分类链接将显示为被选中的样式。在浏览器控制台窗口中可以看出，“男式腕表”分类链接添加了 active 样式，而其他两个分类链接则没有，显示内容如图 7-4-4 所示。

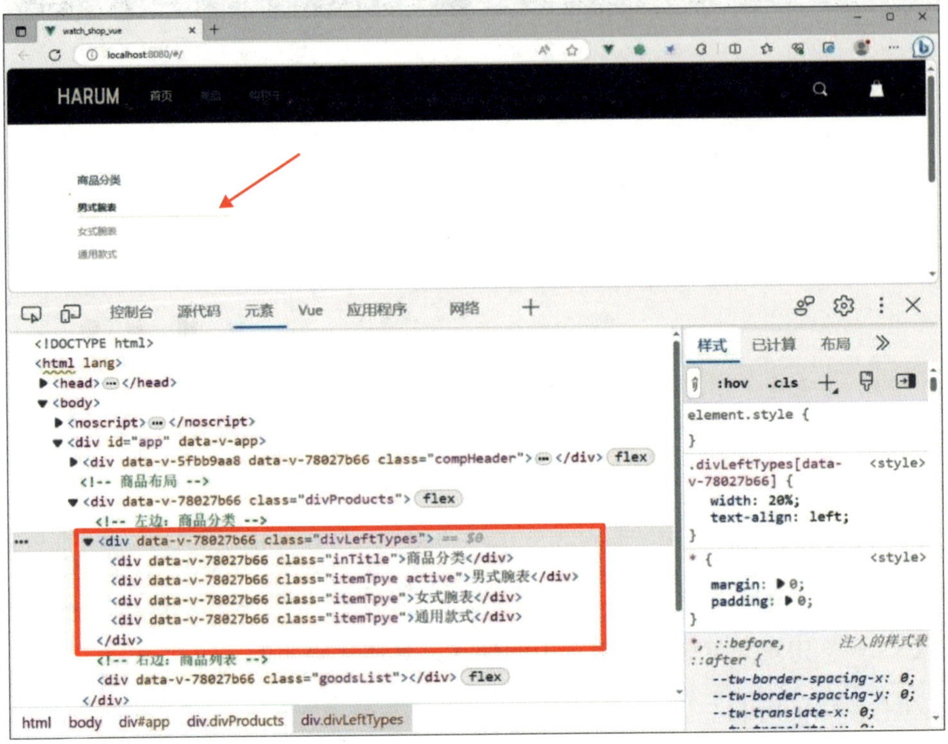

图 7-4-4　绑定动态样式后“商品列表”页面的显示内容

下面测试当 typeId 的值改变时，页面的显示内容将会如何变化。

将脚本 <script> 中 typeId 的初始值修改为 3，此时预览页面布局和浏览器控制台内容，可以看见“通用款式”分类链接添加了 active 样式，而另外两个则没有，显示内容如图 7-4-5 所示。

测试完成后，将 typeId 的初始值还原为 1，设置页面默认选择“男式腕表”分类链接。

基于以上开发和测试可知，响应式变量 typeId 可以作为控制动态渲染分类链接的变量。同时，前端在向服务器请求数据时，也会将 typeId 的值提交至服务器，作为请求数据时携带的参数。后台将根据 typeId 的值判断前端请求的是哪个分类的商品数据，如当 typeId 的值为 1 时，表示前端请求男式腕表的数据；当 typeId 的值为 2 时，表示前端请求女式腕表的数据；当 typeId 的值为 3 时，则表示前端请求通用款式手表的数据。

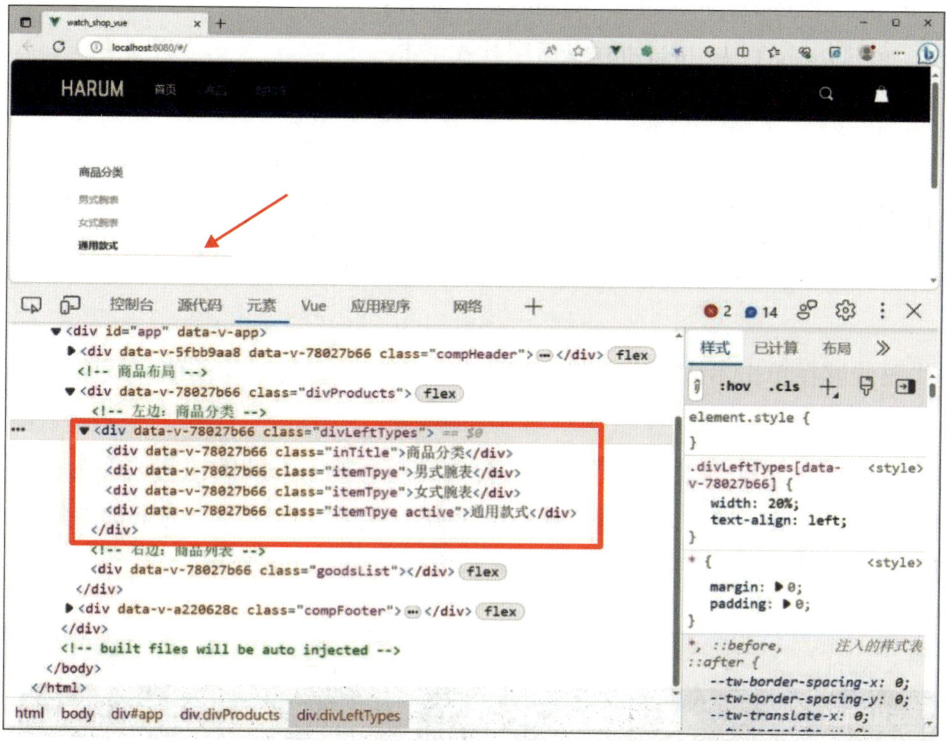

图 7-4-5　测试绑定动态样式时“商品列表”页面的显示内容

3. 绑定单击事件

当用户单击某个分类链接时，前端需要将 typeId 设置为该分类链接对应的值，因此，需要为每个分类链接绑定单击事件。

首先，修改模板 <template> 中分类链接的代码，实现在单击分类链接时调用 onTypeClicked( ) 函数，并在调用函数时分别传入该链接对应的参数。“男式腕表”对应的参数为 1，“女式腕表”对应的参数为 2，“通用款式”对应的参数为 3，修改后的具体代码如下。

```
<div class="divLeftTypes">
    <div class="inTitle"> 商品分类 </div>
    <div class="itemType" :class="typeId==1? 'active':'' "
        @click="onTypeClicked(1)"> 男式腕表 </div>
    <div class="itemType" :class="typeId==2? 'active':'' "
        @click="onTypeClicked(2)"> 女式腕表 </div>
```

```
    <div class="itemType" :class="typeId==3? 'active':' ' "
        @click="onTypeClicked(3)"> 通用款式 </div>
</div>
```

在脚本 <script> 中定义 onTypeClicked( ) 函数，具体代码如下。

```
function onTypeClicked(idx){
    typeId.value = idx;
}
```

上述代码能够在单击不同的分类链接时，将 typeId 设置为对应的值，从而引发页面的自动渲染。

在刷新页面后，假设单击“女式腕表”分类链接，则 typeId 的值将改变为 2，该分类链接会增加选中时的 active 样式，同时，其他两个分类链接将自动设置为未选中的样式。单击“女式腕表”分类链接后，“商品列表”页面显示内容如图 7–4–6 所示。

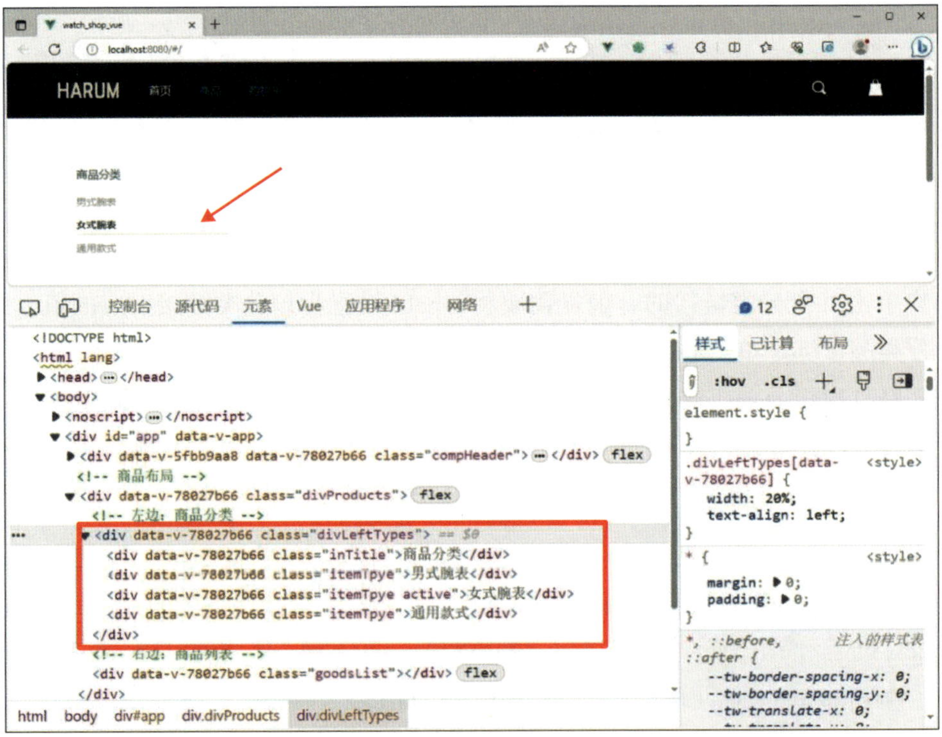

图 7-4-6　单击“女式腕表”分类链接后“商品列表”页面的显示内容

4. 请求服务器数据

在脚本 <script> 中定义一个响应式变量 goodsList 来保存服务器返回的商品列表数组，具体代码如下。

```
const goodsList = ref([ ]);
```

然后，引入生命周期钩子 onMounted 和 Axios，在页面组件挂载完成后调用自定义函数 getPageData( )，在 getPageData( ) 函数中使用 Axios 向服务器请求数据，对应的具体代码如下。

```
import { ref, onMounted } from "vue";
import axios from "axios";
onMounted(( )=>{
    getPageData( );
})
function getPageData( ){
    axios.get("/api/getWatchList.php?typeid=" + typeId.value)
        .then(res=>{
            console.log(res);
            goodsList.value = res.data.msg
        })
        .catch(err=>{
            console.log(err)
        });
}
```

上述代码使用 Axios 向服务器提交 GET 请求，在请求的 URL 中，将响应式变量 typeId 的值（typeId.value）作为请求参数 typeid 提交至后台接口。后台接口根据 typeid 参数，从数据库中获取对应类别的商品列表数据返回给前端（typeid 为 1 时返回男式腕表数据，为 2 时返回女式腕表数据，为 3 时返回通用款式手表数据）。

在服务器返回数据后，使用 console.log(res) 语句将返回的内容输出在控制台中，并使用 goodsList.value = res.data.msg 语句将返回的腕表列表数据保存在响应式变量 goodsList 中。

刷新并访问“商品列表”页面，浏览器控制台显示的服务器返回数据如图 7-4-7 所示。

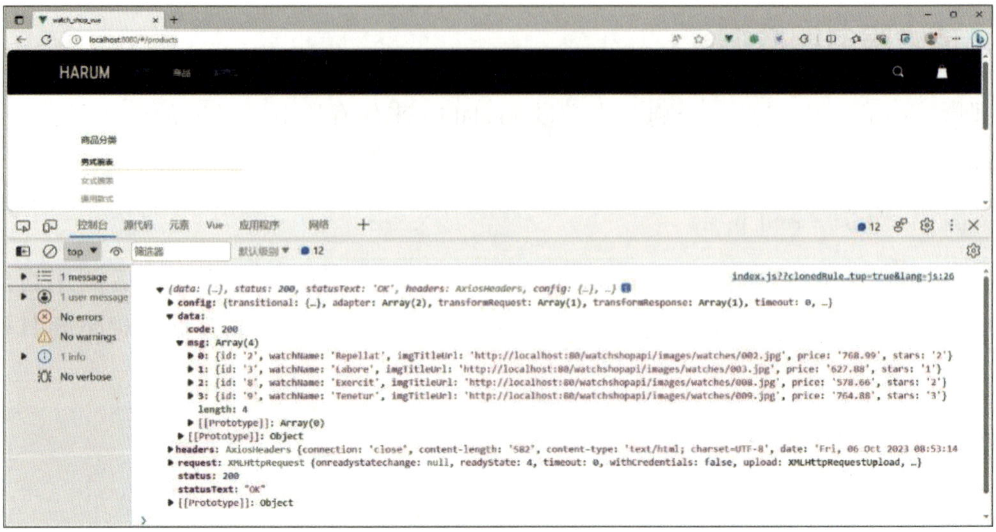

图 7-4-7 “商品列表”页面浏览器控制台显示的服务器返回数据

从返回的数据内容可知，在返回数据 res 的 data 中包括了 code 属性，其值为 200 时表示请求成功，msg 属性的值为对应分类的腕表商品数组。将 res.data.msg 的内容保存到响应式变量 goodsList 中，模板就可以直接渲染显示该数组的内容。

5. 单击分类链接重新请求数据

修改 onTypeClicked( ) 函数，具体代码如下。

```
function onTypeClicked(idx){
    if(typeId.value === idx)
    return;
    typeId.value = idx;
    getPageData( );
}
```

onTypeClicked( ) 函数首先判断单击分类链接时传入的参数 idx 是否与 typeId 当前的值相等，若相等则表示用户重复单击了当前选中的分类，此时不需要进行处理，直接使用 return 结束函数；若两值不相等，则先将 typeId 的值更新为传入的 idx 的值，然后重新调用 getPageData( ) 函数来获取服务器数据。

由于此时 typeId 的值已经改变，所以在 getPageData ( ) 函数中，Axios 请求提交的 typeid 参数为更新后的值，请求得到的数据也是用户当前单击的分类链接对应的商品列表数据。

四、开发右侧“商品列表”版块

分析“商品列表”布局版块的 UI 设计内容（图 7-4-8）可知，可以定义一个可复用的商品组件，根据 goodsList 变量的值进行 v-for 语句列表渲染。

图 7-4-8　“商品列表”布局版块的 UI 设计内容

1. 创建“商品”组件文件

在“components”组件目录中创建“商品”组件文件“CompItemGoods.vue”。

2. 定义“商品”组件 Props

在“CompItemGoods.vue”文件的脚本 <script> 中定义父组件在调用本组件时需要传入的 5 个属性，分别为商品 ID（id）、图片 URL（imgTitleUrl）、名称（watchName）、价格（price）和推荐星级（stars）。

商品推荐星级的最大值为 5，对应显示 5 颗实心的星星，若该商品的推荐星级为 3，则显示 3 颗实心的星星和 2 颗空心的星星，以此类推。因此，在脚本 <script> 中定义一个值为 5 的常量 maxStars，具体代码如下。

```
<script setup>
    defineProps(['id', 'imgTitleUrl', 'watchName', 'price', 'stars']);
    const maxStars = 5;
</script>
```

3. 编写“商品”组件模板

在组件模板 <template> 中写入布局，具体代码如下。

```
<template>
    <div class="compItemGoods">
        <img :src="imgTitleUrl">
        <div class="watchName">{{ watchName }}</div>
        <div class="itemInfo">
            <div>${{ price }}</div>
            <div class="starList">
                <template v-for="value in maxStars">
                    <img v-if="stars >= value" src="images/icon_star_fill.svg" />
                    <img v-else src="images/icon_star_empty.svg" />
                </template>
            </div>
        </div>
    </div>
</template>
```

在上述代码中，图片的 src 采用动态绑定的方式来引用传入的 imgTitleUrl 属性，名称和价格使用 Mustache 语法的文本插值来显示传入的 watchName 和 price 属性。

在推荐星级的布局中，使用 v-for 语句列表渲染和 v-if 语句条件渲染相结合的技术，具体内容如下。

（1）代码 <template v-for="value in maxStars"> 表示对 maxStars 常量使用 v-for 语句进行遍历，将迭代项的别名设置为 value。由于 maxStars 的值为 5，所以 <template> 标签会循环渲染 5 次，每次 value 的值分别为 1、2、3、4、5（此处使用的 <template> 标签是一个不可见的包装器元素，最后渲染的结果并不会包含该 <template> 元素）。

（2）在每次循环中，使用 v-if 语句判断传入的推荐星级 stars 的值是否大于等于迭代项 value 的值，当判断结果为真时显示实心的星星图片“icon_star_fill.svg”，否则显示空心的星星图片“icon_star_empty.svg”。

4. 编写“商品”组件样式

在样式 <style> 中，根据设计效果图的要求写入样式代码。

5. 调用“商品列表”页面组件

在“商品列表”页面的“ProductsView.vue”文件中引入“商品”组件，具体代码如下。

```
import CompItemGoods from "../components/CompItemGoods.vue"
```

在右侧“商品列表”布局 goodsList 中使用 v-for 语句对 CompItemGoods 进行列表渲染，将迭代项的别名定义为 item，每次迭代将迭代项的 id、imgTitleUrl、watchName、price 和 stars 属性分别传入 CompItemGoods 子组件，子组件在接收到对应的属性后将自动进行渲染。在模板 <template> 中的具体代码如下。

```
<div class="goodsList">
    <CompItemGoods v-for="item in goodsList"
        :id="item.id"
        :imgTitleUrl="item.imgTitleUrl"
        :watchName="item.watchName"
        :price="item.price"
        :stars="item.stars"/>
</div>
```

6. 预览“商品列表”页面布局

在刷新项目后浏览“商品列表”页面，可见“商品列表”版块已经根据服务器返回的数据自动调用 CompItemGoods 子组件进行列表渲染。页面默认显示“男式腕表”分类手表数据，在单击不同分类链接后，将改变分类链接的样式，并且请求对应分类的商品数据，然后动态渲染商品列表版块。例如，单击“女式腕表”分类链接后，页面动态渲染显示内容如图 7-4-9 所示。

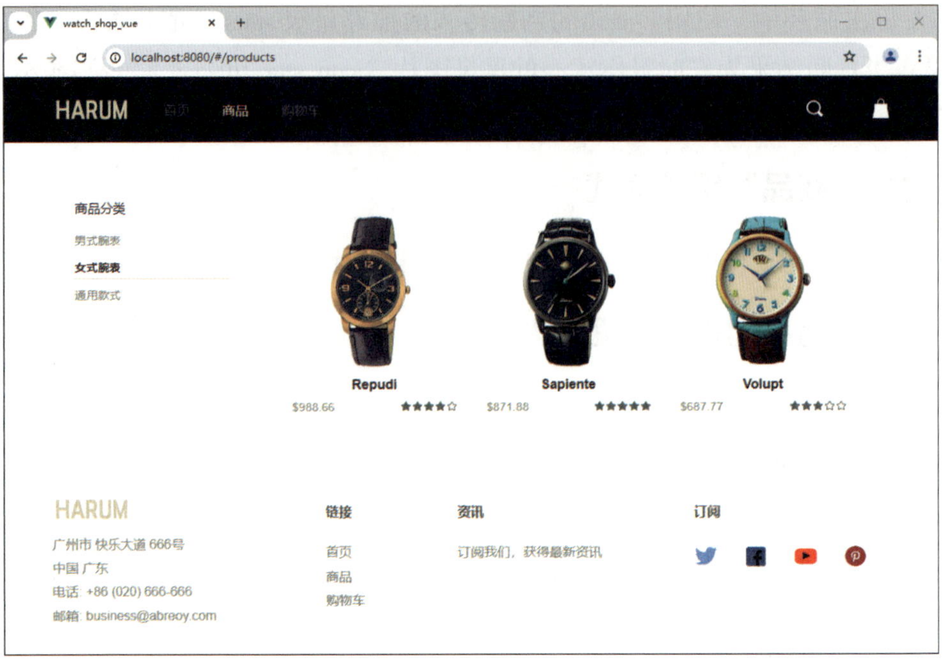

图 7-4-9　单击“女式腕表”分类链接后页面动态渲染显示内容

五、开发跳转页面功能

按照产品设计的要求，在“商品列表”版块中单击任意一款手表时，需要获取被单击手表的 id，将其作为跳转到“商品详情”页面时传递的参数。

“商品详情”页面将会取出传入的手表 id，并以该 id 为参数向服务器请求对应商品的详情数据，然后在页面中进行展示。

在“商品列表”版块使用 v-for 语句渲染“商品”组件 CompItemGoods 时，已经将每款手表的 id 作为 Props 属性传入“商品”组件。因此，此处可以直接在“商品”组件文件中开发单击事件的处理逻辑。

1. 修改组件模板

打开“商品”组件文件“CompItemGoods.vue”，在组件最外层样式名为 compItemGoods 的 div 节点中绑定单击函数 onItemGoodsClicked( )，具体代码修改如下。

```
<div class="compItemGoods" @click="onItemGoodsClicked(id)">
```

用户单击此 div 节点时，将调用 onItemGoodsClicked( ) 函数，并向函数传入该手表的 id 值。

2. 修改组件脚本

在"CompItemGoods.vue"文件的脚本代码中引入 useRouter 函数，并将调用函数 useRouter( ) 的返回对象赋给常量 router，然后编写 onItemGoodsClicked( ) 函数的功能，具体代码如下。

```
import { useRouter } from 'vue-router';
const router = useRouter( );
function onItemGoodsClicked(id){
    router.push({
        name:'productdetail',
        query:{
            productid: id
        }
    })
}
```

在 onItemGoodsClicked( ) 函数中，使用 Vue Router 的编程式导航 router.push( ) 方法来实现路由的跳转，router.push( ) 定义该方法的参数为一个描述地址的对象，对象两个属性的具体说明如下。

（1）name 属性

name 属性的值为 productdetail，对应路由配置文件"router/index.js"中定义的名为 productdetail 的路由元素。因此，name 属性决定了路由将要跳转的页面地址，此处为 http://localhost:8080/#/productdetail。

（2）query 属性

query 属性声明了在路由跳转时需要携带的参数，此处携带的参数名为 productid，参数值为传入 onItemGoodsClicked( ) 函数的变量 id 值。

假设传入函数的 id 值为 8，结合 name 属性的定义，此时跳转的路径为 http://localhost:8080/#/productdetail?productid=8。

3. 测试页面跳转

刷新“商品列表”页面后，打开浏览器控制台窗口，显示内容如图 7-4-10 所示。

图 7-4-10 “商品列表”页面浏览器控制台窗口显示内容

由上图中对应浏览器控制台的数据可知，页面中第二款手表的名称为 Labore，该手表的 id 为 3。若单击该手表，在正确情况下应跳转到“商品详情”页面，并且携带请求参数 productid（值为 3）。

单击名称为 Labore 的手表后，浏览器会成功跳转到“商品详情”页面（图 7-4-11），此时浏览器显示当前页面的 URL 为 http://localhost:8080/#/productdetail?productid=3，说明已成功由“商品列表”页面跳转至“商品详情”页面，并且携带了正确的商品 id 参数 productid（值为 3）。

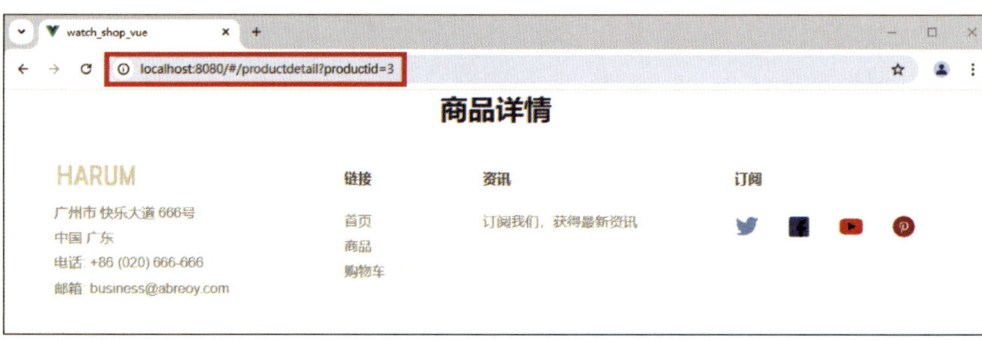

图 7-4-11 “商品详情”页面

任务 5　开发“商品详情”页面

学习目标

1. 能获取路由对象 Route 的属性。
2. 能使用 Vuex 进行状态管理。
3. 能使用 v-if 语句进行条件渲染。
4. 能使用 Vue 计算属性。
5. 能使用 LocalStorage 存取数据。

任务描述

本任务主要内容是按照图 7-0-3 所示的“商品详情”页面设计效果进行开发，页面内容包括页头、页脚、“商品参数”和“商品说明”等版块。其中，页头组件可直接引入并使用默认样式，页脚组件已在“App.vue”文件中统一引入。

页面需要获取 URL 中传入的商品 id 参数，以此向服务器请求指定 id 的商品详细数据，并动态渲染在页面组件中。当用户单击“加入购物车”按钮时，Vuex 将更新本地保存的“购物车”数据，然后跳转到“购物车”页面。

相关知识

一、路由对象（Route）

1. Route 与 Router 的区别

Route 与 Router 的区别如下。

（1）路由对象（Route）表示从当前激活的路由中解析得到的信息，包括当前的路径、参数、query 对象，以及 URL 匹配到的路由记录（Route Records）等。路由对象是不可变的，每次成功地导航后都会产生一个新的路由对象。

（2）Router 是全局路由的实例，可用来操作路由，包括路由的跳转、替换等。

2. Route 属性

（1）path：表示当前路由的路径，解析结果为绝对路径，如 /about。

（2）params：包含动态片段和全匹配片段的对象，如果没有路由参数则是一个空对象。

（3）query：表示 URL 查询参数的对象。例如，对于路径 /foo?user=1，则有 route.query.user==1，如果没有查询参数则是一个空对象。

（4）hash：表示当前路由的 hash 值（带 #），如果没有 hash 值则为空字符串。

（5）fullPath：表示完成解析后的 URL，包含查询参数和 hash 的完整路径。

（6）matched：包含当前路由的所有嵌套路径片段的路由记录的数组。

（7）name：表示当前路由的名称。

（8）redirectedFrom：若存在重定向，则表示重定向来源的路由的名称。

（9）meta：包含路由元信息，如过渡名称、路由访问权限设置等。这些配置可在 meta 属性中实现，且可在路由地址和导航守卫上被访问。

二、本地缓存（LocalStorage）

LocalStorage 是 Web 浏览器的一种存储机制，它使用字符串键值对（key/value）存储数据。LocalStorage 的数据可以被长期保留，即使页面刷新或关闭后，LocalStorage 存储在浏览器中的数据也会一直存在，除非手动清除 LocalStorage 的本地缓存。LocalStorage 还提供了对缓存数据的各种基础操作函数。

1. 存储数据

LocalStorage 使用 setItem( ) 函数实现数据的存储。setItem( ) 函数接受两个参数，分别为 key 和 value，示例代码如下。

```
localStorage.setItem('useremail', 'Tom@abc.com');
```

上述代码将值为 Tom@abc.com 的字符串保存在键为 useremail 的本地缓存中。

由于 LocalStorage 使用字符串键值对存储数据，若想要在本地缓存中保存一个对象，则可以使用 JSON.stringify( ) 方法将数据转换成字符串后再存储。

2. 获取数据

若想要获取 LocalStorage 本地缓存中指定的值，可以使用 getItem( ) 函数获取指定键的值。取出保存的用户邮箱地址的示例代码如下。

```
localStorage.getItem('useremail');
```

使用 getItem( ) 函数获取键为 useremail 的缓存数据，将返回对应的值 Tom@abc.com。

3. 删除指定缓存

使用 removeItem( ) 函数可以删除本地缓存中对应的数据。调用此函数时需要传入指定的键，示例代码如下。

```
localStorage.removeItem('useremail');
```

4. 清除所有缓存

清除所有本地缓存的函数为 clear( )，此函数不需要传入参数，因为它会将本地缓存中的所有数据都删除，示例代码如下。

```
localStorage.clear( );
```

5. 查看缓存中所有的键

可以使用 key( ) 函数来遍历本地缓存中所有的键，或通过索引获取键的名称，示例代码如下。

```
var getKey= window.localStorage.key(index);
```

任务实施

一、获取页面路由参数

1. 输出路由对象

“商品详情”页面需要显示指定 id 商品的详细信息，而该 id 是从上一个页面跳转过来时携带的参数，因此，在进入“商品详情”页面后，首先需要从 Route 中获取携带的 productid 的值，从而确定需要向服务器请求哪个 id 值对应的商品详情信息。

打开“ProductDetailView.vue”文件，编写具体代码如下。

```
<template>
    <h1> 商品详情 </h1>
</template>
<script setup>
    import { onBeforeMount } from 'vue';
    import { useRoute } from 'vue-router';
    const route = useRoute( );
    onBeforeMount(( )=>{
        getWatchId( );
    })
    function getWatchId( ){
        console.log(route);
    }
</script>
```

上述代码会在浏览器控制台输出当前页面的 route，具体步骤如下。

（1）从 vue 中导入组件被挂载之前的生命周期钩子函数 onBeforeMount( )。

（2）从 vue-router 中导入 useRoute( ) 函数。

（3）调用 useRoute( ) 函数来获取当前页面的路由对象并将其保存在常量 route 中。

（4）在 onBeforeMount( ) 函数中调用自定义函数 getWatchId( )。

（5）getWatchId( ) 函数在浏览器控制台输出当前页面的 route 对象。

2. 测试路由参数正确场景

刷新项目后，在浏览器中访问地址 http://localhost:8080/#/productdetail?productid=3，模拟用户在“商品列表”页面单击 id 为 3 的手表后页面跳转到“商品详情”页面的结果。此时，浏览器控制台的显示内容如图 7-5-1 所示。

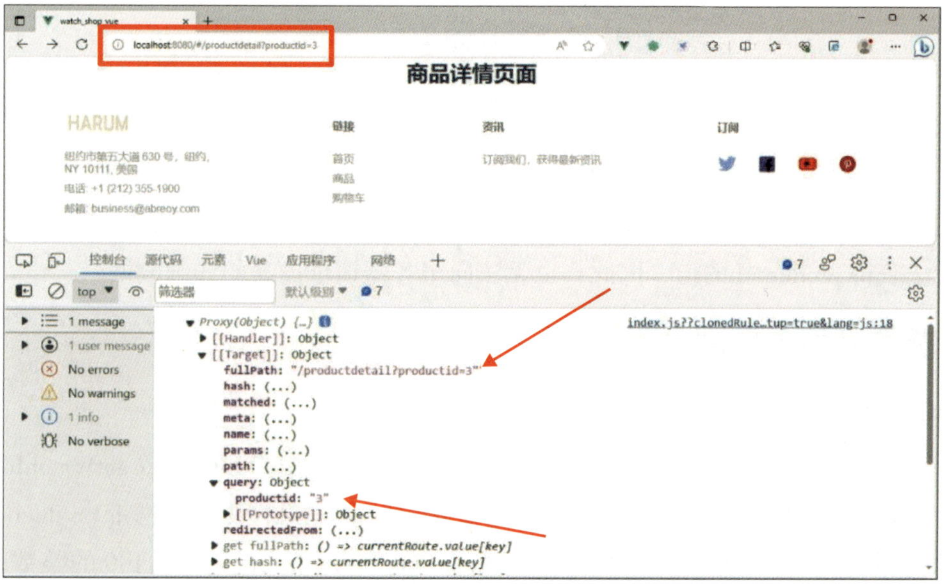

图 7-5-1　路由参数正确场景下浏览器控制台的显示内容

上图显示路由对象 Route 中包含的 fullPath 属性为完成解析后的 URL，其包含查询参数和 hash 的完整路径；query 属性为 URL 中携带的请求参数，解析后得到的请求参数为 productid（值为 3）。在得到合法的 productid 值后就可以向服务器请求 id 为 3 商品的详细数据。

3. 测试路由参数错误场景

为了直观地对比 URL 携带与未携带请求参数的区别，在浏览器中访问地址 http://localhost:8080/#/productdetail，此时，浏览器控制台的显示内容如图 7-5-2 所示。

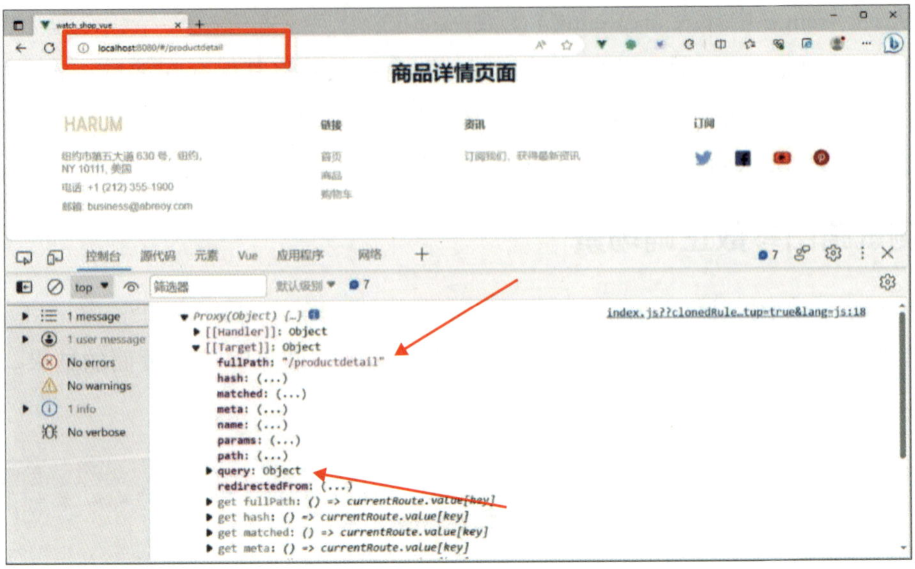

图 7-5-2　路由参数错误场景下浏览器控制台的显示内容

上图浏览器控制台输出的 Route 中 fullPath 属性的值为 /productdetail，query 属性为一个空对象，无法获得 productid 的值，因此，也无法向服务器请求商品的详细数据。

4. 获取并保存路由参数

在路由参数正确场景下，处理路由参数的方法如下。

（1）在 onBeforeMount( ) 生命周期钩子函数中调用获取路由参数的函数 getWatchId( )。

（2）在 getWatchId( ) 函数中判断路由对象 Route 的 query 属性中是否携带 productid 参数。

（3）若 query 属性未携带 productid 参数或 productid 参数不是一个大于 0 的整数，则弹出错误提示，并结束 getWatchId( ) 函数。

（4）若 query 属性携带了符合要求的 productid 参数，则将 productid 参数保存在本地变量 reqWatchId 中。

（5）调用自定义函数 getPageData( ) 向服务器请求 reqWatchId 对应的商品详细数据。

实现上述方法的具体代码如下。

```
<script setup>
    import { onBeforeMount } from 'vue';
    import { useRoute } from 'vue-router';
    const route = useRoute( );
```

```
    let reqWatchId = 0;
    onBeforeMount(( )=>{
        getWatchId( );
    })
    function getWatchId( ){
        reqWatchId = parseInt( route.query.productid );
        if (reqWatchId && reqWatchId>0){
            getPageData( );
        }else{
            alert(" 商品 ID 错误 ")
        }
    }
    function getPageData( ){
        console.log(" 请求页面数据 , 商品 ID=", reqWatchId);
    }
</script>
```

刷新项目后，在浏览器中访问地址 http://localhost:8080/#/productdetail?productid=3，显示内容如图 7-5-3 所示。

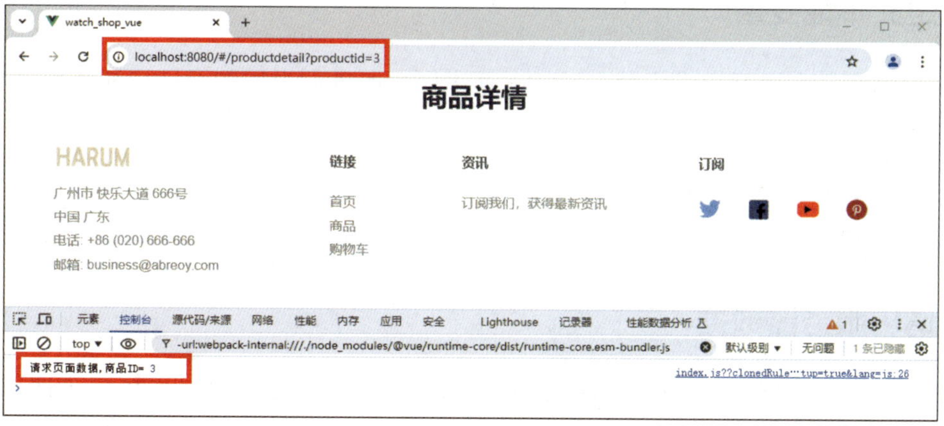

图 7-5-3　获取并保存路由参数的显示内容

上图表示已经成功获取路由参数 productid=3 的信息，并将其保存在本地变量 reqWatchId 中，后续即可在 getPageData( ) 函数中向服务器请求 reqWatchId 对应的商品详细数据。

在访问“商品详情”页面时若未携带 productid 参数（如访问 http://localhost:8080/#/productdetail）或 productid 参数不是一个正整数（如访问 http://localhost:8080/#/productdetail?productid=-3），页面会弹出 alert 提示，如图 7-5-4 所示。

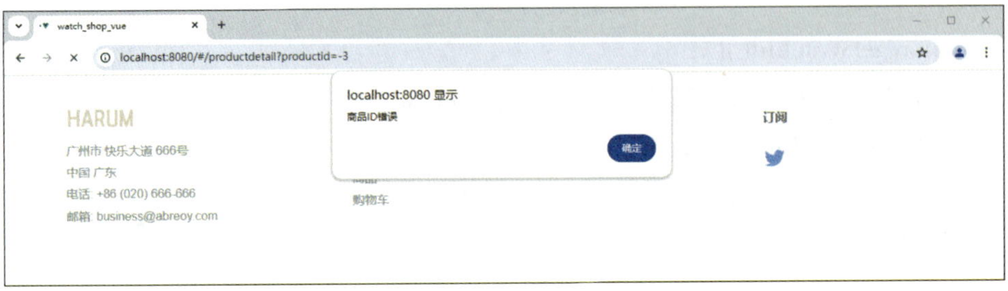

图 7-5-4　弹出 alert 提示

二、请求商品详细数据

1. 引入 Axios

在“ProductDetailView.vue”文件的脚本 <script> 中引入 Axios，具体代码如下。

```
import axios from "axios";
```

2. 定义本地变量

引入 ref，定义本地响应式变量 watchDetail 来保存服务器返回的商品详细数据，其初始值为一个空对象，具体代码如下。

```
import { ref, onBeforeMount } from 'vue';
const watchDetail = ref({});
```

3. 请求服务器数据

在请求页面数据函数 getPageData( ) 中，使用 Axios 向服务器提交 GET 请求，并将 reqWatchId 的值作为请求的 id 参数，在服务器返回数据后将 res.data.msg 的值保存在 watchDetail 变量中，修改后的 getPageData( ) 函数代码如下。

```
function getPageData( ){
```

```
        axios.get("/api/getWatchDetail.php?id=" + reqWatchId)
        .then(res=>{
            console.log(res);
            watchDetail.value = res.data.msg;
        })
        .catch(err=>{
            console.log(err)
        });
    }
```

服务器成功返回结果 res，如图 7-5-5 所示。

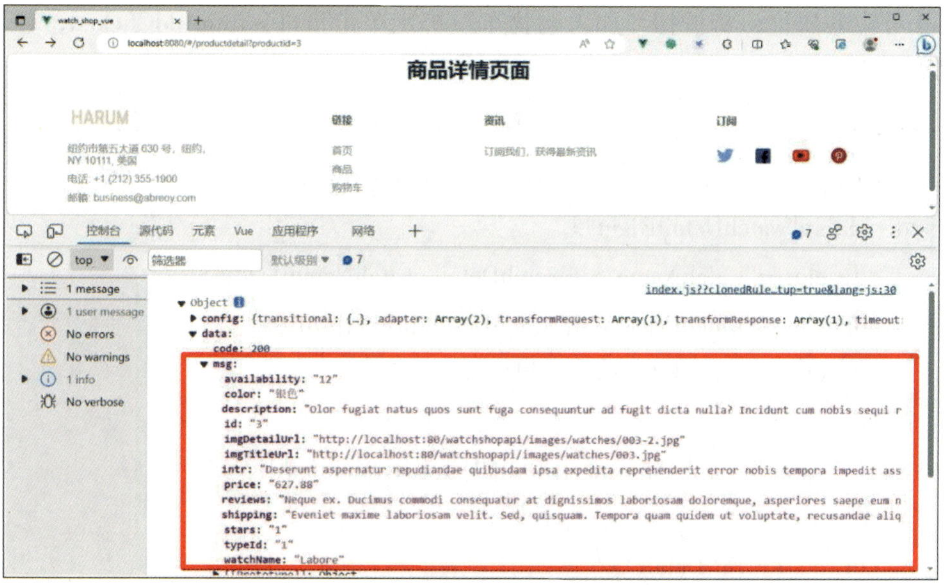

图 7-5-5　服务器成功返回结果 res

三、开发页头组件版块

在脚本 <script> 中引入页头组件 CompHeader，并将其加入模板 <template> 中，参考代码如下。

```
#<script setup> 部分
import CompHeader from "../components/CompHeader.vue";

#<template> 部分
<template>
    <CompHeader />
</template>
```

四、开发“商品参数”版块

在模板 <template> 中加入“商品参数”版块布局，各字段显示的内容调用响应式变量 watchDetail 对应的属性，将按钮“加入购物车”绑定单击事件 onBtnAddClicked，版块布局的具体代码如下。

```
<div class="divWatchDetail">
    <img class="imgWatch" :src="watchDetail.imgDetailUrl" >
    <div class="watchDetailRight">
        <div class="watchName">{{ watchDetail. watchName}}</div>
        <div class="watchPrice">${{ watchDetail.price }}</div>
        <div class="watchIntr">{{ watchDetail.intr }}</div>
        <div class="rowDetail">
            <span> 数量 :</span> {{ watchDetail.availability }}
        </div>
        <div class="rowDetail">
            <span> 颜色 :</span> {{ watchDetail.color }}
        </div>
        <button class="btnAdd" @click="onBtnAddClicked"> 加入购物车 </button>
    </div>
</div>
```

在样式 <style> 中根据“商品详情”页面设计效果编写相应的样式代码。

在脚本 <script> 中定义 onBtnAddClicked( ) 函数，单击按钮后将在浏览器控制台输出文字提示。在完成整个页面布局后，进行此函数具体功能的开发，脚本代码参考如下。

```
function onBtnAddClicked( ){
    console.log(" 加入购物车按钮单击事件 ");
}
```

五、开发“商品说明”版块

“商品说明”版块包含 3 个 Tab 标签，分别为“描述”“评价”和“运输”。每个标签在被选中后默认显示 watchDetail 中对应属性的值。默认选中第一个“描述”标签。

1. 编写模板代码

将“商品说明”版块的布局分为上、下两个部分，上部分显示 3 个 Tab 标签，各个 Tab 标签分别绑定单击事件，在被单击时调用自定义函数 onInfoTabClicked( ) 且传入对应的序号值；下部分显示对应的内容。

模板 <template> 的部分代码如下。

```
<div class="divMoreInfo">
    <div class="moreInfoTop">
        <div class="infoTab">
            <div :class="infoTabIdx==1? 'active':'' "
                @click="onInfoTabClicked(1)"> 描述 </div>
            <div :class="infoTabIdx==2? 'active':'' "
                @click="onInfoTabClicked(2)"> 评价 </div>
            <div :class="infoTabIdx==3? 'active':'' "
                @click="onInfoTabClicked(3)"> 运输 </div>
        </div>
    </div>
    <div class="moreInfoConent">
        <div v-if="infoTabIdx===3">{{ watchDetail.shipping}}</div>
        <div v-else-if="infoTabIdx===2">{{ watchDetail.reviews }}</div>
        <div v-else>{{ watchDetail.description }}</div>
```

```
        </div>
    </div>
```

在上方样式名为 moreInfoTop 的 div 节点中定义了 3 个 Tab 标签，使用动态样式绑定方法判断 infoTabIdx 的值是否与指定的值相等，若相等则在渲染样式时加入 active 样式。同时，每个 Tab 标签都绑定了单击事件，当 Tab 标签被单击时将调用 onInfoTabClicked( ) 函数，并传入该 Tab 标签的序号值。

在下方样式名为 moreInfoConent 的 div 节点中，使用 v-if、v-else-if 和 v-else 语句进行条件渲染，当 infoTabIdx 的值为 3 时显示 watchDetail 变量的 shipping（运输）属性值，其值为 2 时显示 watchDetail 变量的 reviews（评价）属性值，其他情况下显示 watchDetail 变量的 description（描述）属性值。

2. 编写样式代码

在样式 <style> 中根据“商品详情”页面设计效果编写相应的样式代码。

3. 编写脚本代码

在脚本 <script> 中定义一个响应式变量 infoTabIdx，与 Tab 标签进行双向绑定，infoTabIdx 的默认值为 1，表示第一个 Tab 标签被选中，为该标签添加被选中的 active 样式，且版块下部分的内容显示 watchDetail 的 description 属性值。当单击任意一个 Tab 标签时，调用 onInfoTabClicked( ) 函数，并传入该 Tab 标签对应的序号值。

脚本 <script> 代码参考如下。

```
const infoTabIdx = ref(1);
function onInfoTabClicked(idx){
    if (infoTabIdx.value === idx)
    return;
    infoTabIdx.value = idx
}
```

在上述代码中，onInfoTabClicked( ) 函数将传入的序号值与 infoTabIdx 保存的值进行比较，若两者相同，则不处理，直接退出函数；若两者不相同，则将 infoTabIdx 的值更新为传入的序号值。由于 infoTabIdx 为响应式变量，所以当其值改变时，模板也将自动重新渲染对应的元素内容。

4. 测试版块内容

在刷新项目后浏览“商品详情”页面，可见“商品说明”版块默认选中第一个 Tab 标签，且下方显示 watchDetail 变量的 description（描述）属性值，此部分的显示内容如图 7-5-6 所示。

图 7-5-6 “商品说明”版块默认的显示内容

此时，单击“评价”，“商品说明”版块选中的 Tab 标签会切换为“评价”，下方显示的内容会变成 watchDetail 变量的 reviews（评价）属性值，此部分的显示内容如图 7-5-7 所示。

图 7-5-7 “商品说明”版块在单击“评价”时的显示内容

若单击“运输”，同理 Tab 标签会将“运输”切换为选中状态，下方显示的内容变成 watchDetail 变量的 shipping（运输）属性值。

六、“购物车”数据开发

1. 业务逻辑分析

单击布局中的“加入购物车”按钮时将调用 onBtnAddClicked( ) 函数。下面分析 onBtnAddClicked( ) 函数需要实现的逻辑，并编写对应代码。

由于“购物车”数据与“商品详情”页面、“购物车”页面均有关联，所以可以使用 Vuex 状态管理来管理“购物车”数据。在用户单击“加入购物车”按钮后，业务逻辑处理流程如图 7-5-8 所示。该图中各过程的说明如下。

（1）单击“加入购物车”按钮后，从 Vuex 中取出“购物车”数据 goodsList（goodsList 数据会在 Vuex 配置文件“store/index.js”中定义，其初始值为空数组）。

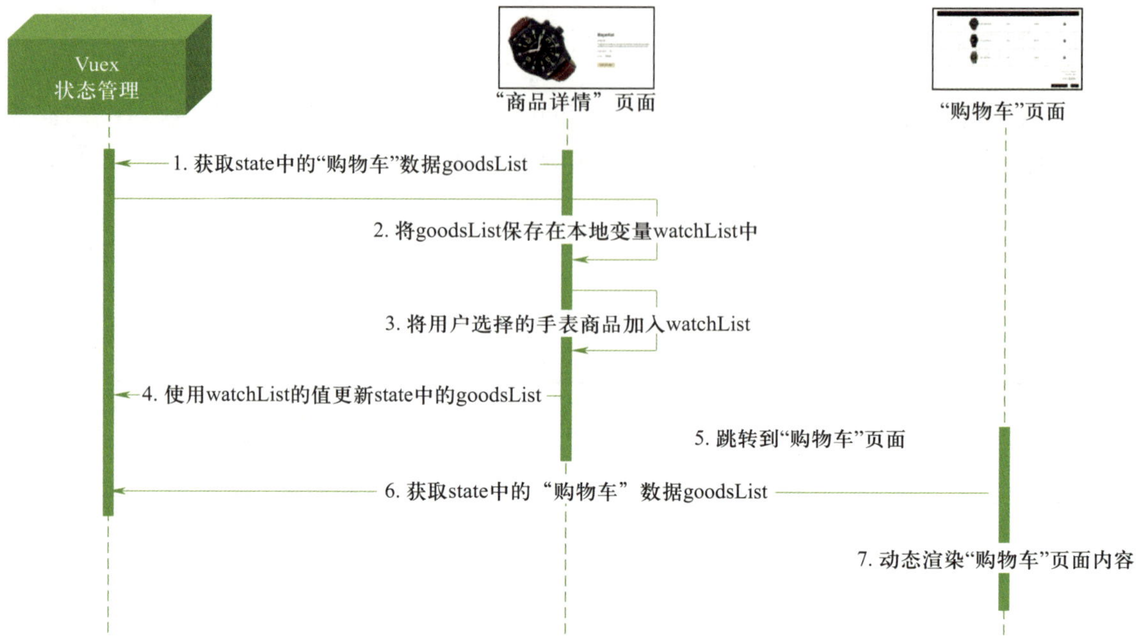

图 7-5-8　业务逻辑处理流程

（2）“商品详情”页面将返回的 goodsList 数据保存在本地变量 watchList 中。

（3）将当前需要加入的手表商品信息，按照指定的字段格式生成一个新的对象，插入本地变量 watchList 数组中。

（4）调用 Vuex 的 commit( ) 方法，使用 watchList 的值更新 Vuex 中的 goodsList。

（5）跳转到“购物车”页面。

（6）“购物车”页面从 Vuex 中取出更新后的“购物车”数据 goodsList。

（7）“购物车”页面动态渲染页面内容，展现出最新的数据列表。

2. 初始化 Vuex

可将全局的公共数据交由 Vuex 进行统一管理，但是 Vuex 中的数据保存在内存中，而刷新页面相当于清除内存，所以，刷新页面时 Vuex 中保存的数据将会被清空。

为解决以上问题，可以采用 Vuex+Localstorage 的方式。

（1）LocalStorage 作为浏览器本地缓存，可将数据以字符串键值对的形式持久保存在浏览器缓存中。

（2）Vuex 作为状态管理器，可实现组件页面与全局数据的存取交互。

打开 Vuex 配置文件“src/store/index.js”并修改，具体代码如下。

```
import { createStore } from 'vuex'
const KEY_GOODSLIST = "watch-shop-vue-goodslist";
export default createStore({
    state: {
        goodsList: JSON.parse(localStorage.getItem(KEY_GOODSLIST)) || []
    },
    getters: {
    },
    mutations: {
        updateGoodsList(state, newList){
            state.goodsList = newList;
            localStorage.setItem(KEY_GOODSLIST, JSON.stringify(newList))
        }
    },
    actions: {
    },
    modules: {
    }
})
```

上述代码实现的具体功能如下。

（1）定义一个常量 KEY_GOODSLIST，它将作为键，用来在 LocalStorage 本地缓存中保存和获取“购物车”数据 goodsList。

（2）在 Vuex 的 state 属性中，定义获取 goodsList 返回的结果。若使用 localStorage.getItem(KEY_GOODSLIST) 从本地缓存中取出的值不为空，则返回该值；若为空，则返回空数组。

（3）由于更改 Vuex 中 Store 状态的唯一方法是提交 mutation，所以在 mutations 属性中定义更新 goodsList 的函数 updateGoodsList( )，当组件使用 store.commit( ) 触发 updateGoodsList( ) 函数时，会使用 JSON.stringify( ) 方法将传入的新数组转换为 JSON 字符串，然后使用 localStorage.setItem( ) 方法将其保存在键 KEY_GOODSLIST 的值中。

3. 实现按钮单击功能

返回“商品详情”页面，在“ProductDetailView.vue”文件中实现如下逻辑。

（1）定义变量 watchList 来保存从 Vuex 中获取到的 goodsList。

（2）导入 Vue Router 来实现跳转到“购物车”页面逻辑。

（3）导入 Vuex 进行状态管理。

（4）在 onBtnAddClicked( ) 函数体中实现交互逻辑。

在脚本 <script> 中，编写具体代码如下。

```
import { useRouter } from 'vue-router';
import { useStore } from 'vuex';
const router = useRouter( );
const store = useStore( );
let watchList = [];
function onBtnAddClicked( ){
    watchList = store.state.goodsList;
    const newWatch = {
        id: watchDetail.value.id,
        watchName: watchDetail.value.watchName,
        imgTitleUrl: watchDetail.value.imgTitleUrl,
        price: watchDetail.value.price,
        color: watchDetail.value.color
    }
    watchList.push(newWatch);
    store.commit('updateGoodsList', watchList);
    router.push('/cart')
}
```

上述代码实现的具体功能如下。

（1）定义本地变量 watchList 来保存 Vuex 中的 goodsList。

（2）定义“加入购物车”按钮单击事件需调用的 onBtnAddClicked( ) 函数。

（3）在 onBtnAddClicked( ) 函数中，先从 Vuex 中获取 goodsList，保存在本地变量 watchList 中。

（4）定义常量 newWatch，其各属性对应本地变量 watchDetail.value 对象的值。

（5）在本地变量 watchList 中增加一个手表数据。

（6）使用 watchList 的 value 更新 Vuex 数据。

（7）跳转到“购物车”页面。

至此，“商品详情”页面的开发工作完毕，当用户在页面中单击“加入购物车”按钮后，Vuex 中保存的“购物车”数据将自动更新，随后页面会跳转到“购物车”页面，用户可在“购物车”页面中浏览和管理自己的“购物车”数据。

任务 6　开发“购物车”页面

学习目标

1. 能使用 Vuex 进行状态管理。
2. 能使用 Vue 计算属性 computed。
3. 能使用 router.replace( ) 方法进行路由替换。
4. 能使用 Axios POST 提交数据。

任务描述

本任务主要内容是按照图 7-0-4 所示的“购物车”页面设计效果进行开发，页面内容包括页头、页脚、“购物车列表”“价格统计”和“功能按钮”版块。其中，页头组件可直接引入并使用默认样式，页脚组件已在“App.vue”文件中统一引入。

页面从 Vuex 中获取用户已经加入“购物车”的商品数据，使用 v-for 语句动态生成列表显示，并自动计算商品总价。用户可在列表行中单击商品的删除图标将商品移除，移除商品后将自动更新“购物车”数据，并刷新页面显示最新内容。

用户单击“继续选购”按钮可返回“商品列表”页面继续选择商品，单击“提交订单”按钮可将“购物车”数据提交至后台服务器。

相关知识

一、计算属性（computed）简介

在 vue 中，computed 根据依赖关系进行缓存计算，只有在它的相关依赖发生改变时才会更新。computed 的每一个计算属性都会被缓存，只要计算属性所依赖的属性发生变化，计算属性就会重新执行，视图也会更新。computed 的结果会被缓存，除非其依赖的响应式 property 发生变化才会重新进行计算。

computed 接受一个 getter 函数，返回一个只读的响应式 ref 对象，该 ref 对象通过 .value 暴露 getter 函数的返回值。它可以接受一个带有 get 和 set 函数的对象来创建一个可写的 ref 对象。

二、computed 的使用场景

模板中的表达式虽然方便，但也只能用来做简单的操作。如果在模板中写入太多逻辑，会让模板变得“臃肿”，难以维护。例如，设置一个包含嵌套数组的对象，具体代码如下。

```
const author = reactive({
    name: 'John Doe',
    books: [
        'Vue 2 – Advanced Guide',
        'Vue 3 – Basic Guide',
        'Vue 4 – The Mystery'
    ]
})
```

此时，若需要判断 author 对象是否已有一些书籍来展示不同的信息，则模板部分的具体代码如下。

```
<p>Has published books:</p>
<span>{{ author.books.length > 0 ? 'Yes' : 'No' }}</span>
```

这里的模板看起来较为复杂，无法直观表达它的计算依赖于 author.books。更重要的是，如果在模板中需要不止一次进行这样的计算，则必须重复使用同类的代码多次。因此，推荐使用 computed 来描述依赖响应式状态的复杂逻辑，重构后的代码如下。

```
<template>
    <p>Has published books:</p>
    <span>{{ publishedBooksMessage }}</span>
</template>
<script setup>
    import { reactive, computed } from 'vue'
    const author = reactive({
        name: 'John Doe',
        books: [
            'Vue 2 – Advanced Guide',
            'Vue 3 – Basic Guide',
            'Vue 4 – The Mystery'
        ]
    })
    const publishedBooksMessage = computed(( ) => {
        return author.books.length > 0 ? 'Yes' : 'No'
    })
</script>
```

上述代码定义了一个计算属性 publishedBooksMessage。computed( ) 方法期望接收一个 getter 函数，返回值为一个计算属性 ref。与其他一般的 ref 类似，该 ref 可以通过 publishedBooksMessage.value 访问计算结果。计算属性 ref 也会在模板中自动解包，因此，在模板表达式中引用时无须添加“.value”。

Vue 的计算属性会自动追踪响应式依赖，它会检测到 publishedBooksMessage 依赖于 author.books。所以，当 author.books 改变时，任何依赖于 publishedBooksMessage 的绑定都会同时更新。

任务实施

一、定义本地变量

在“购物车”页面中，需要使用一些变量来保存各数据。先在“CartView.vue”文件的脚本 <script> 中定义以下变量，具体代码和各变量的说明注释如下。

```
<script setup>
    import { useStore } from "vuex";
    import { useRouter } from "vue-router";
    const store = useStore( );              // Vuex 对象，用于状态管理
    const router = useRouter( );            // Vue Router 对象，用于路由管理
    let arrCart = [];                       // 保存“购物车”数据变量，其初始值为空数组
    let shippinglFee = 0;                   // 用于计算和页面显示的 Shipping 值，其初始值为 0
    let subTotalFee = 0;                    // 用于计算和页面显示的 Sub Total 值，其初始值为 0
    let totalFee = 0;                       // 用于计算和页面显示的 Total 值，其初始值为 0
</script>
```

二、获取“购物车”数据

从 Vuex 中获取保存的“购物车”数据，并将其保存在本地响应式变量中。在页面模板中可使用该响应式变量动态渲染列表。

在组件被挂载之前的生命周期钩子 onBeforeMount 中，调用自定义函数 initPageData( ) 初始化页面数据。该函数从 Vuex 的 store 中取出 goodsList 并将其值赋给变量 arrCart，示例代码如下。

```
import { onBeforeMount } from "vue";
onBeforeMount(( )=>{
    initPageData( );
})
```

```
//初始化页面数据函数
function initPageData( ) {
    arrCart = store.state.goodsList;
}
```

三、计算价格变量

在对页面显示的各个价格变量进行设置或计算之前，先引入 computed( ) 函数，具体代码如下。

```
import { computed, onBeforeMount } from "vue";
```

然后，在初始化页面数据函数 initPageData( ) 中进行变量的设置或计算，具体代码如下。

```
function initPageData( ) {
    arrCart = store.state.goodsList;
    shippinglFee = 100.00;
    subTotalFee = computed(( )=>{
        let total = 0;
        arrCart.forEach(item => {
            total = total +  Number( item.price );
        });
        return total.toFixed(2);
    })
    totalFee = computed(( )=>{
        let res = Number(subTotalFee.value) + shippinglFee;
        return res.toFixed(2);
    })
}
```

在上述代码中，各个价格的设置或计算方式如下。

（1）SHIPPING 值变量 shippinglFee：设置为固定值 100.00。

（2）SUB TOTAL 值变量 subTotalFee：使用 computed( ) 自动计算“购物车”数据变量 arrCart 中所有商品价格属性的值，并使用 toFixed( ) 函数设置最终结果保留 2 位小数。

（3）TOTAL 值 totalFee：使用 computed( ) 自动求 subTotalFee 与 shippinglFee 的和，同样设置最终结果保留 2 位小数（由于 computed 返回的是一个响应式 ref 对象，所以此处使用 subTotalFee 的值时必须使用 .value）。

由于使用了 computed( ) 来设置 subTotalFee 变量的值，而 subTotalFee 所依赖的属性为“购物车”数据变量 arrCart，所以当 arrCart 改变时，subTotalFee 的值将会自动重新计算和更新。

同理，totalFee 变量依赖 subTotalFee 变量，所以它也会在 subTotalFee 改变时自动更新。

四、开发页头组件版块

在脚本 <script> 中引入页头组件 CompHeader，并将其加入模板 <template> 中，参考代码如下。

```
#<script setup> 部分
import CompHeader from "../components/CompHeader.vue";

#<template> 部分
<template>
    <CompHeader />
</template>
```

五、开发“购物车列表”版块

1. 编写模板代码

“购物车列表”版块可以使用多种方式来实现，此处采用最原始的方式，即使用 v-for 语句列表渲染多个 div 节点，手动生成各行内容。

在模板 <template> 中添加一个样式为 divCart 的 div 节点作为整个主体内容布局的容器。在容器中加入上方表头布局，并根据 arrCart 变量的值使用 v-for 语句列表渲染数据的列表内容，具体代码如下。

```
<div class="divCart">
    <!-- 上方表头 -->
```

```
    <div class="tblRow tblCartTop">
        <div> 编号 </div>
        <div class="columnProduct"> 商品 </div>
        <div> 颜色 </div>
        <div> 价格 </div>
        <div></div>
    </div>

    <!-- 列表内容 -->
    <div v-for="item,index in arrCart" class="tblRow">
        <div>{{ item.id }}</div>
        <div class="columnProduct">
            <img class="imgWatch" :src="item.imgTitleUrl">
            <span>{{item.watchName}}</span>
        </div>
        <div>{{ item.color }}</div>
        <div>${{ item.price }}</div>
        <div @click="onRowDeleteClicked(index)">
            <img class="iconAction" src="images/icon_delete.svg">
        </div>
    </div>
</div>
```

上述代码在 v-for 语句遍历数组时写入了 item 和 index 两个参数，item 对应每次的迭代项，index 对应每项的索引值。

在行内容中布局一个删除图标，图标绑定单击事件函数 onRowDeleteClicked( )，并传入参数 index 来标识当前单击删除图标的行索引，从而在删除商品时可以正确获取需要删除的商品数据。

2. 编写样式代码

在样式 <style> 中根据“购物车”页面设计效果编写相应的样式代码。

3. 编写脚本代码

在脚本 <script> 中定义删除商品函数 onRowDeleteClicked( )，此处函数仅在浏览器控制台中输出提示文字即可，后续再完成该函数的功能，具体代码如下。

```
function onRowDeleteClicked(idx){
    console.log(" 商品行删除按钮单击事件，行索引为：", idx);
}
```

4. 测试版块内容

刷新并访问“购物车”页面（http://localhost:8080/#/cart），若“购物车”为空，则显示内容如图 7-6-1 所示。

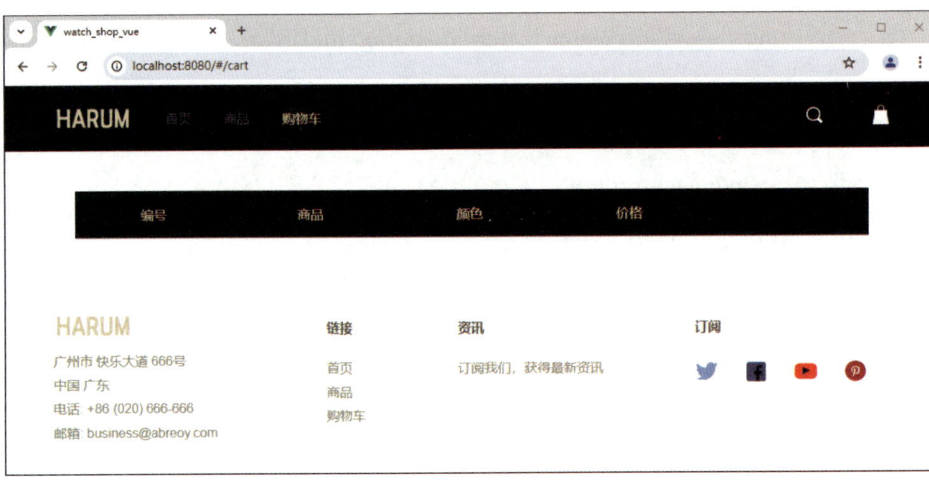

图 7-6-1 “购物车”为空时的“购物车”页面显示内容

在“商品列表”页面中选择手表商品，将其加入“购物车”后，“购物车”页面的显示内容如图 7-6-2 所示。

单击某一商品行的删除图标，浏览器控制台将输出“商品行删除按钮单击事件，行索引为：XXX”的内容，其中“XXX”为传入的从 0 开始的行索引，该删除图标的具体功能将在后续的开发中实现，浏览器控制台的显示内容如图 7-6-3 所示。

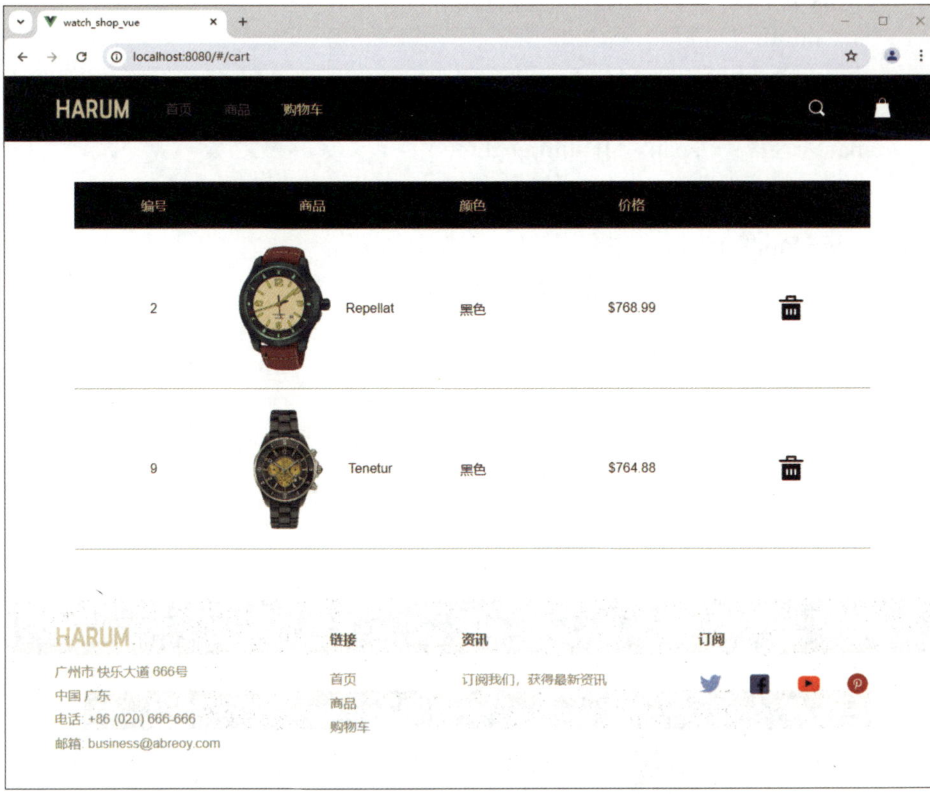

图 7-6-2　商品加入“购物车”后的“购物车”页面显示内容

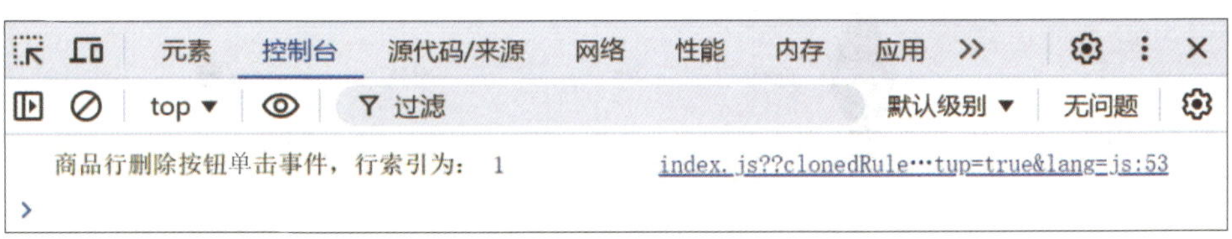

图 7-6-3　浏览器控制台的显示内容

六、开发“价格统计”版块

在模板 <template> 的样式为 divCart 的 div 节点中加入“价格统计”版块布局，具体代码如下。

```
<div class="divTotal">
    <div class="rowPart">
```

```
            <span> 商品价格：</span> ${{subTotalFee}}
        </div>
        <div class="rowPart">
            <span> 运费：</span> ${{ shippinglFee }}
        </div>
        <div class="rowTotal">
            <span> 合计总价：</span> ${{ totalFee }}
        </div>
    </div>
```

然后，根据设计效果要求在样式 <style> 中编写相应的样式代码。

刷新并访问“购物车”页面，显示内容如图 7-6-4 所示。

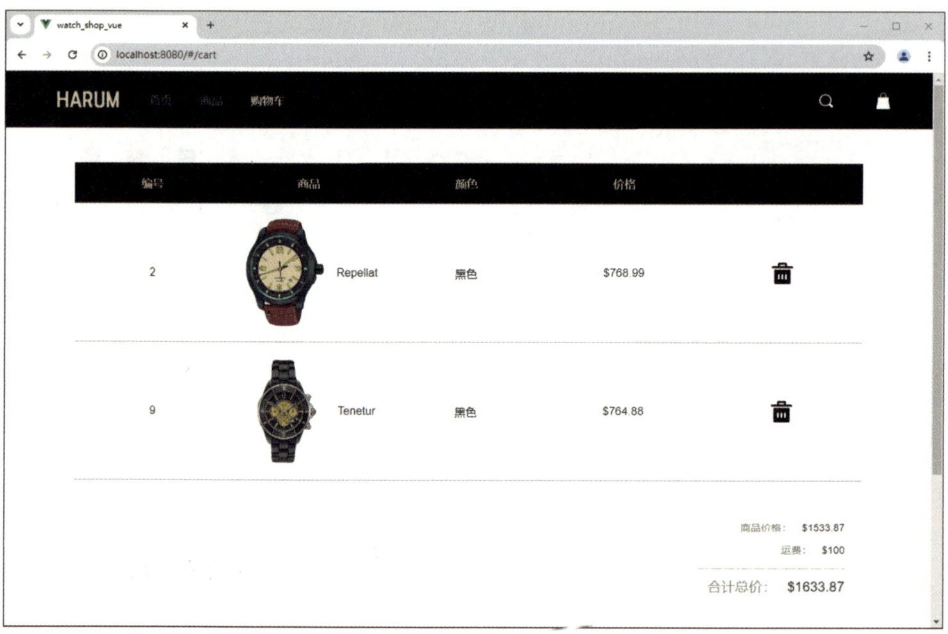

图 7-6-4　加入“价格统计”版块后“购物车”页面的显示内容

七、开发“功能按钮”版块

在模板 <template> 的样式为 divCart 的 div 节点中加入“功能按钮”版块布局，布局中包含两个功能按钮，分别绑定单击函数 onBtnContinueClicked( ) 和 onBtnSubmitClicked( )，具体代码如下。

```
<div class="divBtns">
    <button @click="onBtnContinueClicked"> 继续选购 </button>
    <button @click="onBtnSubmitClicked"> 提交订单 </button>
</div>
```

然后，根据设计效果要求在样式 <style> 中编写相应的样式代码。

在脚本 <script> 中定义“功能按钮”版块两个按钮对应的单击事件函数，在浏览器控制台中输出提示文字即可，后续再完成该函数的功能，具体代码如下。

```
function onBtnContinueClicked( ){
    console.log(" 继续选购按钮单击事件 ");
}
function onBtnSubmitClicked( ){
    console.log(" 提交按钮单击事件 ");
}
```

刷新并访问“购物车”页面，然后分别单击“继续选购”与“提交订单”按钮，浏览器控制台的显示内容如图 7-6-5 所示。

图 7-6-5　加入功能按钮后“购物车”页面的显示内容

八、开发删除商品函数

1. 单击删除图标弹窗提示

当用户单击“购物车”页面中某一行商品的删除图标时，会弹出一个对话框，询问用户是否确认删除此商品。因此，将 onRowDeleteClicked( ) 函数代码修改如下。

```
function onRowDeleteClicked(idx){
    const msg = " 您确定要删除该商品吗？";
    if (confirm(msg) == true){
        console.log(" 用户单击确认 ");
        return true;
    }else{
        console.log(" 用户单击取消 ");
        return false;
    }
}
```

在上述代码中，函数执行时将调用 confirm( ) 函数弹出 js 确认框，确认框显示的内容为 msg 变量中保存的字符串：“您确定要删除该商品吗？”。当用户单击“确定”按钮，浏览器控制台显示“用户单击确认”内容，并且返回 true；若用户单击“取消”按钮，则浏览器控制台显示“用户单击取消”内容，并且返回 false。

刷新并访问“购物车”页面，单击某一行商品的删除图标后，页面将弹窗显示提示，如图 7-6-6 所示。

图 7-6-6 “购物车”页面弹窗显示提示

2. 确认删除更新数据

用户在 confirm( ) 弹窗中单击了“确定”按钮后，splice 函数会删除“购物车”数据变量 arrCart 中 idx 下表对应的元素，然后使用 store.commit( ) 将 arrCart 提交到 Vuex 进行保存。修改完成后，onRowDeleteClicked( ) 函数的具体代码如下。

```
function onRowDeleteClicked(idx){
    const msg = " 您确定要删除该商品吗? "
    if (confirm(msg) == true){
        arrCart.splice(idx, 1);
        store.commit('updateGoodsList', arrCart);
        return true;
    }else{
        console.log(" 用户单击取消 ");
        return false;
    }
}
```

刷新并访问“购物车”页面，单击某一行商品的删除图标后，在弹窗中单击“确定”按钮，将删除指定商品。同时，由于“价格统计”版块布局中显示的 subTotalFee 变量和 totalFee 变量使用计算属性进行设置，它们直接或间接依赖于“购物车”数据变量 arrCart，所以当 arrCart 改变时，subTotalFee 与 totalFee 的值也会自动重新计算，并刷新显示在页面中。

若当前“购物车”中已经加入了两块手表商品，id 分别为 2 和 9（图 7–6–6），当前 subTotalFee 变量的值为 1 533.87，totalFee 变量的值为 1 633.87。此时，单击 id 为 9 的手表行的删除图标，将其从“购物车”中移除后，页面的显示内容如图 7–6–7 所示。从该图可以看出，删除了 id 为 9 的手表商品后，subTotalFee 变量的值为 768.99，totalFee 变量的值为 868.99，说明这两个变量已经随着 arrCart 变量的变化而自动重新计算出了新的值，并刷新显示在页面中。

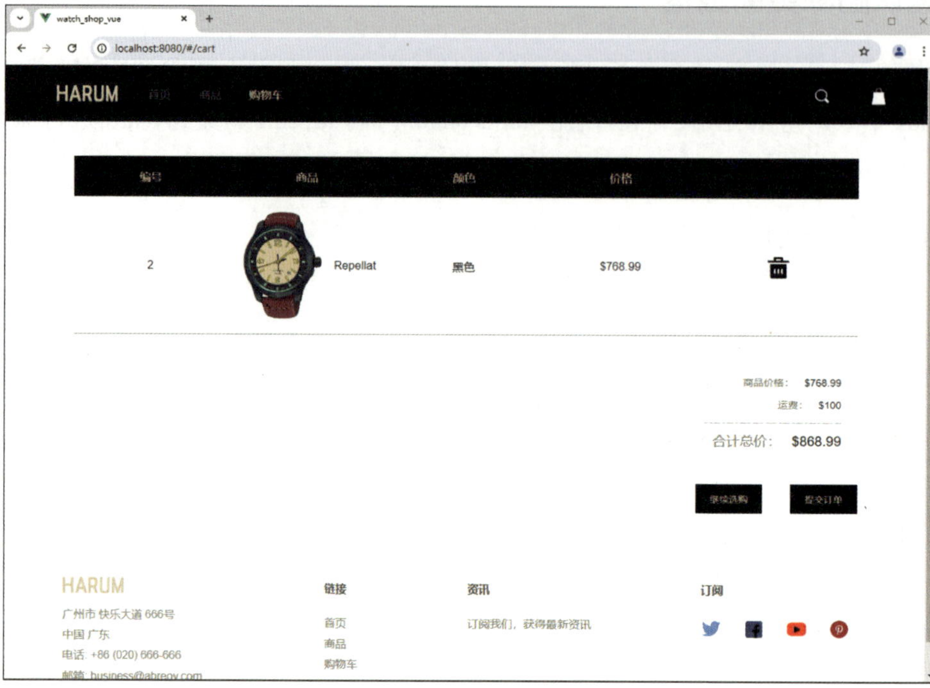

图 7-6-7 “购物车”页面移除商品后的显示内容

九、开发继续选购函数

当用户单击“继续选购”按钮时，将调用 onBtnContinueClicked( ) 函数，此函数将实现跳转回“商品列表”页面的效果。

在 Vue Router 编程式导航中，可以使用 router.push( ) 或 router.replace( ) 方法实现路由跳转，对两种跳转方法的分析如下。

（1）router.push( ) 方法：此方法向 history 栈添加一个新的记录进行路由跳转，当用户在跳转后的新页面中单击浏览器后退按钮时，将会回到之前的 URL。

（2）router.replace( ) 方法：此方法在跳转时不会向 history 栈添加新记录，而是取代了当前的条目。当用户在跳转后的新页面中单击浏览器后退按钮时，就不会回到之前的 URL。

本项目不需要在跳转新页面之后回到之前的 URL，因此，可使用 router.replace( ) 方法实现路由跳转，从而使 history 记录更加简洁，onBtnContinueClicked( ) 函数的内容应修改如下。

```
function onBtnContinueClicked( ){
    router.replace( "/products" )
}
```

十、开发提交数据函数

单击“提交订单”按钮时将调用 onBtnSubmitClicked( ) 函数向服务器提交“购物车”数据。在函数体中，需要先判断当前“购物车”变量中是否有商品，即当 arrCart 数组的长度大于 0 时才执行提交操作，否则弹窗提示用户先进行商品的选择，并结束此函数。

在提交“购物车”数据时，只需要提交用户选择的商品 id 即可。因此，可以创建一个新的数组 ids 来存放 id 数据，然后遍历 arrCart 数组，将每次迭代项的 id 属性插入 ids 数组中。

引入 Axios，并使用 Axios 的 POST 方法向服务器提交“购物车”数据。在 POST 请求时携带需要提交的数据 data。data 数据为对象 { idList: ids }，对象中定义的属性名为 idList，值为 ids 数组。提交“购物车”数据的具体代码如下。

```
import axios from "axios";
function onBtnSubmitClicked( ){
    if (arrCart.length == 0){
        alert(" 请先选择您喜欢的商品 !");
        return;
    }
    let ids = [] ;
    arrCart.forEach(item=>{
        ids.push(item.id);
    })
    axios.post( "/api/postCartData.php", { idList: ids } )
    .then(res=>{
        console.log(res);
        alert(res.data)
    })
```

```
        .catch(err=>{
            console.log(err)
        });
    }
```

若提交成功，服务器将返回本次提交的手表 id 数据。使用 alert 弹窗将服务器返回的内容显示在页面中，显示内容如图 7-6-8 所示。

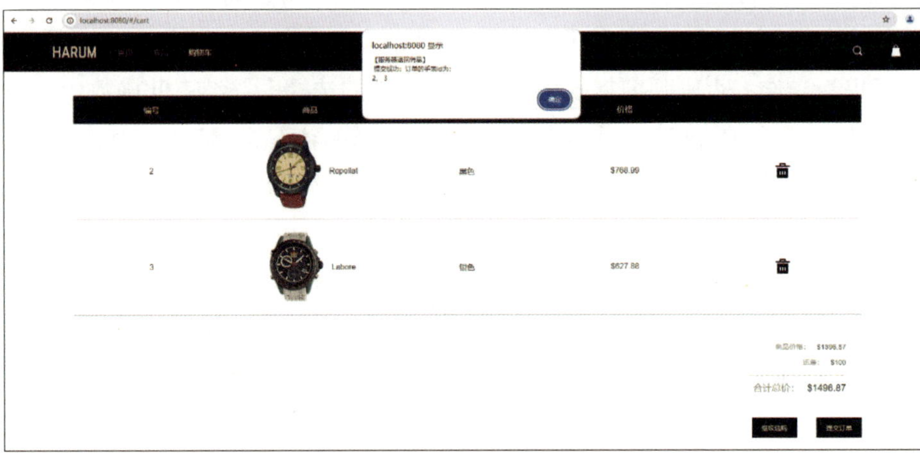

图 7-6-8　提交“购物车”数据成功后的显示内容

十一、项目测试与代码提交

在完成页面所有布局与功能的开发工作后，重启或刷新项目并进行整体测试，包括测试所有页面在不同浏览器中的显示是否正确，所有链接、按钮等元素是否能够正确响应交互，所有后台返回的数据是否正确等。然后，按照团队的要求提交代码。